Mahlmann
Konflikte souverän managen

Regina Mahlmann

Konflikte souverän managen

Konzepte, Maßnahmen, Voraussetzungen

BELTZ

Regina Mahlmann, Dr. rer. soc., MA phil., unterstützt und begleitet Unternehmen in Veränderungsprozessen in Form von Prozessberatung, Coaching on- und off-the-job, lösungsorientierten Workshops, Moderation und Vorträgen im Dreieck CH–D–A. Themenschwerpunkte sind Persönlichkeitsarbeit, Führung und Zusammenarbeit, Unternehmenskultur, Konfliktmanagement und Teamentwicklung. Als Autorin zahlreicher Artikel und Bücher berät sie bei der Erstellung von Vorträgen, Artikeln und Büchern. Homepage: www.dr-mahlmann.de

Dieses Buch ist auch als E-Book erhältlich
(ISBN 978-3-407-29451-7).

© 2016 Beltz Verlag · Weinheim und Basel
Werderstraße 10, 69469 Weinheim
www.beltz.de

Lektorat: Ingeborg Sachsenmeier
Gesamtherstellung: Beltz Bad Langensalza GmbH, Bad Langensalza
Innenillustrationen: Oliver Melzer, Offenbach
Umschlagabbildung: © Stocksy/Kelli Seeger Kim
Reihengestaltung: glas ag, Seeheim-Jugenheim
Umschlaggestaltung: Lelia Rehm

Printed in Germany

ISBN 978-3-407-36598-9

Inhaltsverzeichnis

Vorbemerkung 8

↗ 01 Vorklärungen 17
Der Konfliktbegriff 18
Konfliktfähigkeit und Konfliktperformanz 25
In welchem Dienst stehen Fähigkeit, Fertigkeit und Performanz?
   Zu was sollen sie nützlich sein? 28
Bereitschaften, Wollen, Wille 28
Kognitive Akte und Kompetenzen 30
Mentalität, Einstellung, Überzeugung 32

Grundhaltung, Deutung, Verhalten 36
Nützlichkeit von Konflikten 43
Konflikt- und Kritikperformanz 45
Konflikt, Souveränität und Humor 47

↗ 02 Dominante Konzepte 55
Charakteristika basaler psychologischer Strömungen von Genese
   bis Behandlung 56
Tiefenpsychologien 58
Sigmund Freud: Psychoanalyse 60
Alfred Adler: Individualpsychologie 66
Carl Gustav Jung: Analytische Psychologie 67
Eric Berne: Transaktionsanalyse 70

Verhaltenspsychologische Ansätze 81
Verhaltenstheorie, Konfliktfähigkeit und Performanz 83

Humanistische Ansätze 90

Systemische Ansätze   **96**

Soziologischer Systemansatz   **97**

Personaler Systemansatz   **105**

Kommunikative Axiome und ihr Niederschlag
      für Konfliktbehandlung   **112**

**↗ 03 Modelle und Konzepte im praktischen Umgehen
mit Konflikten**   **127**

Person im Fokus   **129**

Woran sind innere Konflikte zu erkennen?   **129**

Woher kommen innere Konflikte?   **136**

Appellative Zusammenfassung   **157**

Dyade im Fokus   **159**

Welche unterschiedlichen Konfliktarten gibt es?   **162**

Woher kommen interpersonelle Konflikte?   **166**

Wie können Konflikte eskalieren?   **173**

Modelle und Konzepte im praktischen Umgehen
      mit interpersonellen Konflikten   **186**

Aspekte der Gesprächsführung im Konflikt   **197**

Gruppe im Fokus   **212**

Erkennungszeichen sozialer Konflikte   **213**

Typische soziale Konfliktarten   **214**

Entstehungsbedingungen sozialer Konflikte   **216**

Gruppendynamische Muster   **220**

Optionen, soziale Konflikte konstruktiv zu nutzen   **228**

Allgemeine Empfehlungen   **235**

↗ 04 Neuere Realitäten und Sensibilitäten   **237**

Generationen Y und Z   **238**

Auswirkungen von Konfliktscheu   **243**

Generation Z, Generation Game oder Smart Generation   **250**

Inhaltsverzeichnis

Milieudiversität und Konfliktbehandlung   **253**
Eine Skizze zur Veränderung des Begriffs
    und der Rolle von Konfikten   **254**

Konfliktscheu vermindern   **259**
Sozialer Konstruktionismus:
    gemeinsames Herstellen von Tatsachen   **262**
Embodiment: sensorisches, affektives Kommunizieren   **266**
Sprachbilder: den Sog von Metaphern nutzen   **270**

↗ 05 Herausforderungen für Weiterbildner   **281**
Weiterbildner und Konfliktberater im Kontext
    der »neueren Realitäten«   **282**
Emotional-intelligentes Spielzeug   **283**
Games und Gamification – ein knapper Überblick   **285**
Games und Gamification im frühpädagogischen Umfeld   **289**

Emoticons und Psychotools   **291**

↗ 06 Anhang   **293**
Literaturverzeichnis   **294**

Die Icons bedeuten:

Beispiele

Literaturtipps

Infos

Übungen/
Methoden

Vorbemerkung

Heutzutage vergeht kaum ein Tag, an dem nicht über »Arbeit 4.0«, »Industrie 4.0«, »Internet der Dinge« oder »digitale Transformation« geschrieben wird. In einem Aufsatz frage ich selbst danach, was das für Führung und Leadership bedeutet. Denn dem einen oder anderen, der sich Gedanken über Unternehmensführung macht, dämmert das Ende von Führung von Menschen durch Menschen.

Literaturtipp

Wer sich mit diesem Thema intensiver auseinandersetzen möchte, dem empfehle ich folgende Artikel oder Bücher:

- Friedemann Bieber und Katharina Laszlo: Was hilft der kluge Kopf in der viel klügeren Welt? In: Frankfurter Allgemeine Zeitung, 17.06.2015, S. N4
- Gebhardt, Birgit: Algorithmen statt Wissensarbeiter? Das Sonntagsgespräch. Buchmarkt, 15.02.2015, http://www.buchmarkt.de/content/61427-das-sonntagsgespraech.htm
- Christoph Hütten, Bernhard Pellens und Maximilian Rowoldt: Ersetzt Big Data auch die Führungskräfte? In: Frankfurter Allgemeine Zeitung, 27.04.2015, S. 16
- Regina Mahlmann: Serious Games als Lernmedium in der Ausbildung – Chancen und Grenzen. In: Ausbilder-Handbuch, 166. Erg.-Lfg. Februar 2015, S. 16 f.
- Andreas Menn: Genies vom Fließband. In: WirtschaftsWoche, 05.01.2015, S. 56–62

Auch betriebliche Lernwelten werden zunehmend digital und mobil basiert, begonnen bei E-Learning über mobiles Lernen via Micro-Learning, Blended-Learning, Gaming und Gamification sowie ortsunabhängige Lehr-Lern-Module wie beispielsweise Onlinekurse, MOOC und ähnliche Offerten. Allmählich bangen Coaches und Trainer um ihre Relevanz und stehen unter Legitimationsdruck. Coaches, weil es längst Beratungs- und Therapieapplikationen (Apps) – verflochten mit Social-Community-Feedbacks und Expertengespräch – gibt; Trainer, weil nicht nur die bekannten informationstechnologisch unterlegten Lehr-Lern-Angebote zunehmen, sondern auch das

Peer-Learning via digitaler Vernetzung. So fragt etwa Karlheinz Schwuchow vom Center for International Managemen Studies der Hochschule Bremen: »Wer braucht schon einen Trainer?« (2015, S. 49–51).

Schaut man auf die rasante Entwicklung im Rahmen Künstlicher Intelligenz, lassen sich enorme Fortschritte in Bezug auf Wissen, Kognition, Denken, Schlussfolgern, Entscheiden feststellen. Das Ignorieren der Entwicklung im KI-Sektor, der sich mit Emotionaler Intelligenz, Empathie und Gefühlssensorik befasst, hilft keinesfalls weiter. Ein Blick auf Spielzeuge (Roboter, Puppen, Lernprogramme, Apps), die empathisch wirken, emotionale Regungen der Kinder aufnehmen und darauf reagieren, legt die Frage nahe: Wozu noch lernen, mit Konflikten umzugehen, wenn wir uns das in absehbarer Zeit abnehmen lassen können? Und zwar durch Programme und technische wie soziale Feedbacksysteme, die auf dem Feld der Selbstoptimierung gehandelt werden, wie etwa Angebote zur seelisch-geistig-leiblichen Gesundheit und ganzheitlichem Wohlbefinden – ein Pionier auf diesem Gebiet ist zum Beispiel Moodscope.

»Denken wird zur Dienstleistung, die Computer übernehmen«, schreibt Andreas Menn (2015, S. 56–62), da KI mit ihren künstlichen neuronalen Netzen Computer und Roboter baut, die »klüger sind als Menschen« und dank der Kooperation von Programmierern und Informatikern im Verbund mit Linguisten, Psychologen, Neurowissenschaftlern und Vertretern technischer Disziplinen dabei sind, auch die sogenannte Gefühls- und Beziehungsarbeit zu übernehmen.

Noch ist es nicht soweit. Noch – und sei es im Übergang – ist es nötig, dass Menschen Fertigkeiten beherrschen, die geeignet sind, Konflikte in einem konstruktiven Geist zu behandeln. Denn noch gibt es Felder, auf denen Menschen mit Menschen interagieren und daher Menschen in der Lage sein müssen, einen inneren Kosmos oder ein (laien-)psychologisches Theorierepertoire auszubilden, die geeignet sind, menschliche Eigenheiten in Fühlen, Denken, Verhalten zu antizipieren und darauf zu reagieren.

Vor diesem Hintergrund finden Sie, werte Lesende, in diesem Buch Ausführungen, die eng an der Thematik Konflikt entlanglaufen sowie Erörterungen, die zwar das Sujet im Blick haben, sich ihm indes in einem weiteren Bogen nähern.

Die ersten drei Buchteile sind der engen Umkreisung gewidmet: Sie klären den in diesem Buch verwendeten Begriff von Konflikt, beziehen ihn auf Souveränität, Performanz und Humor beziehungsweise Gelassenheit.

Darauf folgen Ausführungen, die mit skizzenhaft gezeichneten mehr oder weniger bekannten Modellen dem Fragekomplex nach Konfliktquellen, Dynamik, Analyse und Behandlung nachgehen und auf drei Konfliktkonstellationen bezogen werden: Person (interapersonal), Duo oder zur Dyade (interpersonell), Gruppe (sozial).

Daran schließen sich in den Teilen 4 und 5 Überlegungen und Hinweise an, die auf digital basierte Entwicklungen eingehen und fragen, was dies für Konfliktkompetenz und -perfomanz bedeutet, sowohl für Betroffene als auch für Fachleute, die in der Konfliktberatung und/oder Mediation tätig sind. Dieser Aspekt der Wirkung neuerer kultureller Usancen und Trends wird bis dato in Veröffentlichungen vernachlässigt, obgleich die Aus- und Einwirkungen maßgeblich sind. Unter anderem entscheiden sie maßgeblich mit darüber, welche Haltung Konflikten gegenüber typischerweise eingenommen wird, die ihrerseits Auswirkungen auf Konfliktkompetenz und -performanz hat. Erste Überlegungen widmen sich der Frage, welche Optionen für Konfliktpartner und vor allem für Weiterbildner im weitesten Sinn naheliegen, um Konflikte souverän und konstruktiv zu behandeln

Beginnen wir – wie angekündigt – konventionell.

Assoziationsübung zum Einstieg

Notieren Sie bitte sämtliche Bilder, Worte, bewegte und nicht bewegte Szenen, Töne, Gefühlregungen, die in Ihnen spontan erzeugt werden, wenn Sie die Frage hören: Was assoziieren, fühlen, imaginieren, denken Sie bei dem Begriff »Konflikt«? Sie können dazu ein Notizbuch nutzen oder direkt hier ins Buch schreiben.

_____

_____

_____

_____

_____

_____

_____

Sortieren Sie anschließend Ihre Assoziationen, Imaginationen, Gefühle und Gedanken nach drei Kategorien:

- negative, ablehnende, bedrohliche Konnotation
- neutrale Konnotation
- positive, bejahende, hoffnungsfrohe Konnation

Diese Assoziationsübung mit Ihren Notizen greifen wir später wieder im Kapitel »Grundhaltung, Deutung, Verhalten« (s. S. 36) auf. Sie legen sich am besten Ihre Ausführungen auf Sicht und lassen diese Ihre Lektüre begleiten.

Ein in meiner Erfahrung sehr häufig vorkommender Konfliktanlass möge den Einstieg in das Thema vergegenwärtigen:

Führung und Konflikt

Drei Kollegen, alle Leiter von Sektoren innerhalb einer Abteilung, treffen sich freitags zum Mittagessen. Sie sitzen in ihrem Lieblingsrestaurant in einer ruhigen, etwas abgelegenen Ecke.
Dieses Meeting ist inzwischen ritualisiert und damit fester Bestandteil ihrer Zusammenarbeit. Es dient dazu, in Ruhe zu diskutieren, wie das Projekt läuft, an dem Mitarbeiter der drei mitwirken. Die drei Kollegen, selbst im Projekt aktiv, wechseln sich in der Führung des Teams je nach fachlichen Schwerpunkten der Projektphasen ab. In der auslaufenden Woche übte Milena die Führungsfunktion aus.

Milena seufzt schmunzelnd: »Uff, war das eine Woche! Bin froh, dass die rum ist!«
Andreas lacht: »Das kannst du wohl laut sagen! Und dabei waren es nicht einmal die fachlichen Dinge und der Termindruck, sondern die Stimmung unter den Leuten. Ich habe keine Ahnung, was mit der Gruppe los war. Zeitweise dachte ich, wir kommen gar nicht mehr zu Potte.«
Johannes grinst: »Stimmt. Besonders in der letzten Sitzung flogen die Fetzen. Welch ein Drunter und Drüber! Habt ihr auch bemerkt, wie der Hans ...«

Für einige Minuten entspinnt sich ein lustiges Flachsen, Scherzen und Spötteln über einzelne Szenen in den Projektsitzungen. Dann steigt Johannes um, und es entspinnt sich folgende Diskussion:

Johannes: »Jetzt mal im Ernst: Milena, ich hatte echte Zweifel, ob du in der Moderation die Kurve und die beiden Streithammel in den Griff bekommen würdest. Was war denn mit den beiden los?«

Milena: »Du meinst Angela und Kim? – Ehrlich, ich weiß es nicht. Zwar fällt mir seit einigen Wochen auf, dass da irgendetwas zwischen den beiden brodelt, aber das sollen die allein schaffen.«

Johannes: »Du solltest dich darum unbedingt kümmern. Ich finde, die beiden werden zunehmend aggressiver. In dieser Woche haben sie immerhin zwei Meetings beinahe gesprengt!«

Milena: »Nana, sieh das mal nicht so schwarz! Ich habe es doch hingebogen. – Die fangen sich schon wieder!«

Andreas: »Hm, ich finde allerdings wie Johannes, du solltest das nicht auf die leichte Schulter nehmen, sondern dem nachgehen. Denn erstens haben die Streitereien auffallend zugenommen, und zweitens können wir es uns nicht leisten, durch solche Störungen Zeit zu verlieren. Du weißt, der Termin ist eng gesetzt.«

Milena: »Du meine Güte! Was habt ihr denn? Ihr dramatisiert das geradezu zu einer Katastrophe! – Ich habe absolut keine Zeit und auch keine Lust, Mütterchen zu spielen. Auf meinem Schreibtisch türmen sich Kundenanfragen; die Mitarbeitergespräche stehen an – und ich muss in der kommenden Woche auch noch die Projektleitung übernehmen. Ich bin wirklcih zugepflastert mit Aufgaben – da kann ich mich nicht auch noch um die Eitelkeiten und Animositäten von Mitarbeitern zu kümmern! Sollen die doch …«

Johannes unterbricht: »Milena, entschuldige bitte, aber da bin ganz anderer Meinung. Du bist als Chefin der beiden dafür verantwortlich, dass sie vernünftig mitarbeiten. Das tun sie aber seit ungefähr drei Wochen sichtlich immer weniger.«

Milena: »Ja, das stimmt. Das ist mir nicht entgangen. Trotzdem: Dass ihr mich jetzt rüffelt, finde ich unter aller Kanone. Ihr könntet doch auch den Mund aufmachen! Schließlich wechseln wir in der Projektleitung ab. Also seid ihr ebenso …«

Andreas unterbricht: »Nein, nein, meine Liebe! Abwälzen gilt nicht! Das sind deine Mitarbeiter. Und die musst du führen!«

Milena, trotzig: »Sind wir nun ein Team oder nicht?! – Ich lasse mir von euch gern helfen. Mir macht das nämlich nichts aus, wenn ihr mir in einer Sitzung unter die Arme greift, in der die beiden mal wieder Unruhe stiften.«

Johannes: »Aber Milena, wie sieht das denn für die Mitarbeiter aus, wenn wir dir als Leitung eben diese praktisch wegnehmen?«

Milena: »Häh? Wie das aussieht? Das ist mir allerdings völlig wurscht! Steht die Zielerreichung im Vordergrund oder Imagepflege?!«

Andreas und Johannes spontan wie aus einem Munde: »Beides natürlich!«

Milena grinst höhnisch: »Soso, beides, ja? Selbstverständlich in derselben Priorität, nicht wahr? – So ein Quatsch! Ihr mit eurem Imponiergehabe! Typisch männliches Machoverhalten! – Übrigens, lieber Johannes, wenn ich deiner Erinnerung auf die Sprünge helfen darf: In der vorletzten Woche habe ich dir aus der Patsche geholfen, als die drei Streithähne aus euren Abteilungen den Hahnenkampf probten! Das war wohl keine Imageschädigung, wie?!«

Andreas: »Milena, lass uns bitte beim Thema bleiben! Ja, du hast dort beschwichtigend gewirkt; allerdings nicht, indem du Johannes die Leitung weggenommen hast. Außerdem waren damals Leute von ihm und von mir im Clinch. In deinem Fall sind es aber ausschließlich Mitarbeiter von dir. – Wirklich, Milena, du musst Angela und Kim in den Griff kriegen. Rede doch einmal in Ruhe mit den beiden.«

Milena: »Ich habe bereits vorhin gesagt, dass ich weder Zeit noch Lust habe, mich in deren Angelegenheiten einzumischen! – Außerdem benehmen sie sich vor allem in der Projektgruppe so unausstehlich. In der Abteilung weniger. Vielleicht spielen da auch gruppendynamische Sachen eine Rolle? Damit wärd ihr zwei Hübschen wieder mit im Boot!«

Johannes: »Du willst nur kneifen! Warum wehrst du dich eigentlich so dagegen, dich mit den beiden zusammenzusetzen?«

Andreas: »Stimmt genau: Das fällt richtig auf!«

Milena: »Was ist das denn jetzt?! Wollt ihr mich auf die Couch legen und Psychologen spielen, oder was?!«

Johannes und Andreas grinsen einander an und zucken mit den Schultern.

Milena: »Leutchen, es reicht! – Was wollt ihr eigentlich von mir?! Erst mäkelt ihr an meiner Führung herum, dann bin ich allein Schuld an den Konflikten in der Gruppe, und zu guter letzt verwandle ich mich in eine Verrückte und bin ein Fall für die Therapie! Ihr seid wohl nicht ganz bei Trost! – Muss ich Blitzableiter für euren Ärger mit anderen Leuten spielen? – Ich lasse ich euch jetzt lieber allein und hoffe auf bessere Zeiten. Tschüss. Und nach dem Wochenende sieht die Welt am Montag bestimmt wieder heiterer aus!«

Diese drei Kollegen haben gute Aussichten, in der kommenden Woche den gemeinsamen Faden der Zusammenarbeit weiterzuspinnen. Ihre Beziehung ist stabil genug und hält Dissenz aus. Aus Beobachtersicht werden sie auf zwei Ebenen diskutieren müssen, um das Konfliktäre zu klären:

- Die eine Ebene betrifft die unterschiedlichen Ansprüche, die mit der Vorgesetztenrolle und hier spezifisch: mit der Leitungsrolle in einem interdisziplinär besetzten Team im Konfliktfall verwoben sind. Offenkundig begreift Milena ihre Rolle und damit verknüpfte Pflichten gegenüber streitenden Mitarbeitern anders als ihre Kollegen, mit denen und deren Mitarbeitern sie im Projekt kooperieren muss.
- Die zweite Ebene betrifft den Konflikt zwischen den Kontrahenten in Milenas Abteilung. In diesem Kontext ist Milena als Leiterin gefragt.

Häufig wird angemerkt, dass eine stabile Beziehungsebene ein Garant dafür ist, einen Konflikt konstruktiv zu handhaben. Doch Vorsicht ist geboten, diese Aussage zu verallgemeinern und fast als konditionale Regel aufzustellen: »Wenn die Beziehung stimmt, können Leute immer eine gute Lösung finden.«

Zu der Vorsicht mahnt ein Beziehungsmuster, das im folgenden Beispiel manifest wird. Es entstammt einer Beratungssituation im Couple-Coaching und kann mit Fokus auf das zugrunde liegende Muster leicht auf interpersonelle Konflikte unter Kollegen übertragen werden.

Konflikt und Kommunikation

Das Paar bezeichnet sich als »eigentlich sehr glücklich«. Beide unterstreichen, dass sie »eine sehr kommunikative Beziehung« pflegen. Beim Umkreisen der Problematik, die sie mithilfe der Beraterin lösen möchten, hört diese unter anderem die folgenden Sätze:

Katharina: »Naja, warum ich den Konflikt, den ich sehe, nicht angesprochen habe – das liegt vor allem daran, dass ich Jan damit nicht belasten wollte. Und außerdem reagiert er in solchen Situationen meistens mit Schweigen, Rückzug oder genau das Gegenteil: Er schlägt sofort eine Lösung vor, die wir dann stante pede umsetzen sollten. Also dachte ich, ich würde das allein schaffen ...«

Jan: »Das ist es eben: Katharina meint immer, mich schonen zu sollen. Klar, das stimmt schon, ich bin nicht gerade der große Kommunikator, wenn es um Konflikte geht. Die will ich schnell geregelt und vom Tisch haben. Und manchmal, da wundere ich mich schon, was sie für einen Konflikt hält und wenn sie auf einem Punkt herumreitet und gar nicht mehr aufhört ...«

Werte Leserinnen und Leser, unschwer erkennen Sie, dass es hier gerade die von Zuneigung getragene Beziehung ist, die Konflikte sowohl hervorruft als auch das Ansprechen und damit das konstruktive Umgehen mit konfliktuellen Inhalten erheblich erschwert. Solange die Beziehung Spannungen aushält und ein kontroverses Gespräch zulässt, hilft die Qualität der Beziehung, deren Fundament Zuneigung ist, zweifellos. Doch können beide: Beziehung und Zuneigung beschädigt werden, etwa, wenn sich zu viel Unausgesprochenes angesammelt hat. In diesem Stadium der Eskalation (Eskalationsmodell) wird es schwieriger, sich konstruktiv zu streiten.

Oder denken Sie an Teams, in denen mehr dem »Friede-Freude-Eierkuchen« gehuldigt wird, also alles daran gesetzt wird, dass es harmonisch im

Sinn von konfliktfrei zugeht. Das kann nur auf Kosten von Aussprache und mit Verdrängen, Überspielen, Trivialisieren von Konflikthaftem funktionieren. Die Quittung kommt früher oder später; denn wo Rabattmarken in ein Heft geklebt werden, werden diese auch eingelöst werden.

Ferner: Gerade wenn die Beziehungsebene mindestens fragil ist, kann die mit dieser Qualität einhergehende Distanz die Akteure dazu ermutigen, direkt und offen, ohne beschwichtigende Formeln und psychotherapeutische Weichmacher miteinander zu reden und zu streiten. Vermutlich macht jeder Mensch die Erfahrung, dass einer solchen, oft als hart (und später: erleichternden, lösenden, befreienden) empfundenen Auseinandersetzung die Qualität der Beziehung wächst, Respekt und Vertrauen genährt werden. Häufig ist dann als Fazit zu hören: »Das ist gar kein schlechter Kerl.« Oder: »Die ist cleverer als gedacht!«

> **Fazit:** Eine stabile Beziehungsebene kann, muss aber nicht helfen, Konflikte offen anzusprechen und aufbauend zu lösen.

Die Ausführungen in den folgenden drei Kapiteln sollen dazu beitragen, den Konfliktbegriff und das Konflikterleben, Konfliktquellen und -anlässe, Konfliktdynamik und -eskalation besser zu verstehen, um Strategien anwenden zu können, die die Wahrscheinlichkeit erhöhen, eine zufriedenstellende und tragfähige »Lösung« zu finden. Den Skizzen psychologischer Theorien, Konzepte und Modelle sind Ausführungen zu zwei personalen Aspekten vorangestellt, die – analog der Färbung eines Brillenglases – zeigen, dass alle Konfliktbeteiligten und auch das Ergebnis der Konfliktbehandlung maßgeblich abhängen von zwei personalen Komponenten: Souveränität und Humor.

Nach den Darstellungen zu Theorien, Modellen, Strategien folgen Erörterungen, die Angehörige bestimmter sozialkultureller – heute muss man wohl präzisieren: informationstechnologisch multimedial affiner – Milieus in den Blick nehmen. Maßgeblich durch Angehörige der Generation Y und absehbar der nachfolgenden Generation Game oder Z hat sich eine neue Qualität emotionaler Empfindlichkeit verbreitet. Im Beraterjargon erscheint sie in Begriffen wie »gerechtes Sprechen« und »wertschätzende Haltung« und findet sich in der Alltagssprache als Forderung wieder. Diese gewachsene Sensibilität und damit verbundene Ansprüche an Konfliktkommunikation werden ebenfalls zur Sprache kommen: im Kapitel »Neuere Realitäten und Sensibilitäten«.

Schließlich wird zu skizzieren sein, welche besonderen Herausforderungen Personen aus Beratung und Weiterbildung zu vergegenwärtigen haben, wenn sie dazu beitragen möchten, konstruktive Konfliktbehandlung zu praktizieren und zu lehren. Damit befasst sich das fünfte Kapitel.

Vorklärungen

- Der Konfliktbegriff
- Konfliktfähigkeit und Konfliktperformanz
- Grundhaltung, Deutung, Verhalten
- Nützlichkeit von Konflikten
- Konflikt- und Kritikperformanz
- Konflikt, Souveränität und Humor

↗ 01

Der Konfliktbegriff

Um ein weit verbreitetes Missverständnis umgehend zu beseitigen: Ein Konflikt ist kein Problem und umgekehrt.

Problem: Der Begriff Problem bezieht sich auf Sachverhalte, die kompliziert, unübersichtlich, schwierig zu durchschauen und handzuhaben sind. Das erfordert Initiative, um ein als problematisch empfundenes Delta zu füllen. Dieses Delta bezeichnet die Kluft zwischen einem Istwert und einem angestrebten Sachverhalt, dem Sollwert. Bei einem Problem steht eine Person vor der Diskrepanz zwischen einem defizitären Gegenwartswert und einem erwünschten Zukunftswert und muss auf dem Weg zur Lösung Aktivitäten entfalten, um vom Ist zum Soll zu gelangen. Insofern ähnelt ein Problem einem Rätsel, bei dem – terminologisch – zwar Ziele, indes weder konträre Interessen noch zeitliche Aspekte bedeutsam sind.

Literaturtipps

In seinem Buch »Die Logik des Misslingens« (2010) erläutert Dietrich Dörner, wie strategisches Denken in komplexen Situationen gelingen kann und welche Hürden wie zu überwinden sind. Ausführlich beschreibt er dafür nötige Denkmodi, geht auf Fallen ein und erläutert, was zu tun ist, um eine Logik des Gelingens anzuwenden.

Roland Abbinger geht in seiner »Psychologie des Problemlösens« (1997) anwendungsbezogen vor und strukturiert seine Ausführungen nach Wissensstrukturen, Problemlösetheorien sowie dem Konnex von Wissen und Problemlösen.

Zudem zu empfehlen:

- Dietrich Dörner: Die Logik des Misslingens. Strategisches Denken in komplexen Situationen. Rowohlt, Reinbek 2010, 9. Auflage
- Roland Abbinger: Psychologie des Problemlösens. WGB, Darmstadt 1997

Konflikt: Ein Konflikt wird eher mit Kampf, Streit, Debatte und einer mehr oder weniger aggressiven Auseinandersetzung assoziiert. Etymologisch lässt sich der Konfliktbegriff auf den lateinischen Terminus »conflictus« beziehungsweise das Zeitwort »confligere« zurückverfolgen. Beides meint »Zusammenprallen«, »Aneinandergeraten«. Der Zusammenprall allein genügt aber nicht – das könnte ebenso ein Unfall sein.

Was nötig ist, um präzise von einem Konflikt zu sprechen, beschreiben insgesamt drei Definitionen. Die erste ist eher umgangssprachlich formuliert, die zweite nimmt wissenschaftliche Differenzierungen auf. Beide Definitionen repräsentieren den gemeinsamen Nenner nicht systemischer psychologischer Theorien und Konzepte. Die systemische Bestimmung schließt sich als dritte Definition an.

Konflikt umgangssprachlich: Ein Konflikt liegt vor, wenn es innerhalb der Person oder zwischen Personen Tendenzen gibt, die gleichzeitig auftreten, in unvereinbare Richtungen weisen, nicht zu vereinbaren, etwa gleich stark ausgeprägt sind und deren Verwirklichung voneinander abhängt. Kurz: Es prallen annähernd gleich intensive Tendenzen aufeinander, die nicht zeitgleich realisiert werden können. Dieses Erlebnis erzeugt anlassbezogen ein Gefühl der Anspannung (beispielsweise Belastung, Ärger, Neid, Zorn) mit dem Bedürfnis nach Auflösung, also einer Einigung. Der Konflikt wird spürbar, und das Konflikterleben geht mit Handlungsbedarf einher.

Die genannten »Tendenzen« können innere Regungen sein: Gefühle und Gedanken, Wünsche und Ziele, Absichten und Entscheidungen, Bewertungen und Beurteilungen. Die Tendenzen sind nicht auf das Individuum beschränkt. Ein Blick in Social Communities und auf soziale Plattformen genügt, um zu erkennen, dass es kollektive Gefühle und Gedanken et cetera gibt, die in ihrer Wirksamkeit innerpsychischem Konflikterleben und -geschehen nicht nachstehen.

Sowohl in intrapersonellen als auch in interpersonellen und sozialen Konflikten offenbart sich das Konflikterleben in empfundenen Dissonanzen, in Unstimmigkeiten beziehungsweise Unvereinbarkeiten, die die Konflikteigner unter Druck setzen, den Konflikt aufzulösen.

Hier einige Beispiele für innere Konflikte:

- *Wünsche, Bedürfnisse, Ziele:* »Einerseits reizt mich das Angebot der Firma ungemein, in die Auslandsniederlassung zu gehen. – Gleichzeitig möchte ich meine Verpflichtungen meiner Familien gegenüber nicht vernachlässigen.«

- *Gedanken:* »Bisher gelang es mir immer, mich rasch in ein neues Gebiet einzuarbeiten, sodass ich die Pflichten und Verantwortung vollends erfüllte. – Gleichzeitig hege ich dieses Mal Zweifel daran, ob ich die Erwartungen erfüllen kann. Denn dieses Mal wären Umfeld, Leute und Kultur der Zusammenarbeit völlig neu.«
- *Gefühle:* »Ich bin fest entschlossen, mit dem Kollegen, den ich nicht ausstehen kann, das Projekt erfolgreich durchzuführen. – Gleichzeitig spüre ich: Es widerstrebt mir, mich mit dem Kollegen arrangieren zu wollen.«

Konflikt wissenschaftlich differenziert: Die eng an wissenschaftlichen Differenzierungen laufende Definition bezieht sich in der Literatur meistens auf interpersonelle und soziale Konflikte. Die Logik oder der definitorische Kern entspricht dennoch der umgangssprachlichen Bestimmung. Statt von »Tendenz« ist nun von »Akteur« die Rede. Ein sozialer Konflikt wird beschrieben als:

- eine Interaktion
- zwischen mindestens zwei Akteuren (Personen, kleinen oder großen Gruppen), wobei
- mindestens ein Akteur Unvereinbarkeiten (im Fühlen, Wahrnehmen, Denken, Wollen) in der Art erlebt, dass
- er in der Verwirklichung seiner Interessen eine Beeinträchtigung oder Behinderung durch andere Akteure empfindet, vermutet oder erfährt,
- sich in Abhängigkeit vom anderen Akteur glaubt und
- er sich (dennoch) bemüht, die erlebte Beeinträchtigung zu beseitigen beziehungsweise seine Interessen durchzusetzen.

Hier einige Beispiele für interpersonale beziehungsweise soziale Konflikte:

- *Bewertungen:* Frau S. hält ihren Vorschlag, der sich auf die Verbesserung des Berichtwesens bezieht, für nötig und sofort realisierbar. – Ihr Kollege, Herr W., glaubt indes, dass der Vorschlag zwar gut ist, aber zu früh kommt und kurzfristig keine Chance hat, umgesetzt zu werden.
- *Beurteilungen:* In der Diskussion, wie die Wirtschaftskonjunktur angekurbelt werden könne, vertritt Herr A. die Auffassung, die Binnennachfrage zu stärken, während Frau F. Maßnahmen einleiten möchte, die die Investitionslust der Unternehmen aktivieren.

- *Interessen:* Die Leiterin der Finanzabteilung legt großen Wert darauf, die einmal zugeteilten Budgets einzuhalten – während der Leiter für Innovation und Business Development dafür plädiert, auf situative Notwendigkeiten Rücksicht zu nehmen und daher das Überziehen von Budgets bereits in die Gesamtplanung miteinzubauen.
- *Systemisch:* Systemisches Denken setzt nicht an Personen und Inhalten an, sondern an Beziehungen und Dynamik.

Die soziologische differenz-theoretische Variante – in der Tradition des Soziologen Niklas Luhmann und bekanntermaßen gegenwärtig vertreten durch Fritz B. Simon – arbeitet mit der System-Umwelt-Differenz, auch bezogen auf Menschen. Vereinfacht gesprochen, definiert diese Richtung psychische, biologische und soziale Systeme. Psychische Systeme leben durch Gefühle und Gedanken, biologische durch physiologische und chemische Vorgänge, soziale Systeme durch Kommunikation von Gefühlen und Gedanken. Die Systemdefinition läuft ferner entlang der Beobachtbarkeit, Unterscheidbarkeit und Sinnhaftigkeit. Aus dieser Perspektive wird ein Konflikt als Prozess im Denken und Fühlen (psychischer Prozess) betrachtet beziehungsweise als ein kommunikativer Prozess (sozialer Prozess), »bei dem eine *Position* (zum Beispiel ein Wunsch, eine Handlungsanweisung, -option oder -wirkung, eine Sichtweise, eine Bewertung und so weiter) *verneint* wird und diese *Negation* ihrerseits *verneint* wird« (Simon 2010, S. 11). Dies erzeugt ein Oszillieren in der Verneinung und behindert eine Entscheidung

Konflikt ist auf diese Weise ein »Sinnsystem«, das »durch einen Prozess fortgesetzter Negation der Negation« charakterisiert ist, einschließlich der Unentschiedenheit und der Unterscheidbarkeit oder Abgrenzbarkeit zu anderen Manifestationen desselben Phänomenbereichs wie etwa das Denken an ein schönes, harmonisches Ereignis (Simon 2010, S. 11 ff.).

Konflikt systemisch betrachtet: Eingängiger, weil nicht an der soziologischen, sondern einem eher humanistischen systempsychologischen Verständnis folgend, formulieren es Eckard König und Gerda Volmer (König/Volmer 2008, S. 345 ff.). Sie beschreiben Konflikt als eine »Systemeigenschaft« von Personen und Gruppen unterschiedlicher Größe. Das Autorenpaar folgt einem in der Psychologie häufig anzutreffenden Muster: humanistische und systemische Aspekte werden vereinigt. Die Frage der theoretischen Konsistenz einmal außen vorgelassen, gestattet dieses Verfahren, das Wissen über Menschen (Psychologie) mit dem Wissen zu Systemen (Systemtheorien) zu verflechten. Die Kombination erweitert den Raum sowohl der Diagnose als auch der Therapie/Behandlung. So fließt das psychologische Wissen um Bedürfnisse und Motivation, Hoffnung und Enttäuschung, Kalkulation von Gewinn und Verlust, Konfrontations- und Ausweichattitüde und Verhalten in die Frage nach Quellen und Eskalationsfaktoren ein. Aus systemischer Sicht spielen beispielsweise Fragen nach steuernden, inner- und intrapsychisch lenkenden Regeln eine Rolle, die die Dynamik oder »Regelkreise« beeinflussen und Interaktionsmuster aufzeigen. Beeinflussende Faktoren aus der Systemumwelt werden gesucht: beispielsweise Deutungen und Verhalten von anderen, nicht am Konflikt unmittelbar beteiligten Menschen oder einschränkende Prozedere.

Der Fokus der systemtheoretischen Betrachtung eines Konflikts liegt darin, ihn selbst als ein über Sinn(haftigkeit) operierendes System zu betrachten und die sich selbst erhaltendenen Tendenzen in den Bewegungen der Elemente (zum Beispiel Personen, Meinungen und Kommunikationen) und deren Beziehung untereinander zu beobachten. Systemtheoretisch geht es nicht primär um inhaltliche, sondern um prozessuale, strukturelle, formale Komponenten und Vorgänge (da sie es sind, die systembildend und -stabilisierend wirken).

Ob systemisch oder nicht: Im emotionalen Erleben macht es keinen Unterschied, durch welche theoretische Brille ein Konflikt betrachtet wird. Im Erleben dominiert eine trennende Erfahrung, die verunsichern, verärgern, traurig bis verzweifelt, aber auch – ganz im Gegenteil – neue Sichtweisen eröffnen kann.

Von »Konflikterleben« zu sprechen, ist übrigens keine Konzession an den Zeitgeist der Selbsterfahrung. Konflikterleben kleidet etwas in Worte, das insbesondere der konstruktivistischen und (etwas weniger bekannt) der konstruktionistischen (Gergen/Gergen 2009) Erkenntnistheorie zu verdanken ist: Ein Konflikt, so heißt es, ist nicht objektiv, also unabhängig von Wahrnehmen (Empfinden) und Deuten vorhanden, sondern ein individuelles beziehungsweise kommunikativ, sozial hergestelltes Konstrukt. Es »gibt« Konflikte also nicht, sondern sie werden gemacht.

Ob diese Behauptung (objektiv) wahr ist oder nicht, ist nicht die Frage. Im Rahmen eines Chancen eröffnenden und souveränen Umgehens mit Konflikten bietet diese erkenntnistheoretische Position schlicht den größten Freiheitsgrad im Handeln. Das zeigt sich bereits in einer präkonstruktivistischen psychologischen Theorie, etwa der Rational Emotiven Therapie oder der Kognitiven Verhaltenstherapie. In den systemischen Varianten entfaltet sich die Deutungsfreiheit ohnehin.

Konflikte sind insofern zuallererst subjektiv. Jeder Konflikt beginnt innerhalb einer Person (Konflikterleben). Menschen sind Lebewesen, die – wie neurowissenschaftlich nachgezeichnet ist – durch das synergetische Zusammenwirken von Gefühl (limbisches System) und Verstand (präfrontaler Cortex) genötigt sind, Stellung zu beziehen, zu bewerten, zu gewichten, zu beurteilen, eine Meinung oder Ansicht zu haben. Es sind diese inneren Stellungnahmen, die besonders konfliktträchtig sind, da sie in der Regel ethisch-moralisch und damit nicht vernünftig begründbar oder ideologisch verbrämt und wegen der hermetischen Abgeschlossenheit von Ideologien nicht diskutabel sind.

Eine pragmatische Folge davon ist: Es führt nicht weit, darüber zu streiten, ob überhaupt ein Konflikt vorliegt oder nicht. Die Redeformel: »Konflikt? Ich habe keinen. Wenn du einen hast, hast du halt Pech gehabt.« ist konfliktpsychologisch gegenstandslos, allerdings sozialkulturell interessant (weil sich die Individualisierung hier in seiner striktesten Variante zeigt).

Keine noch so konziliant gemeinte Verneinung kann einen Konflikt, den eine Person empfindet, wegzaubern. Sobald eine der Parteien äußert, sie erlebe einen Konflikt, empfiehlt es sich, mindestens »so zu tun, als ob« und in die Auseinandersetzung einzusteigen, und zwar mit der Absicht, zunächst zu verstehen, was in der Person vor sich geht, wie sie das Konfliktäre versteht und herleitet. Die gemeinsame Anstrengung beginnt bei diagnostischen Überlegungen und mündet in die Diskussion von Lösungszielen und Schritten dorthin, idealerweise ergänzt um Fragen der zukünftigen Vermeidung. Denn zumindest solange der »Konflikteigner« meint, ein Konflikt sei nicht gelöst, schwelt er weiter und bricht sich, vielleicht an unvermuteter Stelle, Bahn. (Die Transaktionsanalyse spricht von dem Einlösen gesammelter Rabattmarken.)

Praktisch gesehen ist es also konstruktiver, auf den Konfliktbesitzer einzugehen und nachzufragen, was für ihn konfliktbesetzt ist, um darauf aufbauend einen Klärungsprozess in Gang zu setzen.

Konflikt als persönliches Erleben

Konflikt als ein persönliches Erleben offenbart sich vor allem darin, dass Menschen Aspekte einer Situation als

- störend empfinden, weil sie den gewohnten Handlungsablauf unterbrechen und dazu zwingen, einzuhalten, um sich neu zu orientieren;
- belastend empfinden, sodass Menschen innerlich angespannt sind, dringlichen Handlungsbedarf spüren und Lösungsdruck spüren;
- gefährlich empfinden, weil Konflikte dazu neigen, sich auszuweiten und zu eskalieren und der Betroffene fürchtet, Gestaltungs- und Kontrollmöglichkeiten zu verlieren.

Konfliktfähigkeit und Konfliktperformanz

Konfliktfähigkeit verweist auf eine Möglichkeit, eine Ressource, ein Potenzial, auf etwas, das möglich und entfaltbar ist. Wer fähig ist, übersetzt die Fähigkeit nicht zwangsläufig in Handlung. Im Handeln offenbart sich eine Fähigkeit als Fertigkeit. In diesem Sinn verweist Performanz auf Können und Tun. Diese spitzfindig anmutende Unterscheidung ist bedeutsam, weil die Rede von Fähigkeit und – synonym gebraucht – von Kompetenz konnotiert, dass Kompetenz notwendigerweise einhergeht mit praktischer Demonstration, also Fertigkeit.

Literaturtipps

Der Wiener Philosoph Konrad Paul Liessmann setzt sich in seinem Buch »Geisterstunde« (2014) kritisch mit dem Kompetenzbegriff im Rahmen von Bildung auseinander.

Der Bildungsexperte Roland Mugerauer analysiert in seinem Buch »Kompetenzen als Bildung?« (2012) den Kompetenzbegriff in der Bildungspolitik und diskutiert mit Rekurs auf zahlreiche Quellen – unter anderem Bildungsministerien – Implikationen und Folgen im größeren Rahmen gesellschaftlichen Lebens.

Die folgende Übung greift die scharfsinnigen Unterscheidungen der zwei genannten Autoren und ihre Kritik am Kompetenzbegriff insofern auf, als sie dazu auffordert, statt Abstrakta (»Fähigkeit« ist ein Abstraktum) konkrete beobachtbare, daher beschreibbare und beurteilbare Verhaltensweisen zu notieren.

Übung: Konfliktfähigkeit: konkrete Manifestationen

Notieren Sie bitte, was der Fall sein muss, damit Sie davon sprechen, ein Mensch sei konfliktfähig.

_____

_____

_____

_____

_____

_____

_____

_____

Betrachten wir Beratungs- und Trainingskontexte, überwiegen Assoziationen wie folgende:

- »In der Lage sein, mit Konflikten umzugehen.« (Kommentar: eine Paraphrase.)
- »Fähig sein, einen Konflikt anzusprechen, auch dann, wenn es unangenehm ist. Zum Beispiel eine Kollegin darauf ansprechen, dass sie hilfsbereiter sein sollte, wenn Zeitdruck da ist.« (Hier wird das Abstraktum Fähigkeit mit Ansprechen und Lösen verknüpft.)
- »Auf einen Konflikt eingehen; ihn thematisieren, ansprechen.« (Fähigkeit schließt hier Diagnose und den ersten Schritt zur Auseinandersetzung mit ein.)
- »Toleranz und Offenheit! Man muss andere Meinungen respektieren können und einen Kompromiss finden.« (Konfliktfähigkeit wird verbunden mit der Perspektive des Gegenübers und der »Lösungsidee«, alle Interessen mindestens zu einem Teil zu bedienen.)

Der Begriff Konfliktfähigkeit ist ein Abstraktum, das eine Vielfalt an inhaltlicher Bedeutung beherbergt und eine weite Spanne abdeckt. Im Reden über

Konflikt zielt der Bedeutungskern in der Regel auf das konstruktive Behandeln von Konflikten, enthält insofern ein normatives Momentum. Innerhalb dieser Annahme kann Konfliktfähigkeit – minimal – bedeuten, einen Konflikt so zu handhaben, dass kein bleibender Schaden bleibt. Konfliktfähigkeit kann – maximal – bedeuten, dass in der Konflikthandhabung Optionen gefunden werden, die alle Parteien auf Dauer zufriedenstellen.

Im vorliegenden Buch liegt der Schwerpunkt auf Verhaltens- und Handlungsweisen, die die Wahrscheinlichkeit erhöhen, ein tragfähiges Ergebnis zur Zufriedenheit der Konfliktparteien zu erzielen. In diesem Sinn spreche ich von Konfliktfähigkeit, -performanz und konstruktiver Behandlung. Allerdings weite ich die Zuschreibung auf ein Verhalten aus, das erfahrungsgemäß und auch im Beraterethos der Rubrik »Konfliktunfähigkeit« zugerechnet wird: die Bereitschaft, Grenzen hilfreicher Konfliktkommunikation zu erkennen und zu akzeptieren, also einen Konflikt aushalten und trotzdem konstruktiv mit der Konfliktpartei umgehen zu können.

Im Alltag erschallt bei Unzufriedenen rasch der Vorwurf, der andere sei nicht konfliktfähig. In einem solchen Fall genügt es, wenn ein Beteiligter meint, ein Konflikt liege nicht vor oder verdiene, weil er so unwichtig sei, keine nähere Betrachtung und Behandlung, oder er vertritt die Auffassung, eine konstruktive Lösung sei nicht zu erreichen. Es kann klug sein, diese Dissonanz auszuhalten – sei es, um sie zu einem anderen Zeitpunkt und in einem anderen Kontext nochmals zu thematisieren; sei es, um den Geschehnissen in der Folgezeit – beispielsweise Erfahrungen, Erlebnisse und persönliche Veränderungen (etwa in Betrachtungsweisen) – die Chance zu geben, den Konflikt zu deeskalieren, zu entschärfen, auslaufen, unbedeutsam werden oder in Vergessenheit geraten zu lassen. Das hat zwar mit einer aktiven Konfliktbehandlung wenig zu tun, respektiert indes deren Grenzen und eröffnet die Möglichkeit, »Zufälle« wirken zu lassen.

> **Resümee:** Konfliktfähigkeit oder Konfliktkompetenz bezeichnet ein Vermögen, etwas, das wir prinzipiell können und realisieren sollten. Konfliktfähigkeit und Konfliktperformanz zielen auf aktiviertes, auf ein sich in jeder Konfliktsituation entfaltendes Können, als Potenzial und als Handlung, einschließlich des Nichthandelns im Sinn des Aushaltens von Dissens.
> Konfliktfähigkeit äußert sich im Prozess der Auseinandersetzung als Fertigkeit. Fähigkeit oder Kompetenz (Potenzial) wird sichtbar in dem, was eine Person kann (Fertigkeit) und schlussendlich tut (Performanz).

In welchem Dienst stehen Fähigkeit, Fertigkeit und Performanz? Zu was sollen sie nützlich sein?

Konfliktfähigkeit gilt als notwendige Bedingung dafür, überhaupt die Möglichkeit zu haben, konstruktiv in einem Konflikt zu agieren. In der Benennung essenzieller Charakteristika werden Fähigkeit, Fertigkeit und Performanz in der Regel vermengt. Insofern inkludieren die Beschreibungen von Fähigkeit Handlung. Die Aufzählung der Charakteristika offenbart ferner, dass – wie erwähnt – praktizierte Konfliktkompetenz einhergeht mit inhaltlichen Präferenzen, die normative Gültigkeit beanspruchen. Dies wird deutlich daran, dass Konfliktperformanz gemessen wird an eben jenen normativ gültigen Kriterien.

Konfliktfähigkeit und -performanz gedeihen auf einem Fundament, das der Konfliktforscher Friedrich Glasl verknüpft mit der Bereitschaft, Divergenzen und Gegensätze zu bemerken und auszuhalten, genährt von dem Mut, sie zu thematisieren. Friedrich Glasl betont ferner eine mentale und psychische Einstellung, die es der Person ermöglicht, zu erkennen, dass Konflikte gerade aufgrund der konfligierenden Sichtweisen und Interessen bereichern können (Glasl 1998, S. 7 ff.; Glasl 1998a, S. 9 ff., 35 ff. und 59 ff.). Im Abschnitt »Konflikt, Souveränität und Humor« ergänze ich dies um die Konzepte Souveränität und Humor und beziehe mentale Attitüden ein, die mit Wohlwollen und dem gelassenen Akzeptieren von Differenz im Sinn von »We agree to disagree« beschreibbar sind.

Das Fundament, auf dem konstruktive Performanz aufgebaut wird, zeigt auf die Fähigkeit zu einer konfliktuellen Auseinandersetzung, die allseitige Gewinn-, zumindest nicht Verlusterfahrungen anstrebt. Dieses Fundament manifestiert sich in Bereitschaften (Wollen, Wille, Anliegen, Motiv), ferner in kognitiven Akten (Wissen, Kenntnisse, Denken) und in mentalen Ausrichtungen (Grund-, Voreinstellung, Überzeugung).

Bereitschaften, Wollen, Wille

Bereitschaft, Wollen, Motiv(ation), Anliegen oder Grundbestreben bahnen und justieren, wie eine Person mit Konflikten umgeht. Bezogen auf den Modus einer Auseinandersetzung, die nicht primär auf Sieg oder Niederlage zielt, gehören die nachfolgenden Aspekte wesentlich dazu.

Dem Konflikt begegnen wollen: Konfliktfähig-, fertigkeit und Performanz benötigen die Bereitschaft, einem Konflikt begegnen zu wollen. Dies hervorzuheben ist nicht trivial, denn meistens berühren uns Konflikte unangenehm. Sie stiften Aufruhr, stören die innere und äußere Harmonie. Je nach Belastung, Temperament (Mut zur Konfrontation) und Drang, das Konflikthafte aus dem Bewusstsein zu verdrängen, neigen Menschen dazu, den Kopf in den Sand zu stecken, anzugreifen oder zu flüchten. Viele erstarren, warten ab und hoffen, die Zeit werde den Konflikt in Vergessenheit geraten oder auslaufen lassen.

Jedoch: Werden Konflikte ignoriert, die für eine Person bedeutsam sind, entwickeln sie ein Eigenleben und wirken mehr oder weniger unbemerkt weiter (in der Latenz). Dieses Eigenleben beeinflusst das Körperbefinden, jedenfalls das Wahrnehmen, Denken, Fühlen und Wollen und schlägt auf Belastbarkeit und Verhalten zurück. Nach der (Tiefen-)Psychologik der transaktionalanalytischen Rabattmarken werden die Markenheftchen selten geplant, sondern spontan und mit überraschender Heftigkeit eingelöst, sei es in Form einer Explosion oder Implosion. Die Ausbrüche stehen in keinem Verhältnis zum Anlass und richten häufig unbeabsichtigten Schaden an. Daher empfiehlt es sich, Konflikterleben anderen Personen gegenüber offenzulegen und die »Existenz« eines Konflikts allseits anzuerkennen. Dann besteht am ehesten die Option auf Linderung.

Das Wirkungspotenzial im Konflikt erkennen: Das entdeckungsfreudige Ich im Menschen hilft, das positive, nützliche Wirkungspotenzial eines Konflikts zu sehen und entfalten zu wollen. Diesen Schatz können Menschen heben, wenn sie sich Fragen stellen wie:

- Welche Erkenntnisse kann der Konflikt zutage fördern?
- Was kann ich aus ihm lernen?
- Worin kann die Bereicherung liegen?

Friedrich Glasl, der bereits zitierte und sehr geschätzte österreichische Konfliktpsychologe, spricht in diesem Zusammenhang von einem »Forscherinteresse« als Grundhaltung. – Hilfreich ist zudem, sich bewusst zu machen, dass nicht das Auftauchen von Konflikten das eigentliche Problem ist, sondern die Art, wie wir mit ihnen, und das heißt mit den Unvereinbarkeiten und Gegensätzlichkeiten umgehen. Da dies gelernt werden kann, können

Menschen üben, das Zepter in der Hand zu behalten, die Kontrolle nicht an die Konfliktdynamik abzugeben.

Den Perspektivenwechsel nutzen: Aus sozialinteraktiven Theorien und therapeutischer Praxis ist die Figur des Perspektivenwechsels bekannt. Das Einnehmen der »Rolle« beziehungsweise der Sichtweise des anderen dient dem besseren Verstehen des Anliegens des anderen. Der Begriff Perspektive wird zusätzlich ausgeweitet um Bedürfnisse und Interessen sowie Funktionalität oder Utilität.

Die Konfliktparteien sind aufgefordert, das Bedürfnis und das Berechtigte der anderen Seite zu erkennen und aus der Differenz lernen und sich bereichern lassen zu wollen. Diese Art von Offenheit stellt in Aussicht, dass Verstehensprozesse oder Nachvollziehbarkeit und in diesem Sinn Verständnis möglich wird. Verständnis wiederum macht Situationen unwahrscheinlicher, die während der Konfliktkommunikation entstehen und Gesichtsverlust, Demütigung und ähnliche Schamreaktionen hervorrufen können.

Im Konflikt entgegenkommen: Die Bereitschaft zu Konzilianz unterstützt entschieden beim Aufbau beziehungsweise Erhalt von Vertrauen. Wohlwollen und Gelassenheit als Gegensätze zu Rechthaberei sind ebenso unverzichtbare Ingredienzien von Konfliktfertigkeit und -performanz wie Selbstdistanz und Empathie.

Kognitive Akte und Kompetenzen

Konfliktfähigkeit und -performanz bedürfen ferner kognitiver, kommunikativer und sozialer Kompetenzen beziehungsweise Fertigkeiten. Denn selbstverständlich genügt es nicht, mutig, offen, neugierig und konziliant zu sein und dem Konflikt per se affirmativ und auseinandersetzungsbereit gegenüberzustehen.

Kognitive Kompetenz und Performanz setzen insbesondere auf Kenntnis und Anwendung psychologischer Grundlagen im Konflikterleben und -geschehen, auf Kenntnis und Anwenden sozialpsychologischer Muster und Verläufe sowie auf Wirkungen von Interventionen. Kognitive Leistungen manifestieren sich im Konfliktfall vorzugsweise in der Art und Weise, wie intra-, interpersonelle, soziale und strukturelle Dynamik und Prozesse sowie das Konfliktumfeld analysiert und welche der Diagnose folgenden Strategien gewählt werden, um den Konflikt zu verstehen und so zu behandeln, dass Handlungsfähigkeit und Kooperation wieder hergstellt werden (Systematik, Logik, Modelle).

Methodische Kompetenz und Performanz rücken auf der Basis eines Grundmodells die Qualität und Stringenz der Intervention in den Vordergrund (Moderation, Mediation, Beratung, Coaching, Therapie).

Soziale Kompetenz und Performanz fokussieren die – ebenfalls unter Referenz auf Analyse- und Therapiemodelle – Kommunikation und insbesondere die Gesprächsführung auf den bekannten Ebenen und mit ihren Funktionen (Appell, Sache, Beziehung, Selbst).

Die mit der sozialen eng verwobene intuitive und emotionale Kompetenz und Performanz manifestieren sich im Grad von Empathie (Interesse für andere, Teilnahme am anderen), einschließlich kritischer bis paradoxer Intervention, sowie im professionellen Umgang mit eigenen Gefühlen und Dissonanzen.

> **Resümee:** Besteht das Ziel von Konfliktfähigkeit darin, die jedem Konflikt inhärenten Chancen zu verwirklichen und insofern konstruktiv mit Konflikten umzugehen, erhöhen wir die Wahrscheinlichkeit, dieses Ziel zu erreichen, wenn wir
> - uns um eine wohlwollende und affirmative Einstellung zu Konflikten und Konfliktparteien bemühen,
> - uns die Vernetztheit von Grundeinstellung, Wahrnehmungsfilter und Bewertungsfolie sowie Handlungstendenzen und faktisches Verhalten vergegenwärtigen,
> - uns Wissen und Können aneignen, um die Auseinandersetzung strukturiert, zielorientiert und mit der Vision allseitigen Gewinns führen zu können.

Ähnliches meint Friedrich Glasl mit den drei Komponenten der persönlichen Konfliktfähigkeit (Glasl 1998, S. 15 ff.).

- Wahrnehmungsfähigkeit, um a) Konflikte frühzeitig zu bemerken, b) sich selbst zu beobachten darin, inwiefern sich die subjektiven Wahrnehmgsfilter im Konfliktverlauf verändern (mehr dazu beim Thema Eskalation)
- Urteilsfähigkeit, um den eigenen Beitrag im Konfliktgeschehen abzuschätzen und dadurch die Selbstkontrolle und -lenkung zu stärken

- Handlungsfähigkeit, um a) intuitiv geistesgegenwärtig zu handeln, b) kreativ Vorschläge zu Lösungen machen zu können und c) mittels Methoden eine Konfliktaustragung konstruktiv zu moderieren

Mentalität, Einstellung, Überzeugung

Mentale Grundeinstellungen und Überzeugungen oder Glaubenssätze fungieren als Basisorientierung, einer Grundierung vergleichbar. Sie bahnen Denken, Fühlen, Handeln. Grundlegend ist die Einstellung zu Konflikten an sich, die in der Frage aufscheint: »Halte ich Konflikte grundsätzlich für gut oder böse beziehungsweise schlecht?«

Gut und böse (oder: schlecht) sind moralisch konnotiert. Damit obliegt die Beantwortung der Frage dem individuellen Werte- und Normensystem. Wer die Bewertung, wie »Konflikt an und für sich« zu betrachten ist, in das Gewand der Moral kleidet, handelt sich einen maßgeblichen Nachteil ein: Die Konfliktkommunikation dreht sich in diesem Fall um die Schuldfrage und sucht deren Antwort in Personen (Personalisierung, Individualisierung als Strategie). Folglich bewegt sich der Blick im Konfliktgeschehen fort von Randbedingungen und Sozialität und bezieht Relationen, Prozesse und andere den Konflikt erzeugende Variable nicht in die Überlegungen mit ein. Die Betrachtung erfolgt zeitlich und inhaltlich rückwärtsgewandt, weil die Akteure vor allem analysieren, wer, also welche Person, in der Geschichte des Konflikts das Übel heraufbeschworen hat. Das bedeutet: Moralisierung und Personalisierung verengen und erschweren eine konstruktive Konfliktbehandlung.

Um dieser Verengung zu entgehen, empfiehlt sich eine pragmatische Haltung, also eine Perspektive, die nach den Wirkungen fragt. Diese Einstellung ermuntert dazu, auf rekonstruierbare und beobachtbare Tatsachen und Beiträge zu blicken. Verbunden mit der Fragestellung, was geändert werden muss, um die Konfliktquelle zu beseitigen oder zu entschärfen, entlastet diese Grundeinstellung von der Suche nach Schuld zugunsten der Suche nach behebbaren Mängeln. Dies wird gemeinhin unter »Fehlerkultur« verstanden, die immer auch konfliktkulturelle Auswirkungen zeitigt.

Jede Konfliktauffassung ist Kind ihrer Zeit. Noch heute – und vielleicht heute wieder besonders, wie die Ausführungen zu den »Neueren Realitäten und Sensibilitäten«, (s. S. 237) zeigen werden – wirkt eine gesellschaftlich normierte Grundeinstellung im Hinblick auf Konflikte, die in der öffentlichen Rhetorik eigentlich als althergebracht und überwunden gilt. Allerdings sieht es in der Praxis, privat wie beruflich, anders aus. Grund genug, den Blick kursorisch über Geschichte und Metamorphose der Grundeinstellung zu Konflikten schweifen zu lassen (ausführlich: Mahlmann 2003).

Bis in die 1960er-Jahre dominierte die Auffassung, ein Konflikt sei per se schlecht oder böse, denn ein Konflikt bewirke ausnahmslos Zerstörung, entfessle destruktive Kräfte, zerstöre Harmonie. Harmonie verstand man als Abwesenheit von Reibung und Streit. Sie bedeutete Übereinstimmung, Einigkeit, Frieden und Ruhe. Gepaart mit der Attitüde, Konflikte seien grundsätzlich vermeidbar, herrschte das Bestreben vor, ihnen aus dem Wege zu gehen, sie durch Flucht oder Kampf schnell zu beseitigen, sie durch Ignorieren zu leugnen, mittels obligatorischer Regeln vorzubeugen sowie mithilfe von Geboten und Verboten zu regulieren.

Ausgelöst durch Implikationen und Folgen des Naziregimes und des Krieges, wandelte sich die ablehnende Haltung zu Konflikten Arm in Arm mit sozialen, ökonomischen und kulturellen Entwicklungen in Gesellschaft und Wissenschaft. Im sozialkulturellen Bereich offenbarte sich der Einstellungswandel besonders deutlich in den neuen sozialen Bewegungen New Age, APO, Ökobewegung; in der Psychologie in der Debatte um Antipsychiatrie, kritische Psychologie und praktische Psychologie; die Soziologie entdeckte sozial-interaktive Theorien der Herstellung von Wirklichkeit, widmete sich Alltagsfragen, formulierte die kritische Theorie (Frankfurter Schule) und bestimmte den intellektuellen Diskurs entscheidend mit.

Literaturtipps

Inspirierend zu diesem Thema liest sich das Buch »Geschichte der deutschen Psychologie im 20. Jahrhundert« (1985), herausgegeben von Mitchell Ash und Ulfried Geuter. Die beiden Herausgeber versammeln Aufsätze, die die gesamte Geschichte der vorwissenschaftlichen, wissenschaftlichen, der praktischen und kritischen Psychologie intensiv beleuchten.

Philipp Felsch schildert in »Der lange Sommer der Theorie« (2015) theorie- und szenenkundig die theorieverliebte und Theorie mit (revolutionärer) Praxis gleichsetzende Epoche 1960 bis 1990, einschließlich des Drehs zu Postmoderne und Ästhetik/Kunst als revolutionäre Theorie und Praxis.

Im Lauf der späten 1960er- und frühen 1970er-Jahre wurden das Denken und die Haltung zu Konflikten in ein neues Licht getaucht. Der Begriff Konflikt leuchtete auf als ein natürliches, zum Leben dazugehöriges und insofern normales und unvermeidbares Geschehen. Nach einer anfänglichen Euphorie, die Streit einseitig positiv, gar als erstrebenswert einordnete, verbreitete sich rasch die Auffassung, ein Konflikt sei weder gut noch böse, weder destruktiv noch konstruktiv. In den folgenden Jahren wurde »Konflikt« zu »Bewegung« neutralisiert. In der Praxis konnte sich das zwar nicht durchsetzen, färbt aber die Konfliktdiskurse und den Anspruch, der in der Konfliktkommunikation auch und gerade in Unternehmen oder Organisationen als Referenz gewählt wird.

Konflikt- und Krisenbegriff werden seither verknüpft und beides gilt als Chance, alte, nicht bewährte Muster zu durchbrechen. Wo ein Konflikt auftaucht, gerät etwas in Bewegung und irritiert den normalen Verlauf. Jede Störung bedeutet eine Unterbrechung von Routinen und trägt die Möglichkeit in sich, eine Entwicklung zum Angestrebten zu beginnen. Die Konfrontation damit, dass etwas nicht mehr wie bisher funktioniert, provoziert Aufmerksamkeit und Nachdenken. Dieses Moment ist es, das die konfliktschwangere Situation für Neues, Besseres oder schlicht andere Alternativen öffnet. Dem Konflikt wird mithin eingeräumt, Positives initiieren zu können. Diese Deutungsfolie beherbergt das dialektische Moment des Konstruktiven, des Aufbauenden.

Konstruktives Umgehen mit Konflikten beginnt konkret und empirisch damit, einen Konflikt möglichst früh zu erkennen – stets mit dem Vorbehalt, dass die Diagnose dem subjektiven Blickwinkel, also der persönlichen Erfahrungs-, Deutungs- und Lerngeschichte sowie der aktuellen Situation entspringt. Als Teil der Diagnose müssen aus systemischer Sicht all jene Erkenntnisse Niederschlag finden, die wesentlich an der Konstitution und Erhaltung des Konflikts als System beteiligt sind (zum Beispiel die Wirklichkeitskonstruktion, die Dynamik bestimmenden sozialen und interaktiven Regeln und Muster sowie Einflüsse der Systemumwelt). Im Verlauf der Beschreibung der Konfliktgeschichte und der Schilderung des Status quo sollen die Akteure den Eskalationsgrad bestimmen, in dem sich die Konfliktparteien befinden. Konstruktiv Streitende flankieren die gesamte Auseinandersetzung dadurch, dass sie eigene und fremde Beiträge und verschiedene Perspektiven (Motive, Bedürfnisse, Ziele) mitlaufen lassen und dies in der Wahl der Behandlungsstrategien berücksichtigen.

Konfliktfähigkeit und Konfliktperformanz dienen dazu, das zu ermöglichen, worauf konstruktives Streiten im Verlauf und im Ergebnis hinausläuft:

- für alle Beteiligten und Betroffenen tragfähige »Lösungen« finden
- Vertrauen im Dienst des offenen Ansprechens erhalten, stärken oder aufbauen
- Toleranz und Gelassenheit stärken
- eine Streitkultur ins Leben rufen, die verschiedene Arten erlaubt, Konflikte zu handhaben

Systemtheoretisch formuliert, geht es darum, Anschlusskommunikation und Anschlussverhalten in Aussicht zu stellen.

Grundhaltung, Deutung, Verhalten

Es besteht ein innerer Zusammenhang zwischen der Grundeinstellung zum Konflikt, dem Wahrnehmen und Bewerten, den Erwartungen und Hoffnungen sowie Grundannahmen einerseits und den Handlungstendenzen und Verhaltensweisen andererseits.

Doch wovon hängt es eigentlich ab, ob Menschen Konflikte als konstruktiv oder als destruktiv begreifen? Welche Auswirkungen hat die jeweilige Grundeinstellung auf Wahrnehmen und Deuten und schlussendlich auf das Verhalten?

Je nachdem, welcher Überzeugung eine Person anhängt, werden bestimmte Verhaltenskonsequenzen wahrscheinlicher als andere. Eine Überzeugung hat eine filternde, also sortierende und wählende Funktion. Es ist ein Unterschied, ob Menschen einen Konflikt grundsätzlich als etwas Natürliches und Notwendiges oder als etwas künstlich Erzeugtes und Überflüssiges oder Unnötiges beurteilen.

Konfliktvermeidung und Konfliktscheu: Teilt eine Person die letztgenannte Einstellung, neigt sie zur Auffassung, ein Konflikt sei prinzipiell vermeidbar. In diesem Fall erliegt sie der Versuchung, Umgehensstrategien zu wählen wie Ausweichen, Leugnen, Bagatellisieren. Erlebt die Person beispielsweise einen inneren Konflikt, in dem zwei gegensätzliche und unvereinbare Stimmen streiten, reagiert sie mit dem Versuch, die Unstimmigkeit (kognitive, emotive Dissonanz) abzuschütteln: »Darüber nachzudenken, lohnt sich eigentlich nicht.« Oder sie beschließt: »Ich mache erst einmal etwas anderes.« Oder sie versucht, den Konflikt zu negieren: »Da ist doch gar nichts Problematisches! Was rege ich mich eigentlich auf – so ein Unsinn!« Oder sie reagiert mit dem Versuch, den Konflikt zu verniedlichen: »Ist doch nun wirklich kein Problem! Meine Güte, meine Sorgen möchte ich haben! Auch auf diesem Planeten wird nur mit Wasser gekocht!«

Sind wir Partei in einem Konflikt mit anderen Personen, können die Tendenzen des Ausweichens, Leugnens, Bagatellisierens Aussprüche hervorrufen wie etwa: »Was du immer hast!« – »Ist doch alles halb so wild!« –

»Schwamm drüber!« In beiden Fällen umgehen die Betroffenen, den Konflikt bewusst wahrzunehmen.

Beiden Reaktionsvarianten liegt Konfliktscheu zugrunde. Sie äußert sich in der Attitüde: Echte Gegensätze sind nicht lösbar, Konflikte zerstören unnötig und binden wertvolle Energie. Diese Grundhaltung bewirkt bei den einen als Verhaltenskonsequenz Fluchtreaktionen. Sie befürchten, im offenen Konflikt durch aggressives Auftreten alles Porzellan zu zerschlagen, zu verletzen, zurückzustoßen, kalt und brutal zu wirken – und gleichen Angriffen ausgesetzt zu sein. Und sie befürchten, unter den Verletzungen zu leiden. Aus diesen Gründen bevorzugen sie es, eigene Gefühle und Interessen zu unterdrücken oder den anderen zu unterstellen. Sie verzichten gern auf harte Auseinandersetzungen, ziehen sich lieber zurück und gehen in die Defensive. Sie setzen auf die Zeit, die aus ihrer Sicht Konflikte löst.

Offensives Vorgehen: Diese Grundeinstellung kann aber auch das Gegenteil bewirken: Angriff als beste Verteidigung. Personen mit dieser Devise wollen sich nicht unterkriegen lassen. Sie neigen zur Auffassung, Nachgiebigkeit zeige Schwäche, Feigheit oder Unsicherheit. In ihrem Elan, sich durchzusetzen, walzen sie andere nieder, nehmen deren Wunden in Kauf und unterschätzen den Schaden, den sie in der Situation und darüber hinaus anrichten. Nicht die Zeit löst ihrer Ansicht nach Konflikte, sondern offensives Vorgehen und sofortige Aktion.

In beiden Fällen konzentrieren sich die Kontrahenten auf das Negative im Konflikt. Es fällt ihnen schwer, Gegensätzlichkeit und Unvereinbarkeit von Interessen und Sichtweisen als legitim zu akzeptieren, den Gegner als gleichwertig und integer zu respektieren. In der Folge wird eine konstruktive Konfliktbehandlung extrem schwierig und aufwendig.

Das gilt nicht nur für interpersonelle und Konflikte in Gruppen, sondern beginnt im Innern des Menschen. Gerade in einer Zeit, in der Burnout-Erfahrungen zuzunehmen scheinen, ist es hilfreich, den Blick für innere Konflikte zu schärfen. Ein typischer Konflikt lässt sich in die Formel gießen: Muße oder Pflicht. Begreift man Konflikt als Kampf, muss eine Entscheidung her. Sieg oder Niederlage. In jedem Fall gibt es ein Opfer: Muße oder Pflicht. Betroffene erkennen nicht, dass beide Bedürfnisse berechtigt sind und zeitlich versetzt entfaltet werden können in der Logik des Sowohl-als-Auch. Stattdessen wird Eindeutigkeit angestrebt, die Bestand hat und ähnlich wie ein Prinzip wirkt: sie legt fest. Siegt die Pflicht, heißt es: »Ich bin doch kein Weichei! Nur Arbeit und Disziplin bringen weiter!« Siegt die Muße, heißt es: »Ich lebe doch nicht, um mich für andere Leute abzurackern!«

Konflikt als Normalität: Ein anderes Konfliktparadigma ist die Überzeugung, ein Konflikt sei grundsätzlich normal, notwendiger Teil individueller Entfaltung und sozialen Lebens und folglich unvermeidbar. Diese Person teilt die Einstellung, ein Konflikt setze befreiende und »heilende« Kräfte dank Konfliktthematisierung frei. Geht diese Haltung einher mit der Einstellung, ein Konflikt sei prinzipiell eine Chance für Wachstum, Synthese und Synergie, mündet dies in eine neugierige, entdeckende Haltung. Es liegt dann näher, das Anliegen der anderen als grundsätzlich gerechtfertigt anzunehmen und Verstehen, Nachvollziehen anzustreben, um auf dieser Basis nach Lösungen zu fahnden, die alle Seiten zufriedenstellen. Die Auseinandersetzung birgt Chancen, als konstruktiver, also aufbauender Ver- und Aushandlungsprozess zu verlaufen, innerhalb dessen Interessen und Argumente ausgetauscht und wechselseitig berücksichtigt werden.

Diese Grundeinstellung manifestiert sich beispielsweise in Leitsätzen wie: »Jeder Konflikt ist eine Chance!«, »Konflikte zeigen immer, was den Leuten wichtig ist.«, »Konflikte brechen liebgewordene Gewohnheiten auf und bringen Neues.«, »Konflikte machen es möglich, einander besser zu verstehen.« Dieses hoffnungsfrohe Zutrauen in die Vorteile eines Konflikts erzeugt ein entsprechendes Verhalten, das die positiven Funktionen zum Zuge kommen lässt: Wir fragen anstatt zu urteilen; wir offenbaren Motive anstatt um Positionen zu ringen; wir tauschen Begründungen und Argumente aus anstatt Behauptungen. Folglich wachsen die Chancen auf eine tragfähige Einigung.

> **Resümee:** Lebt ein Mensch die Grundeinstellung, ein Konflikt sei per se
> - destruktiv,
> - vermeidbar oder
> - trennend,
>
> neigt er dazu, die andere Partei (innere Stimme, Personen, Gruppen) als Gegner und ihre Aktivität als Anschlag auf die eigene Person zu interpretieren. Folglich justiert der Betroffene seine Wahrnehmungsfilter auf alles Negative, Unvereinbare und Trennende und bevorzugt Strategien, die in der Logik von Sieg und Niederlage beheimatet sind und möglichst wenig Kommunikation erfordern: Flucht,

Kampf, Unterdrückung eigener Bedürfnisse. Es gilt: »Entweder … oder …« Das innere Programm lautet: »Entweder ich setze mich durch – oder ich verliere.« Das erzeugt im Konfliktumfeld vor allem Feindschaften.

Glaubt ein Mensch dagegen, ein Konflikt berge grundsätzlich die Möglichkeit,

- konstruktiv,
- unvermeidbar oder
- verbindend

zu sein, setzt er auf das zusammenführende und synergetische Potenzial. Konfliktbejaher verknüpfen mit dem Konflikt die Hoffnung, durch Auseinandersetzung etwas Neues, Besseres, für alle Beteiligten Akzeptables gewinnen zu können. Infolgedessen richten sie ihre psychischen und geistigen Antennen so aus, dass sie Gemeinsames registrieren. Um dies aufzudecken, bevorzugen sie die offene Kommunikation über Motive, Interessen und Zielvorstellungen. Das Ergebnis dieser Haltung bildet den Grundstock für tragfähige Kompromisse und Lösungen.

Es gibt also einen Bogen, der bei der Grundhaltung zum Konflikt als Kommunikationsform seinen Ausgang nimmt: bei Sympathie- beziehungsweise Antipathiegefühlen beginnend, über intentionale Haltung sowie Assoziationen und Handlungsimpulse läuft und seinen Endpunkt findet in kommunikativen und behavioralen (sich im Verhalten zeigende) Mustern und/oder konkretem Verhalten und Handeln.

Niederschlag der persönlichen Grundhaltung in Definitionen des Begriffs Konflikts

Schauen Sie auf Ihre Notizen zur Eingangsübung zurück und denken Sie über die folgenden Fragen nach.

- Welche innere Logik, Verwandtschaft oder welche Beziehungen können Sie herstellen zwischen Ihren Assoziationen, Ihrer Grundhaltung, Ihren Verhaltensimpulsen und der kategorialen Einordnung Ihrer Assoziationen?
- Welche Verhaltensimpulse dominieren, sobald Sie sich in einem Konflikt als Akteur befinden? – Stellen Sie dann die Beziehung her zur damit verbundenen Grundhaltung und Deutungstendenz.
- Welche Impulse dominieren, sobald Sie einen Konflikt beobachten und in beratender Funktion agieren? Welche Beziehungen können Sie in diesem Fall zwischen Grundhaltung, Deutung und Verhalten herstellen?
- Wie passen Ihre Notizen zu den vorangegangenen drei Fragen? Worin weichen sie voneinander ab? Was folgern Sie aus den Ergebnissen dieser Betrachtung?

Die praktische Brisanz der aufgezeigten diametral entgegengesetzten Grundhaltungen mit ihrem Netzwerk an Wirkungen wird deutlich, wenn Sie das folgende Beispiel lesen.

Andreas und Bernd

Die zwei Kollegen Andreas und Bernd arbeiten seit gut zwei Jahren zusammen. Sie müssen sich immer mal wieder zusammenraufen, weil sie grundverschiedene Persönlichkeiten sind. Andreas ist eher schweigsam, dennoch rigoros und energisch. Er wirkt zuweilen burschikos, wenn er sein Ziel durchsetzen will. Er neigt dazu, Ärger lange hinunterzuschlucken, bis er urplötzlich und für andere unerwartet aus ihm herausbricht. Bernd ist sehr kommunikativ, diskutiert gern und ist bestrebt, sowohl bei Reibereien den Konsens durch Gespräch zu erzielen als auch Unstimmigkeiten sofort anzusprechen.

Andreas charakterisiert Bernd in dieser Hinsicht so: Bernd ist eine Sabbeltasche. Er redet zu viel und nervt schnell, weil er immer alles ausdiskutieren will. Er hat nicht einmal so viel Anstand, den Mund zu halten, wenn ein persönlicher Zwist auftaucht, sondern fängt an zu bohren! Er kann einfach keine Ruhe geben, wenn er meint, es sei nicht alles in Ordnung. Dabei heilt die Zeit doch alle Wunden!

Bernd charakterisiert Andreas wie folgt: Andreas ist introvertiert; aber stille Wasser gründen tief. Allerdings nervt es, dass er oft so störrisch und bockig ist und man ihm alles aus der Nase ziehen muss. Aber man muss Dinge ansprechen, die im Argen liegen. Von selbst regelt sich schließlich nichts. Das kostet zwar Zeit und Anstrengung und Geduld, aber was solls! Einer muss die klärende Kraft sein, sonst verbessert sich nichts.

Seit etwa vier Tagen, so empfindet es Bernd, schwelt ein Konflikt. Bernd geht auf Andreas zu, weil er denkt, nach vier Tagen angespannter Stimmung sei es an der Zeit, von Andreas zu hören, was ihm denn auf der Leber liege. Andreas zeigt sich nämlich besonders schweigsam (»maulfaul«) und beschränkt seine Kommunikation mit Bernd auf das absolut Nötigste. Von Lächeln oder Humor ganz zu schweigen!

B: »Du, Andreas, ich würde jetzt wirklich gern erfahren, was mit dir los ist.«

A: »Es ist nichts.«

B: »Na ja, also seit etwa vier Tagen redest du kaum noch mit mir. Vielleicht habe ich irgendetwas falsch gemacht? Wenn dem so ist, dann sag es mir doch bitte. Ich habe nämlich keine Idee.«

A: »Ich sagte doch: Es ist nichts! Außerdem habe ich keine Zeit zum Diskutieren. Ich muss meinen Bericht bis morgen fertigstellen.«

B: »Ja, schon gut. Aber du könntest mir doch wenigstens einen Wink geben! Falls es dir nicht aufgefallen sein sollte, muffelst du mich nämlich seit bereits vier Tagen an und läufst mit einem langen Gesicht herum. Ich habe wirklich keine Ahnung, was ich getan haben könnte! – Oder ist etwas zu Hause los?«

> A: »Nein. Und nun lass mich doch bitte arbeiten. Wenn du Zeit zum Diskutieren
> hast – bitte. Ich habe sie jedenfalls nicht!«
> B: »Meine Güte! An dich ist mal wieder kein Rankommen! Wann kannst du dir denn
> mal Zeit nehmen, damit wir darüber sprechen können? So kann es wohl nicht
> weitergehen. Ich möchte den Stein des Anstoßes nämlich gern aus dem Weg
> haben.«
> A: »Wird schon passieren! – Also gut, ich überlege es mir.«

Soweit der Dialogausschnitt. – Wer ist Ihnen, werte Leserin, werter Leser, sympathischer: Andreas oder Bernd?

Jene unter Ihnen, die Konfliktkommunikation als mindestens lästig oder als Zeitdiebstahl erleben, deuten vermutlich auf Andreas. Denn er tut etwas, das verbreitet und insbesondere in Arbeitskontexten und Situationen hoher Belastung hoch angesehen ist: Andreas macht nicht viel Aufhebens von einer kleinen Verstimmung, während Bernd sich darum bemüht, die gewohnte Harmonie hartnäckig einzufordern, indem er psychologisch denkt und unterstellt, jede Störung kündige einen Konflikt an, den es frühestzeitig durch Aussprache zu beseitigen gelte.

Beim Herantasten an mögliche Gründe dafür, die Personen dazu bewegen, sich so verhalten, wie sie es tun, können folgende beschreibenden, interpretierenden und Hypothesen aufstellenden Gedanken zum Verstehen beitragen. Andreas fühlt sich unwohl. Er scheint verstimmt und möchte darüber nicht sprechen und fühlt sich daher von Bernd bedrängt. Er reagiert auf das Gefühl, belagert zu werden, naheliegend: Er weicht aus, wiegelt ab, wird brüsk, um den Plagegeist Bernd loszuwerden und der Situation zu entfliehen. Kurz: Er geht auf Distanz und setzt auf Zeit, zumal nach seiner Auffassung Reden ohnehin nichts Produktives bringt.

Bernd fühlt sich ebenfalls unwohl. Er empfindet das beredte Schweigen von Andreas als unangenehme Spannung (Disstress). Eskalierend kommt in seinem Empfinden hinzu, dass er aus Erfahrung weiß, wie schwierig es ist, aus Andreas ein Wort herauszubekommen und die Spannung zu lösen. Dennoch kennt er nur diesen Weg. Denn nach Bernds Überzeugung kann nur offene Kommunikation über das, was die Spannung ausmacht, Abhilfe schaffen. Folglich geht er auf Andreas zu, um den Zustand des schwelenden Konflikts aufzubrechen.

Strikt betrachtet, geht es um zwei zusammenhängende Konflikte: einem Ereignis, dem Auslöser, und – auf der Metaebene – die Art und Weise, wie die beiden in konfliktuellen Situationen agieren (Hermeneutik, Strategie, Zieldefinition). Diese »Stil«-Divergenz manifestiert sich zwar in synchroner Richtungsbewegung, aber in auseinanderlaufender Bedeutung: Während Andreas Abstand nimmt, sucht Bernd Kontakt. Andreas weicht zurück, Bernd geht auf ihn zu. Diese Verschiedenheit wurzelt in antagonistischen Auffassungen: Andreas sind Konflikte per se unangenehm. Er möchte sie verdecken, vermeiden, ignorieren und lässt die Zeit arbeiten. Bernd sieht Konflikte als Signale für die Notwendigkeit einer direkten Verständigung über die Anlässe und zählt auf kommunikative Klärung und Lösung. Der Zirkelprozess entpuppt sich als Verstärkungskreislauf einer unerwünschten Richtung: Je mehr Andreas Abstand nimmt, desto mehr geht Bernd auf Andreas zu, desto mehr weicht Andreas zurück. Ohne Metaperspektive und Erkennen dieses Musters haben Andreas und Bernd wenig Aussicht, einander zu treffen.

Nützlichkeit von Konflikten

Egal, ob sich ein Konflikt um eine Sache, ein Ziel, eine Bewertung oder um Werte, Rollen, Verteilungen oder Beziehungen dreht, stets geht es um Grenzen der freien Entfaltung, des Weiter-So, der Fortsetzung des Bisherigen, des reibungslosen Weitermachens. Es geht um Störung und anschließende Neuausrichtung.

Störungen kann man als dialektisch gebaut oder als ambivalent bezeichnen. Dialektisch meint: Sie tragen im Zerstörungspotenzial die Möglichkeit einer Wendung zum Besseren, einer weiterführenden Veränderung in sich. Systemtheoretisch formuliert: Störungen »beeinträchtigen zwar die bis dahin funktionierenden Prozesse und Strukturen, aber sie initiieren gerade dadurch Veränderungen. Ohne solche Störungen kein Lernen, keine Entwicklung, keine Umstrukturierungen, keine Reformen, keine Revolutionen [...] Konflikte haben deshalb ›Alarmierfunktion‹ und signalisieren, dass etwas geschehen muss« (Simon 2010, S. 95).

Störungen verstören, bringen Ordnung durcheinander. Sie zwingen zum Einhalten, Aufmerken, Blinzeln, Überprüfen, Neuorientieren, Neujustieren. Sie stoppen Gewohnheiten in Denken, Fühlen, Handeln. Sie tragen aus der Kurve. Exakt in der Störung, die ein Aufzeigen von Begrenzung ist, liegt das Nützlichkeitspotenzial.

Störung irritiert, verunsichert, und in der Phase der Irritation und Verunsicherung sind Menschen und Gruppen besonders aufnahmebereit für Ungewohntes, Neues, anderes. Die Verwundbarkeit (erhöhte Sensibilität) erweist sich als Einfallstor und Chance nicht nur zu Heilung, sondern Stärkung des Immunsystems. Die konzeptuelle Psychologik entspricht der von Resilienz (Welter-Enderlin/Hildenbrand 2006; Welter-Enderlin 2010) und der Antifragilität (Taleb 2013).

Konflikte zeigen Grenzen auf: der Belastbarkeit, Dehnbarkeit, Beweglichkeit, des Freiraums. Sie drängen auf Veränderung, Bewegung, Tat – ob im Denken, Fühlen und/oder Handeln. Diese Nötigung zu Aktivität gilt der eigenen Person, ausgetragen beispielsweise in der Orchestrierung verschiedener Stimmen, Teile, Ego-States oder dem inneren Team. Und sie gilt dem

Interpersonalen und Sozialen in der Form kommunikativer Akte wie Dialog, Debatte, Kontroverse.

In diesem kommunikativen Austausch wiederum liegt die Voraussetzung dafür, die Utilität von Konflikten selbst zu utilisieren, also nutzbar zu machen. Im Austausch von Gefühlen, Gedanken, Interessen, Wünschen, Zielen liegt die Option, etwas zu erfahren, was man bis dahin nicht kannte. Das bringt Aufklärung, Erhellung, Beleuchtung (um nicht »Erleuchtung« zu sagen). Hierin wiederum ruht die Chance, Mitteilungen zu erhalten, die hilfreich sind, sich auf das Gegenüber (Person, Personengruppe) besser einzustellen, weil das Geschehen besser verstanden und nachvollziehbarer wird. Empathie und Perspektivenwechsel vom Ich zum Du/Sie/Ihr fällt leichter mit diesen zusätzlichen in der konfliktären Auseinanderetzung erhaltenen Informationen.

Mit der Vielfalt und dem Wechsel der Perspektiven (Sichtweisen, Anliegen, Ambitionen, Motivationen, Ziele, Wege zum Ziel) wächst die Wahrscheinlichkeit, die Auseinandersetzung im Sinn aller Beteiligten weiterführend zu inszenieren. Kontrahenten blocken weniger ab, beharren weniger auf Positionen, zurren Lösungen nicht von Beginn an fest, betreiben weniger Rechthaberei, sprechen weniger in Ulitmaten, drohen nicht. Stattdessen legen sie zumindest die Kernmotive, Anliegen, Hauptziele, ihre Minimal- und Maximalvorstellungen im Hinblick auf Lösungen offen. Sie pflegen auf diese Weise Flexibilität und Kreativität im Konfliktgespräch, die im Idealfall eine synergetische Lösung ermöglichen, das heißt Lösungen, an die sie vor Eintritt in die Konfliktkommunikation nicht gedacht haben.

Konflikte können also klären, informieren, Erkenntnisse zutage fördern, psychisch entlasten, gar befreien (weil Verborgenes, Verdrängtes an die Oberfläche schwimmen darf). Konflikte können Innovation befördern, den geistigen Horizont erweitern und Ergebnisse hervorbringen, die in der Sache, der Beziehung und anderen Hinsichten weiterführen. Konflikte können auch dazu führen, dass Feindschaften begraben und Allianzen oder Kollaborationen geboren werden. Diese Geburt ist meistens das Resultat der allseits zufriedenstellenden Behandlung eines Konflikts, die neben Aspekten der Beziehung (Machtfragen) solche der Verteilung (Ressourcen, Chancen) und Bewertung (Adäquatheit des Weges zum gemeinsamen Ziel) akzeptabel geregelt hat.

Diese Nützlichkeitserwägungen kommen bei allen Konfliktarten zum Zuge: innerlich, interaktional, sozial.

Konflikt- und Kritikperformanz

Der Grund, den Begriff Kritik in die Ausführungen über Konflikte aufzunehmen, liegt in einem empirischen Befund: Häufig werden Konflikt und Kritik als Synonyme behandelt, insbesondere dann, wenn Kritik verletzt. Diese intuitive Identifizierung der Bedeutungen muss aufgelöst werden, weil Kritik auch Anerkennung bedeuten kann. Ebenso wichtig ist es, zu realisieren, dass Kritik- und Konfliktkommunikation Unterschiedliches meinen und deshalb – unter anderem – verschiedene Strategien in Denken und Fühlen, Kommunikation, Verhalten und Handeln nach sich ziehen.

Der Terminus Kritik begegnet uns alltäglich. Bedauerlicherweise hat er heutzutage eine pejorative, also herabsetzende Schlagseite: Kritik – so das vorherrschende Verständnis – transportiert Tadel und Ermahnung, zielt auf Veränderungs- und Verbesserungsbedarf, zeigt auf Defizite. Dass Kritik positiv im Sinn von weiterführend, anregend, anspornend bis hin zu anerkennend, respekterweisend gemeint sein kann, wird häufig gar nicht mehr wahrgenommen. Gründe genug, um mit wenigen Strichen zu zeichnen, was Kritik meint.

> **Kritik**
>
> Der Begriff »Kritik« vereint drei Schwerpunkte (nachzulesen beispielsweise im Duden, www.duden.de/rechtschreibung/Kritik):
> - nüchterne, sachliche, bewertungsarme Betrachtung: »prüfende Beurteilung und der Äußerung in entsprechenden Worten«, »Besprechung einer künstlerischen Leistung eines Werkes«, »Begutachtung, Beurteilung, Einschätzung, Rezension«
> - pejorative Neigung: Beanstanden, Bemängeln, Missbilligung, Tadel, auch umgangssprachlich in abwertender Bedeutung gemeint: Beckmesserei, Nörgelei
> - positive, respektvoll-affirmative Tendenz: Würdigung

Insbesondere in den Gesellschafts- und Kulturwissenschaften, vor allem in der kritischen und der Sozialpsychologie, Soziologie und Philosophie, erhält der Kritikbegriff einen programmatischen Stellenwert. Er ist ein Programm, den Intellekt auf Sachverhalte anzuwenden: in einer rationalen und emotionalen Distanz, die das »langsame Denken« (Daniel Kahneman 2014) fordert und fördert und dabei der Komponente kritischer Würdigung und Besprechung mit dem Fokus auf Verstehen Rechnung trägt. Neben einer intellektuellen Beurteilung eines Gegenstands, Sachverhalts, Verhaltens sollte Kritik – ähnlich der systemischen reflexiven Schleife – das eigene Tun ebenso einspeisen und verorten wie die Normen, denen man selbst in der Ausübung der Kritik folgt, und auch den Gegenstand der Betrachtung mit einbeziehen.

Gregory Bateson, Karl Popper und Paul Watzlawik beziehen dieses Kritikverständnis auf unterschiedliche Denk-, Lern-, Beobachtungsebenen (Bateson, Watzlawik) oder verschiedene Welten (Popper). Nach Michel Foucault soll sich Kritik nicht nur auf die Bewertung eines Gegenstands richten, sondern auch auf die eigenen Axiome und Episteme sowie auf den Kritiker selbst als Repräsentanten von Normen, Werten, Interessen. Kritik zielt nach Michel Foucault darauf, Machtstrukturen aufzudecken, und man kann verallgemeinern: Strukturen in und von Beziehungen überhaupt.

Worauf es ankommt, ist, dass Kritik nicht identisch ist mit Krittelei, Nörgeln, moralisierendem Tadeln, sondern Kritik bedeutet das Prüfen und Besprechen von etwas, das affirmativ oder mit der Intention gewürdigt wird, dass etwas zu verändern ist. In diesem Sinn meint Kritik ein Tun, das durch seinen Hinweischarakter Nützliches hervorbringt: Kritik signalisiert dem Adressaten, das Kritisierte zu überprüfen, um es gegebenenfalls zu verändern. Kritik ist eine Feedbackvariante mit Veränderungs- oder Verstärkungsappell.

All dies gilt sowohl für den, der Kritik formuliert, als auch für den, dem die Kritik gilt und dem gegenüber sie ausgesprochen wird. Im ersten Fall äußert sich konstruktive Kritkperformanz im Modus der annehmbaren Vermittlung: Der Sender formuliert so, dass der Adressat annimmt. Im zweiten Fall meint Kritikfähigkeit: Der Adressat kann annehmen, was kritisiert wird. Die kritisierte Person ist in der Lage, Kritik unpersönlich, zumindest nicht auf die ganze Person, sondern auf ausgewählte Ausschnitte, konkrete Handlungen und Leistungen zu beziehen, also keinesfalls als Attacke auf die eigene Persönlichkeit zu empfinden. Dies zunächst unabhängig davon, ob eine die Persönlichkeit umgreifende Attacke gemeint war oder nicht. Souveränität drückt sich in (kritischer!) Distanz aus. Man kann auch psychologisch argumentieren und zur Technik der Dissoziation greifen. Relevant ist: Kritik, die unangenehm berührt, so auf Abstand zu halten, dass man sie betrachten und begutachten kann.

Konflikt, Souveränität und Humor

Souveränität und Humor haben sowohl eine psychologische als auch eine mentale Komponente. Zusammen befördern sie Konflikt- sowie Kritikfähigkeit und -performanz und tragen zudem im wörtlichen Sinn maßgeblich dazu bei, Resilienz auszubilden und die Psychologik der Salutogenese in der Lebensführung – auch am Arbeitsplatz – fruchtbar zu machen. Damit bilden sie, was antiquiert als reife, in sich ruhende Persönlichkeit beurteilt und bewundert wird.

Humor sollte nicht mit Witzigkeit übersetzt oder synonymisiert werden. Humor ist – wie gutes Benehmen – eine Geisteshaltung, die einen besondern Kommunikations- und Interaktionsstil erzeugt, Charme und Überheblichkeit auf eine amüsierende Art verflicht, flankiert von einem Lebensgefühl, das weniger als Euphorie denn als heitere Gelassenheit (Ataraxie) zu beschreiben ist.

Humor hat mit Distanz zu tun: zu sich selbst (»Ich nehme mich nicht so wichtig.«), zu anderen Personen (»Ich nehme dich nicht als Nabel meiner Welt, räume dir keine Macht über mein Befinden ein.«) sowie zu Sachverhalten. Der Humorvolle nimmt eine distanzierte und realistisch-pragmatische Haltung ein (»Es ist, wie es ist – und ich mache das, was in meinen Möglichkeiten liegt; nicht mehr, aber auch nicht weniger.«)

Im Sammelband »Kulturgeschichte des Humors. Von der Antike bis heute« betonen die beiden Herausgeber die wandelbare Geschichte des Humors in den Zeitläufen. Obgleich seit Menschengedenken praktiziert, existiert der Begriff »in seiner modernen Bedeutung«, nämlich »Humor als eine Handlung, durch Sprechen, durch Schreiben, durch Bilder oder durch Musik übertragene Botschaft, die darauf abzielt, ein Lächeln oder ein Lachen hervorzurufen« (Bremmer/Roodenburg 1999, S. 9), erst seit dem 17. Jahrhundert und hat national unterschiedliche Akzente.

Semantisch schleppt der Begriff seit der Antike einen gefüllten Rucksack mit sich herum. Witzelei, Lächerlichkeit, Komödianterei und Komik – aber so, dass das Publikum seine Würde behält; milder Streich, charmante Flaxerei bis zur Nachbarkeit von Ironie und Sarkasmus. Ferner gibt es Humor im Kleid einer nobilitierten Heiterkeit, als Gelassenheit und Mittel zur Distinktion und Distinguiertheit mit empathischem Zug, also ohne Verletzung zuzufügen. Humor gibt es auch als kommunikatives Medium, um zu verdeutlichen, über den Dingen, Geschehnissen, Bekümmernissen zu stehen, sich von ihnen – dank innerer Distanz – nicht knechten zu lassen, sondern sie zu schultern, vielleicht sogar wie Hans im Glück einzutauschen, jedenfalls als Material für Humoreske zu verwerten.

Insofern ist Humor eine innere Haltung, eine Attitüde des Geistes und der Seele, die mit grundsätzlichem Wohlwollen allem Lebendigen gegenüber einhergeht. Humor verpflichtet: zu Nachsicht. Humor geht zwar häufig mit intellektuellem Scharfsinn einher, zumal die Verbindung zu Ironie und Sarkasmus naheliegt. Da Humor indes primär ein Kompositum ist von Gemüt, Lebensauffassung, Lebensphilosophie, Lebensgefühl, Gläubigkeit (Metaphysik, Religiosität) und dies der Nährboden ist, auf dem alles andere an Lebensäußerungen wächst, ist Humor nicht notwendig verknüpft mit der Frage des Intelligenzquotienten beziehungsweise Bildung.

Humorvolle Menschen – noch dazu raffiniert dank Bildung – werden in der Regel auch als souverän wahrgenommen.

Personale Souveränität wird verstanden als »selbstsichere Haltung einer Person gegenüber anderen« (www.wortbedeutung.info/Souveranitat/). Dieses Verständnis hebt nur eine Seite hervor, nämlich die Ausrichtung auf das Gegenüber und damit die Fremdattribution. Souveränität ist zwar ein Produkt, das im Lauf des Lebens, also empirisch, durch Erfahrung und sozial gebildet wird, hat ihre Quelle jedoch im Inneren einer Person, gleichsam als Bedingung der Möglichkeit der Außenwirkung. Dies verdeutlicht der Züricher Entwicklungspsychologe Professor Dr. Jürg Frick 2009 in einem Interview mit dem Journalisten Hartmut Volk (www.elektroniknet.de/karriere/arbeitswelt/artikel/21903/). Personale Souveränität bedeutet nach ihm auch: jeder Situation gewachsen und überlegen sein. Deshalb strahlen souveräne Menschen eine gewisse Eigenständigkeit aus. Sie scheinen geistig unabhängig und wirken und agieren unaufgeregt, sind sich ihrer selbst sicher, ohne überlegen oder anmaßend zu wirken. Der Entwicklungspsychologe konkretisiert: »Ganz typisch für souveräne Menschen: Sie sind in kritischen Situationen besonnener und behalten länger den Überblick. Sie übernehmen für sich und ihre möglichen Fehler nüchtern die Verantwortung, statt andere zu beschuldigen. Souveräne Menschen suchen Lösungen statt Schuldige und Fehler. Deswegen sind sie auch stärker gegenwarts- und zukunftsbezogen als vergangenheitsorientiert.« Bezogen auf das Umgehen mit Konflikten schließt Souveränität aus, in der Geschichte eines Konflikts zu graben, da diese Rückwärtsorientierung gemäß der je subjektiven Konstruktion und eingedenk der Neigung zu Rechthaberei wenig bis kein konstruktives, zukunftgestaltendes Potenzial für eine tragfähige Einigung in sich birgt. Insofern überwiegt bei Souveränen der Pragmatismus: Auf den praktischen Folgen einer Auseinandersetzung liegt der Schwerpunkt.

Jürg Frick führt ferner aus: »Souveräne Menschen lassen sich nicht provozieren! Weder von Menschen noch von Situationen. Angriffe, Widerstände, Hindernisse, Niederlagen irritieren oder entmutigen sie nicht, auch lassen sie sich durch diese Umstände nicht zu unbedachtem Verhalten verleiten.« Personale Souveränität, das verdeutlichen diese Ausführungen, ist verflochten mit der Entwicklung von Resilienz: dem Wachsen an Hindernissen, dem gestärkten Hervorgehen aus ihnen und so erlangter Distanz, um Raum für Beobachtung und intendiertes Reagieren zu erhalten. Diese überlegte Beweglichkeit hilft maßgeblich, unfruchtbare Eskalationen zu vermeiden beziehungsweise einzudämmen.

Wie Resilienz wird auch personale Souveränität gelernt. Das unterstreicht auch Jürg Frick: »Souveränität ist ein Prozess. Souveränität bringt man nicht mit auf die Welt, man erwirbt sie sich im Laufe der Jahre. Besonders die Erfahrung, Schweirigkeiten aus eigener Kraft bewältigen zu können, fördert und stärkt die souveräne Haltung eines Menschen. Meist wird die Basis für Souveränität schon in der Kindheit und Jugend gelegt. Souveräne Menschen haben schon früh gelernt, in kritischen Situationen ihre Gefühle, Gedanken und Verhaltensweisen besser zu kontrollieren und so angemessener […] zu reagieren. Später kommen weitere wichtige Erfahrungen im Umgang mit Menschen und Schwierigkeiten dazu. So lernen sie sukzessive, mit diffizilen Situationen und/oder Menschen umzugehen, darauf Einfluss zu nehmen, sie zu steuern.«

Souveränität impliziert eine für Konfliktperformanz bedeutsame Fertigkeit: Selbstkontrolle. Diese wiederum hat mit der Fertigkeit zu tun, sich selbst zum Objekt der Beobachtung und Reflexion zu machen und dem »langsamen Denken« gegenüber dem »schnellen Denken« (Kahneman 2014), dem Affekt, dem Impuls, den Vortritt zu lassen. Denn – das belegen Erfahrungen zuhauf – spontanes, unüberlegtes, impulsives Agieren im Konflikt erhöht die Wahrscheinlichkeit, Schaden anzurichten. Selbst wenn dieser Schaden nur aus Worten besteht: Worte schaffen Tatsachen, die aus der Welt zu schaffen selten gelingt. Dies ist kaum möglich in einer Situation, in der Emotionen hohe Wellen schlagen, wie es in den meisten und jedenfalls in den »heißen« Konflikten, den extravertiert ausgetragenen, der Fall ist.

Diese Selbstkontrolle fällt Souveränen leichter als Insouveränen, denn Souveränität ist verflochten mit Selbstvertrauen und Selbstwirksamkeit, einschließlich der nüchternen Akzeptanz persönlicher Grenzen. Sie helfen dabei, kritische Distanz zu sich selbst einzunehmen, reflexiv die eigene Person zum Gegenstand der Betrachtung zu machen und den Blick auf das Gegenüber zu richten. Jürg Frick führt dazu aus: »Souveräne Menschen vertrauen auf sich, ohne das in Arroganz oder Überheblichkeit ausarten zu lassen [...] Obwohl sie stets ›wach‹ sind, plagt souveräne Menschen kein Misstrauen – ein Gefühl, das wenig souveränen Menschen ständig im Nacken sitzt. Souveräne Menschen erleben sich, wie der amerikanische Psychologe Bandura es ausdrückt – als selbstwirksam. Und – sie haben auch angemessene innere Ansprüche und realistischere Erwartungen an sich selbst und ihre Mitmenschen. Und aus ihrem Selbstvertrauen heraus sehen sie ihre eigenen Grenzen auch klarer und unbefangener.« In der Konfliktinteraktion sind dies wertvolle Fertigkeiten. Selbstvertrauen und Selbstwirksamkeit markieren persönlich definierte Leistungsräume: Souveräne können abschätzen, was sie leisten können und was nicht. Das unaufdringlich ausgelebte Selbstvertrauen verscheucht nicht, sondern bewirkt im Gegenüber eher, dass dem Souveränen vertraut wird, nämlich an einer gemeinsamen Lösung interessiert zu sein, zudem wird ihm zugetraut, dazu in empathischnüchterner Weise beizutragen.

Da Souveränität eine Innen- und Außenseite hat, definiert der Entwicklungspsychologe Jürg Frick folglich Souveränität mit den Worten: »[...] äußerer Ausdruck einer inneren Haltung! Souveränität gründet auf der uneitlen Überzeugung, etwas (nicht alles!) zu wissen und zu können. Aus dieser unüberheblichen Selbsteinschätzung heraus sind sich souveräne Menschen ihrer Vorzüge und Nachteile bewusst, und sie akzeptieren und wertschätzen sich in ihrem ›unvollkommenen Zuschnitt‹ [...] Ihre Einstellung zu sich selber ist: Ich bin gut so, ich genüge mit meinen Vorzügen und Schwächen. Und diese Überzeugung bewirkt innere Sicherheit, Ruhe, Sachlichkeit. Und das strahlt nach außen ab – als Souveränität.«

Dieses Bündel souveräner Charakterstik verdanken Souveräne ihrer Selbstreflexion: Sie gehen öfter als andere in die Metaposition, um sich selbst in Lebens-und Arbeitskontexten zu betrachten, Aktivitäten und Ziele zu befragen, zu überprüfen, gegebenenfalls zu ändern. Auf diese Weise erhalten sie Informationen, die sie zum Anlass für Entscheidungen persönlicher Entwicklungsschritte nehmen: »Sie arbeiten mehr an sich als andere, durchdenken alles konsequenter, wissen präziser, was und wohin sie wollen, lassen sich kaum von Situationen mitreißen. Daraus und aus der Gewissheit, dass sich – häufig bis meistens – für alles schon ein Weg, eine Lösung finden lässt, resultiert ihre ruhige, überlegte Haltung« (Jürg Frick). Diese Grundzuversicht bewirkt im Konfliktfall nicht nur eine ruhige Gelassenheit, sondern auch, dass die anderen Konfliktparteien zu Wort kommen, dass sie Gehör finden und das Bemühen, ein allseits akzeptables Ergebnis zu erzielen.

Souveräne Menschen sind nicht Nietzsches Übermenschen, keine Alleswisser, Alleskönner und sie sind auch nicht immer den anderen überlegen: »Souveränität, Unsicherheitsgefühle und Zweifel schließen sich keineswegs aus. Souveränen Menschen ist durchaus bewusst, dass sie scheitern können. Die Praxis zeigt aber: Sie scheitern tendenziell seltener. Und – sie können deutlich besser und konstruktiver mit eventuellem Scheitern umgehen. Sie sind in der Lage, zu Schwächen zu stehen, ohne sie aufzublasen oder mit ihnen zu kokettieren« (Jürg Frick).

Daher wirken sie glaub- und vertrauenswürdig. Sie sind »frei von Anmaßung«, eine Wirkung und Zuschreibung, die sich verstärkt dadurch, »dass ihnen aggressives Verhalten fremd ist. Sie spielen sich nicht auf, wissen nicht alles besser, sie bedrängen ihre Mitmenschen nicht, sie sind nicht übelnehmerisch. Sie gehen auf andere zu, ohne sich anzubiedern. Souveräne Menschen sind für ihre Mitmenschen berechenbare Wesen, die im Gegenüber einen Menschen sehen, der zwar eine andere, keineswegs automatisch aber beine gänzlich falsche Meinung hat. Das beeindruckt und schafft Vertrauen.« Diese Äußerungen Jürg Fricks verweisen auf eine der grundlegenden Voraussetzungen für einen konstruktiven Konfliktverlauf. Der viel zitierte Perspektivenwechsel, der Konfliktparteien mit dem Niveau emotionaler Auseinandersetzung zunehmend schwerfällt, liegt dem Souveränen sozusagen im Blut, gehört zu seiner Persönlichkeit.

Wenn Sie, werte Leserin, werter Leser, nun die Augen rollen und meinen, diese Form souveräner Einstellung und souveränen Verhaltens sei ideal, Wunschtraum, Utopie, dann möchte ich nochmals darauf hinweisen, dass Souveränität ebenso wie Resilienz ein ständiger Vorgang ist, von jedem Menschen entfaltet werden kann und sich kontextabhängig mehr oder weniger entfaltet und durchsetzt. Wer sich auf den Weg macht, sollte zunächst den

Blick darauf lenken, was in brisanten, schwierigen, heiklen, unangnehmen und angespannten Situationen bereits zufriedenstellend funktioniert. Denn dies verschafft Erfolgserlebnisse, die motivierend und anspornend wirken. Je präziser die Analyse der gelungenen Situationsbewältigungen, desto mehr lernt die Person auf der Meta- und Musterebene und kann gezielt(er) sich in die gewünschte Richtung weiterentwickeln. Das, was gelingt, sollte sich jeder bewusst machen, sich daran erfreuen, die Erfolgsfaktoren analysieren und schauen, wo er oder sie auf dem Fundus dieser analysierten Erfahrung aufsetzen kann.

Achtsamkeit üben, Innehalten und Zurückschauen und Geduld beim Lernen sind weitere notwendige Ingredienzien des Entfaltungsprogramms von Souveränität. Denn Lernen ist Handeln in der Zeit. Dabei sollte man bereit sein, neidlos bei anderen Menschen Souveränität zu entdecken und dies für sich zu nutzen. Dabei kann es helfen, souveräne Personen zu beobachten und – gemäß der Logik des Modelllernens – dies situativ angemessen zu imitieren, mit weiteren Erfahrungen persönlich passend zu verformen und zu adaptieren. In der heute nahezu allgegenwärtigen Feedback-Kultur ist es zudem möglich, eine souveräne Person zu fragen, was sie souverän gemacht hat und macht, um im Anschluss zu überprüfen, inwiefern was davon in ein eigenes Lernpensum übersetzt werden kann.

Der Grund, weshalb ich der Erläuterung personaler Souveränität so prominenten Platz eingeräumt habe, liegt sowohl in dem häufig zu beklagenden Mangel an eben dieser als auch daran, dass die Anforderungen an Kontrahenten gestiegen sind, Konflikte rasch und einvernehmlich zu behandeln.

Ein knapper Exkurs, der Souveränität zu einer im wörtlichen Sinn notwendigen Disposition macht, verdeutlicht, warum Souveränität zu einer personalen und über die Person hinausweisenden Ressource geworden ist, die im Vorfeld von Konflikten (präventiv) und im sowie nach dem Konfliktgeschehen (kurativ) unverzichtbar ist.

Das berufliche Umfeld wandelt sich zunehmend zu einem Cyber-physical-social-System: Das sogenannte Internet der Dinge ist eines, in dem Menschen mit von der Partie sind. Ein Internet der Dinge und Menschen, eine digital basierte, verrechnete, informationstechnologisch verschriebene Verschränkung von Maschine, Programmen, Algorithmen, Daten und Menschen, die in korrelativer Abhängigkeit, allerdings mit maßgeblicher Steuerung durch Technik, inzwischen sämtliche Geschäftsbereiche infiltriert beziehungsweise bereits gestaltet. Souveränität ist in diesem Kontext insofern erforderlich, als die psychologischen Anforderungen an den Modus des Miteinanderumgehens, des Kommunizierens, Interagierens und Kooperierens wachsen. Das gilt jedenfalls für die Übergangszeit, bis Geschäftsprozesse – einschließlich Führungsleistungen – komplett an die Technik abgegeben sind. Diese Übergangszeit schürt Befürchtungen und Ängste. Empirisch im Vordergrund steht die Furcht, den Arbeitsplatz zu verlieren sowie den Anforderungen nicht gewachsen zu sein. Dominieren Furcht und Ängste, steigt das Niveau der Sensibilität und Reizbarkeit. Menschen tendieren dann eher zu ungünstigen Deutungen der Geschehnisse, Verhaltensweisen, Anordnungen – mit der Folge, dass die Wahrscheinlichkeit wächst, dass es zu Konflikten kommt und diese eskalieren.

Die praktische Bedeutung der Souveränität nimmt ferner zu, weil die Rasanz, in der Meinungen und Urteile den Erdball umrunden, ein Tempo aufgenommen hat, das es unmöglich macht, Verbreitung und öffentliche Bewertung einer Äußerung und/oder eines Verhaltens zu stoppen oder zu kontrollieren. Daher die Furcht vor Shitstorms, auch in den Etagen der Führungspersonen. Da rufschädigende Kampagnen nicht verhindert werden können und das Agieren in einem Modus, den ich mit antizipierendem Gehorsam (Harmonie dank Anpassung) bezeichne, keine kluge Dauerlösung für Entscheider ist, benötigen diese eine Souveränität, die verhindert, sich selbst zum Spielball fremder Meinungen, Voten, Sympathien zu machen.

Souveränität dreht sich um intrinsische und internale Primärsteuerung, um autonome Selbstlenkung versus extrinsischer und externaler Lenkung. Dies hervorzuheben ist gegenwärtig so dringlich, wie es vielleicht noch zu keiner Zeit war, dank global vernetzter Kommunikation in Echtzeit sowie dank der auch destruktiv wirkenden Expression subjektiver Meinungen und deren ungeprüfte Wandlung zu Fakten. Die Neigung, aus Furcht vor einem Shitstorm im Modus der Antizipation, Harmonisierung, Verwässerung der Sprache auf mögliche Reaktionen zu reagieren, hat ein beängstigendes Ausmaß erreicht. Nicht zufällig wird etwa im Topmanagement das Reputationsmanagement professionalisiert, äußern Politiker sich öffentlich extrem vorsichtig, dominiert die Mode in Beraterkreisen, für »gerechtes«, »empathisches«, »moralisches«, »empfindsames« Sprechen Workshops anzubieten.

Die Haltung, Konflikte durch mehr oder minder geschmeidige Anpassung zu vermeiden, könnte sich generalisieren. Sie verdankt sich vor allem allseits, örtlich und zeitlich stets zugänglichen digitalen Kommunikationstools und Plattformen, die es erlauben, Eindrücke, Bewertungen, Mei-

nungen, Vermutungen etc. breitenwirksam zu steuern. Der Konnektivitäts-
effekt sowie das selektiv-konstruktive Moment in der Kommunikation, das
Inhalte verändert, sorgen dafür, dass sich – im Negativfall – rasch ein Shitstorm aufbaut.

Souveränität schließt ein, sich von diesen Quellen der Fremdbeurteilung
in einem Grad zu befreien, der erlaubt, in Dauerantizipation und Anpassung
an das womöglich Eintretende zu agieren, also nicht aus Furcht vor Negativwellen etwas zu unterlassen, das beispielsweise unternehmerisch geboten, sozial indes unerwünscht ist und nicht dem Mainstream entspricht.
Im Gegenzug erhöht sich zwar der Begründungs- und Erklärungsaufwand
im Vorfeld. Souveränität trägt in dieser Hinsicht dazu bei, im Vorfeld die
Konfliktwahrscheinlichkeit zu reduzieren beziehungsweise auftretende
Konflikte umgehend aufzunehmen, um Früchte von Auseinandersetzungen
zu ernten – oder Konflikte, Negativwellen auszuhalten, aus- und leerlaufen
zu lassen.

Zu diesem Themenkomplex gäbe es noch mehr zu sagen. Im vorliegenden
Zusammenhang mögen die Anmerkungen innerhalb des Exkurses genügen.
Sie sollen demonstrieren, dass Souveränität eine persönliche Qualität ist, deren Bedeutung gerade in der Epoche der Digitalisierung, Selbstentblößung
und unbegrenzter Öffentlichkeit, des Entrüstungsmoralismusses sowie un-
gewollter Popularität wächst.

Resümee: Konfliktfähigkeit und Konfliktperformanz einerseits und andererseits
Humor und Souveränität gehen eine Symbiose dort ein, wo es darauf ankommt,
Konflikte konstruktiv zu handhaben:

- emotionale Distanz und mentales Wohlwollen, das ein (selbst-)kritisches Augenzwinkern einschließt
- Fertigkeit, sich selbst zum Objekt der Betrachtung zu machen
- innere Unabhängigkeit von Fremdzuschreibungen, die vorauseilender Anpassung widersteht
- ausgeprägte Resilienz

All dies erhöht die Wahrscheinlichkeit, mit Augenmaß und dem gründlichen Vorgehen des »langsamen Denkens« Diagnose, Austragungsformen und Lösungsvorstellungen zur Zufriedenheit grundsätzlich aller Parteien zu suchen und finden.

Dominante Konzepte

- Charakteristika basaler psychologischer Strömungen von Genese bis Behandlung
- Tiefenpsychologien
- Verhaltenspsychologische Ansätze
- Verhaltenstheorie, Konfliktfähigkeit und Performanz
- Humanistische Ansätze
- Systemische Ansätze

↗ 02

Charakteristika basaler psychologischer Strömungen von Genese bis Behandlung

Im Folgenden skizziere ich Paradigmen und Modelle psychologischer Theorien und Strömungen, die in Beratungs- und Moderationskontexten von Konflikten implizit oder explizit angewandt werden. Obgleich meistens Mischformen zur Anwendung kommen, stelle ich sie einzeln vor, um die jeweilige Spezifizität herauszuschälen. Dabei folge ich keinesfalls sämtlichen Ausdifferenzierungen einer Strömung in ihren Teiltheorien und -ansätzen, sondern beschränke mich auf die Kerngedanken.

> **Literaturtipps**
>
> Wer die Thematik vertiefen möchte, wird bei folgenden Autoren fündig:
> - Jürgen Kriz: Grundkonzepte der Psychotherapie. 2007: Der Autor referiert und diskutiert psychologische Theorien mit dem Schwerpunkt therapeutischer Arbeit und Wirkung.
> - Die Herausgeber Jürgen Straub, Wilhelm Kempf und Hans Werbik versammeln in ihrem Buch »Psychologie. Eine Einführung. Grundlagen, Methoden, Perspektiven« (1998) Aufsätze, die zu Spezialgebieten psychologisch-theoretisch und klinisch-praktisch ausgerichteter einführend und vertiefend Auskunft geben.
> - Und »Geschichte der deutschen Psychologie im 20. Jahrhundert« (1985), herausgegeben von Mitchell Ash und Ulfried Geuter.

Nach der knappen Darstellung der Kerngedanken aus der Tiefenpsychologie, Verhaltenspsychologie, humanistischer Psychologie, Handlungspsychologie und systemischer Psychologie stelle ich die Verbindung zum Konfliktthema her und frage nach Bedeutung und Beitrag der Konzepte zum Verorten und Entstehen, zu Verlauf und Eskalation und zu Optionen, konstruktiv im Konflikt zu agieren. Dabei stelle ich unterschiedliche Strategien vor.

Diese Darstellung gliedert sich nach dem jeweiligen Zentrum der Betrachtung:

- die Person (intrapersonelle oder intrapsychische Konflikte)

- die Dyade (interpersonelle oder interaktive Konflikte)

- die Gruppe (soziale Konflikte)

Tiefenpsychologien

In die Kategorie der Tiefenpsychologie fallen Psychoanalyse (Sigmund Freud), Individualpsychologie (Carl Gustav Jung), Analytische Psychologie (Alfred Adler), Vegetopsychologie (Wilhelm Reich), Bioenergetik (Alexander Lowen) und Transaktionsanalyse (Eric Berne). Das tiefenpsychologische Paradigma äußert sich in Schlüsseltermini wie insbesondere: das Unbewusste, Vorbewusste, Bewusste, die Libido, Lebensenergie sowie im Strukturmodell des Menschen mit den Instanzen Es, Ich, Über-Ich beziehungsweise – transaktionsanalytisch – Kindheits-, Erwachsenen-, Eltern-Ich und der Kommunikation dieser Instanzen untereinander. Ferner spielt die Idee der Balance beziehungsweise Harmonie und deren Herstellungsweisen (und damit verbunden Gesundheit und Krankheit der Psyche) eine Rolle.

Allerdings werden die genannten Begriffe im Rahmen verschiedener anthropologischer Teilannahmen und Zielhorizonte menschlichen Lebens unterschiedlich gedeutet, eingeordnet und funktionalisiert, was seinerseits Auswirkungen auf die Frage nach Konfliktgenese bis zur Konfliktbehandlung nach sich zieht.

Das vorliegende Buch erörtert das Umgehen mit Konflikten primär im beruflichen Zusammenhang: im Alltag und Beratungskontext (Beratung, Coaching, Moderation) sowie Weiterbildung (Trainings). Aus diesem Grund klammere ich in der anschließenden Skizze Vegetotherapie und Bioenergetik aus. Beide Körpertherapien spielen in beruflich veranlassten Konfliktbehandlungen bis dato keine Rolle, sondern sind der psychotherapeutischen Intervention vorbehalten.

Wer sich an dieser Stelle fragt, inwiefern es vorteilhaft ist, die wesentlichen Züge dieser Theorien zu kennen, sei mit Rekurs auf den vorliegenden Kontext auf drei Gründe verwiesen.

- Erstens: Als Führungskraft, Personaler und vor allem als Berater und Weiterbildner werden Sie mit Fragen nach möglichen Erklärungen für Verhaltensweisen und Situationsentstehung konfrontiert. Je breiter Ihr Horizont ist, desto mehr Erklärungsangebote können Sie machen – und erreichen damit zusätzlich auf einer anderen Lernebene einen Effekt: Sie regen im wörtlichen Sinn Nach- und Überdenken an, sensibilisieren für die Nützlichkeit unterschiedlicher Betrachtungsweisen und zeigen auf, inwiefern diese Verschiedenheit andere im Gefolge hat, wie beispielsweise die Annahme von Verdrängtem, das sich in Konfliktsituationen Bahn bricht.

- Zweitens: Zumindest implizit arbeitet jeder mit Grundannahmen über das psychische und soziale Funktionieren in und zwischen Menschen. Die zweite und dritte Denk- oder Lernebene von Gregory Bateson oder die Metaebene nach Paul Watzlawik und Kollegen oder auch die Beobachterrolle aus der systemischen Gedankenwelt – sie alle basieren auf der Beobachtung und Denknotwendigkeit, dass jeder immer schon Grundannahmen (Axiome, Theoreme, Dogmen) hat, auf die er aufbaut und von denen er ableitet. Sie zu kennen erhöht die Wahrscheinlichkeit, dass Menschen differenzieren, also intellektuell Unterscheidungen vornehmen können. Diese wiederum leisten wertvolle Hilfe, um ein Phänomen, zu verstehen und – im Konfliktfall – Behandlungsweisen und Lösungen anzubieten, die folgerichtig und nachvollziehbar sind. Dies gilt für Professionelle wie für Laien.

- Drittens: Zudem möchte ich als dritten Grund anführen, dass im Zuge der bereits in der Wende zum 20. Jahrhundert einsetzenden Verwissenschaftlichung in Form der Psychologisierung bestimmte Begriffe und Konzepte, mehr oder weniger simplifiziert, in das Alltagsbewusstsein und den alltäglichen Sprachgebrauch eingeflossen sind (Mahlmann 1991, Kapitel 1 bis 3). Wer hantiert nicht mit den Egoinstanzen »Es«, »Ich« und »Über-Ich« von Sigmund Freud? Wer operiert laienpsychologisch nicht mit der Diagnose des »Minderwertigkeitgefühls« von Alfred Adler? Wer sucht Schuldige für Konflikte nicht schon einmal in dem verfremdeten Konzept der Lebenswende zur » Midlife-Crisis« von Carl Gustav Jung? Und wer spricht nicht von seinem inneren »Kind« in Anlehnung an die Transaktionsanalyse?

Mit anderen Worten: Die Konfrontation mit einer mehr oder weniger verstandenen, indes inflationären Verwendung tiefenpsychologischer Terminologie ist für Akteure in einem Konfliktgeschehen unausweichlich und lässt die wenn auch hier kursorische und selektive – Beschäftigung mit den Kerngedanken der Ansätze in Bezug auf Konfliktperformanz sinnvoll erscheinen.

Sigmund Freud: Psychoanalyse

Der Begründer der Psychoanalyse verstand seine Theorie als eine allgemeine Theorie, um menschliches Handeln zu erklären. Konstituierende Komponenten sind neben der individualistischen Ausgangsposition das Strukturmodell des Menschen, die Triebtheorie, das Phasenmodell der personalen Entwicklung und die Neurosenlehre.

In das Alltagsbewusstsein haben sich bis heute Begriffe und Verständnisweisen eingenistet, die subjektives Verhalten erklären sollen. Prominent ist die Rhetorik rund um Verdrängung, Unbewusstes, Sublimierung, psychische Energie. Nach Sigmund Freud offenbaren sich unterdrückte Wünsche und unbewusste Konflikte, vor allem die aus der Kindheit, in jeder Lebensäußerung, sowohl direkt, spontan, unwillkürlich als auch sublimiert, verformt, verfremdet. Der Mensch steht in der Psychoanalyse ständig in einem Spannungsfeld von Sexualtrieb/Libido, dem Streben nach sinnlicher Lust (Lustprinzip), und der Ich-Motivation, dem Streben nach Selbsterhaltung (Realitätsprinzip). (Die Rolle des Thanatos, des Todestriebs, ist bis heute kontrovers diskutiert. Konsens besteht darin, dass Sigmund Freud die Lebensenergie als Haupttreiber menschlichen Lebens konzipiert, sodass die Vernachlässigung des Thanatos durchaus legitimiert ist.) Zwischen Lust- und Unlust- beziehungsweise Realitätsprinzip manifestiert sich die Spannung in Konflikten, wenn die Libido die Person zu anderem Handeln motivieren will, als es das Realitätsprinzip für sinnvoll erachtet.

Lust- und Realitätsprinzip erscheinen als personelle Instanzen, die das Strukturmodell der Person in den Instanzen Es, Ich und Über-Ich präsentiert. Das Strukturmodell ist ein Konstrukt, das den Aufbau und die Motivation der Person in Bewusstseinssysteme oder -instanzen gliedert. Die Instanz des Es beherbergt das primär triebhafte Luststreben. Es steuert jene Impulse und Verhaltensweisen, die spontan, oft affektiv aufgeladen oder – wie eine verbreitete Redeweise lautet – aus dem Bauch heraus ins Tun drängen. Das Es überlegt nicht, sondern übersetzt Triebimpulse sofort in Handlungen. In seiner Spontaneität bevorzugt es jene, die ihm Lustgewinn bringen. Darin kontrastiert das Es eine andere Instanz: das Über-Ich. Diese ist dem Lustprinzip insofern abhold, als es die Funktion des Gewissens, also des Bewertens und (ethisch, moralisch) des Beurteilens, innehat. Es verkörpert die verinnerlichten Normen und Werte in Form von Moralkodizes und Benimmregeln, die verhindern sollen, dass sich ein Mensch so verhält, dass er sich schämen muss oder etwas bereut. Der Bezugsrahmen des Über-Ichs perforiert, was eine Person soll und nicht soll, darf und nicht darf. Das Über-Ich legt normative Messlatten.

Zwischen dem nach Lust strebenden Es und dem normativ geleiteten und pflichtbewussten Über-Ich kommt es häufig zum Streit. Die dritte Personinstanz, das Ich, verfügt über die Fähigkeit, zu vermitteln. »Wo Es ist, soll Ich werden«, wird häufig kolportiert. Dem Ich obliegt in diesem Zusammenhang die Aufgabe, Trieb- oder Lustimpulse des Es in Verhalten zu transformieren, das für das strenge Über-Ich akzeptabel ist. Vermittlung und Konfliktschlichtung gelingen, sobald Strebungen beider Instanzen, des Es und des Über-Ichs, realisiert werden. Das kann die Form eines Ringens um Sieg und Niederlage annehmen, die des Kompromisses, die der Synergie oder Integration im Sinn des Sowohl-als-Auch annehmen oder die der Sublimierung, der Verwandlung von Bedürfnissatuierung in einem anderen als deren Herkunftsbereich. Ideal ist es, wenn es dem Ich gelingt, sowohl Lustgewinn und die praktische Vernunft der Normentreue zu vereinen.

Rangelei zwischen Es und Ich und Über-Ich

Ein Beispiel und eine Übung zur Verdeutlichung: Im Zuge der innerbetrieblichen Anstrengungen, gesundheitsbewusstes Arbeiten zu ermöglichen, wird eine Trampolinlandschaft im äußerst geräumigen Fitnessraum des Unternehmens aufgestellt. Die Vorfreude bei allen ist enorm. Auch Sie als Leitung einer Abteilung freuen sich sehr darauf. Nun ist das Trampolin da, und natürlich verabreden sich einige Leute im Kollegenkreis, das Trampolin in der Mittagszeit einzuweihen. Dabei zu sein, ist besonders verlockend; denn die Unternehmensleitung inszeniert zur Einweihung ein Event mit Musik und exotischem Imbiss. Das Ganze startet um 15:30 Uhr; jetzt ist es 09:13 Uhr. Sie würden furchtbar gern hingehen; denn Spaß ist garantiert. Das Es in Ihnen quängelt und zeigt dem Über-Ich einen Vogel. Denn das Über-Ich mahnt bereits: »Denke dran, du hast heute eine Deadline einzuhalten! Die Projektübersicht soll allen Beteiligten punkt 17 Uhr zur Verfügung stehen. Also schlage dir das Trampolin-Feiern aus dem Kopf! Erst die Pflicht, dann das Vergnügen!« – Tja, was tun?

Notieren Sie, welche Optionen Ihnen einfallen, und übersetzen Sie diese dann in die Diktion des Strukturmodells beziehungsweise der Motivation der personalen Instanzen. Sie können dies analytisch tun oder als Dialog.

_____

_____

_____

_____

_____

_____

_____

An dieser Stelle einige Varianten von mir, wie dieser innere Konflikt behandelt werden kann:

- Erstens: Das Es überredet das Über-Ich: »Einweihung ist schließlich einmalig! Die Kollegen werden schon Verständnis haben. Und die, die hier im Gebäude sind, werden vermutlich ohnehin dabei sein. Alle anderen, die nicht dabei sein werden, haben sicher Verständnis für so eine Party! Die Übersicht mache ich einfach in der Nacht, dann haben sie die Leute morgen früh. Was macht das schon für einen Unterschied – diese paar Stunden! ...«

- Zweitens: Das Über-Ich überredet das Es: »Da Übersicht und Deadline so wichtig sind, hänge dich halt bis 15:30 Uhr rein. Konzentriere dich und schalte sämtliche Störquellen aus. Dann kannst du es schaffen und zur Einweihung gehen, und zwar völlig ohne Zeitdruck und völlig befreit von Überlegungen, deine Pflicht noch nicht getan zu haben und deine Kollegen hängen zu lassen. Denn Verschieben wegen einer Feier ist natürlich nicht in Ordnung. Also: Fokussieren und Engagieren, und dann ab ins Vergnügen!«

Im zweiten Beispiel gehen Es und Über-Ich nicht auf Konfrontation (nur Feiern beziehungsweise nur Bericht schreiben), sondern bemühen sich um einen tragfähigen Kompromiss, der beide Bedürfnisse saturiert, wenn auch mit verschiedenen Präferenzen. Und ob die Kompromissannahmen (nachts arbeiten; später feiern) realistisch sind, darüber lässt sich trefflich spekulieren.

In Situationen, die diese Strategie nicht zulassen, weil es beispielsweise an Spielräumen fehlt, gerät der Konflikt zum Kampf um Sieg und Niederlage – gekoppelt mit der Garantie anschließender Reue. Denn entweder wird eine »verpasste Gelegenheit« beklagt oder das schlechte Gewissen nagt, weil man sich anderen gegenüber als unzuverlässig erwiesen hat.

Eine Sublimierung könnte übrigens so aussehen, dass das Ich rationalisiert: »Events hast du doch öfter. Ist also nicht so wichtig. Und Trampolinspringen und mit den anderen Spaß haben, kannst du auch noch, nachdem du den Bericht geschrieben haben wirst. Du kannst dich schon jetzt mit einigen Leuten dazu verabreden, damit du dich darauf freuen kannst.«

Das Ich, das im Dienst des positiven Selbstwertgefühls steht, vermittelt zwischen Es und Über-Ich und verfügt noch über andere Mittel, im Konfliktfall dem Kräftemessen wehrhaft zu begegnen: die Abwehrmechanismen. Insbesondere drei von ihnen spielen für das praktische Umgehen mit Konflikten in beruflichen Kontexten eine wichtige Rolle.

> **Literaturtipp**
>
> Eine ausführliche Zusammenstellung der Abwehrmechanismen finden Sie im Buch von Anna Freud »Das Ich und die Abwehrmechanismen« (2012).

Projektion: Ein Abwehrmechanismus des in Bedrängnis gebrachten Ichs ist die Projektion. Regungen, Wünsche, Gefühle, Gedanken, die das Ich nicht akzeptiert und bei sich selbst nicht wahrnehmen möchte, weil dies dem Selbstbild Schaden zufügen könnte, blendet es aus und und schreibt sie anderen Personen zu.

Verkleideter Neid

Im Konflikt mit einer Kollegin ereifern Sie sich über deren Beliebtheit (Neid), indem Sie ihr unterschieben, sich bei den anderen anzubiedern. Diese Deutung »die biedert sich an« vermittelt Ihnen einen moralisch annehmbaren Grund, sich über sie zu echauffieren; denn Anbiedern gilt in unserer Kultur als unerwünscht. Den empfundenen Neid können Sie also rechtfertigen, ebenso wie die Verachtung für die Beliebtheit der Kollegin (die Sie allerdings selbst insgeheim gern genössen).

Verdrängung: Ein weiterer Abwehrmechanismus ist Verdrängung: Impulse, Wünsche, Gedanken, Gefühle, Affekte aus dem Es, deren Befriedigung das Über-Ich verbietet, werden vom Ich in das Unterbewusste oder Unbewusste abgedrängt. Die verschmähten Impulse wirken aber noch, liegen auf der Lauer und müssen ständig in Schach gehalten werden, damit sie im Dunkeln bleiben. Sie sind latent und halten die Person in einem permanenten Spannungszustand (Angst oder Aggression). Das Ich braucht Energie (Aufmerksamkeit), um die Impulse im Verborgenen zu belassen. Sobald es aber schwächelt (Aufmerksamkeit abzieht), etwa in Zeiten erhöhter anderweitiger Belastung, sehen die Es-Impulse ihre Stunde gekommen, schnellen hervor und drängen ins Bewusstsein zurück an die Oberfläche. Dies verunsichert (Angst, Furcht vor ...) oder stimmt gereizt (Aggression gegen ...).

»Eigentlich« geht es um ...

Der Chef hat dem Mitarbeiter eine Beförderung versprochen. Weder die Beförderung noch ein weiteres Gespräch folgen. Der Mitarbeiter ist sehr enttäuscht, will das aber (trotzig) nicht thematisieren. Trotz inneren Grolls entscheidet er, diese Verletzung seines Selbstwertgefühls zu »ignorieen« und »denkt nicht mehr daran«. In einer anschließenden mehrwöchigen Phase erhöhter Arbeitsbelastung braucht der Mitarbeiter besonders viel Energie, um seine Aufgaben zu erledigen und seiner Verantwortung nachzukommen. Er mobilisiert alle Energiereserven und richtet sie wie einen Laser auf die Bewältigung des Auftrags. Unwillkürlich labilisiert er den psychoenergetischen Schutzwall, den er um seine Frustration herum gebaut hat. Das äußert sich etwa darin, dass er beginnt, den Chef zu meiden oder ihm patzige Antworten zu geben (Aggression gegen). Es kann auch sein, dass er befürchtet, plötzlich und in einer unangemessenen Weise oder Situation »Druck ablassen« zu müssen und damit zusätzlich eine Gehaltserhöhung zu riskieren (Angst, Furcht vor).

Sublimierung: Als dritter Abwehrmechanismus sei die Sublimierung genannt. Für sie ist charakteristisch, dass ein Mensch von ihm nicht akzeptierte Wünsche, Gedanken, Gefühle, Erinnerungen und ihnen erwachsene Impulse (zum Beispiel Rache, Reue) auf andere Personen oder Objekte verschiebt, sodass sie erträglich und akzeptabel werden. Einfacher formuliert: Subjektiv und/oder sozial unerwünschte beziehungsweise verachtete Motive oder Handlungen werden in sozial anerkannte und erstrebenswerte Motive beziehungsweise Handlungen umgewandelt. (Sigmund Freuds Kulturtheorie basiert auf dem Gedanken der Sublimierung.)

Verblümt

Zahlreiche Klienten berichten, dass sie den einen oder die andere Person im beruflichen Umfeld am liebsten »einmal kräftig schütteln«, »mal laut die Meinung geigen« oder »unzweideutig zurechtweisen« würden. Sie tun es aber nicht. Im Gegenteil: Sie verkleiden, maskieren ihre Wut, ihren Ärger, ihre Empörung je nach Persönlichkeit in zynischen, doppelbödigen, sarkastischen Äußerungen, die geeignet sind, als besonders schlagfertig, souverän und geistreich beurteilt zu werden. In dieser Verkleidung stehen sie keinem konventionellen Ethos entgegenstehen, sondern erhalten sogar noch Anerkennung.

Oder: In Teamsitzungen werden Fehden persönlicher Provenienz selten direkt und offen ausgetragen, sondern meistens auf das Sachthema verlagert. Dies geht einher damit, dass (rational nicht nachvollziehbar) in emotional engagierter Weise Argumente hin- und hergeworfen und »bis aufs Blut« debattiert wird.

Fazit: Psychoanalytisch rühren Konflikte aus dem Inneren der Person, sind intrapersonell zu verorten. Sie entstammen der Divergenz von Trieb- und Lustimpulsen des Es einerseits und der Erziehung zu Selbstkontrolle und Disziplin durch Ich und Über-Ich andererseits. Anders gesagt: Das Es stößt auf Verbote des Über-Ichs und die disziplinierenden Wirklichkeitsanforderungen des Ichs. Dieser Grundkonflikt ist Mutter aller inneren Konflikte, die alle im Dienst einer Funktion stehen: Selbstwertgefühl, Selbstwirksamkeit, Selbstvertrauen, Integrität der Person zu sichern. Und sie pflanzen sich in interpersonelle und soziale Konflikte fort, da immer das Subjekt agiert.

Alfred Adler: Individualpsychologie

Alfred Adler, einer der abtrünnigen Schüler Sigmund Freuds, verlagerte den individual- auf den sozialpsychologischen Aspekt der Entwicklung des Menschen: Nicht nur die Person, sondern auch das Umfeld prägen die Persönlichkeit in all ihren Facetten. Insofern nimmt Alfred Adler den sozialen Kontext in die Betrachtung der Person(werdung) auf. Verhaltensweisen koppelt er unmittelbar an Selbstwertgefühl und Selbstwirksamkeit. Diese sind Resultate der Wechselwirkung mit dem persönlichen Umfeld. Konflikte erscheinen Alfred Adler weniger ausgelöst durch die Auseinandersetzungen innerer Strebungen der Instanzen als durch Auseinandersetzungen im Spannungsfeld zwischen Facetten der individuellen Disposition (Fähigkeiten, Fertigkeiten, Wünsche, Bereitschaften) und sozialer Umwelt. Ein unterernährtes Selbstwertgefühl – als Minderwertigkeitskomplex etikettiert – speist sich aus Mangelerfahrungen. Die Person versucht, dies zu kompensieren, und dabei kann es zu Überkompensation kommen, zu einem von der Umwelt zugeschriebenen »übertriebenen« Verhalten, einem »Zuviel«. Dieses Missverhältnis kann den Konflikt von einem intrapsychischen zu einem interaktiven oder sozialen machen.

Alfred Adler nimmt ferner an, dass psychische Vorgänge und Handlungen Ausdruck des Strebens nach Zugehörigkeit und Geltung oder Macht im Sinn von Teilhabe und Mitgestaltung sind. (In Bezug auf Letzteres spricht die Salutogenese von Selbstwirksamkeit.) Da Menschen, so die Annahme, Einfluss nehmen, gestalten, auf andere und anderes einwirken möchten, benötigen sie Akzeptanz. Dabei, so Alfred Adler, kann es Phasen und Bereiche geben, in denen sich die Person im Vergleich zu anderen minderwertig fühlt und darunter leidet. Dieses Leidensdrucks wollen sich Menschen über den Mechanismus der Kompensation entledigen. Die Ursache – nämlich das Gefühl der Minderwertigkeit – auszugleichen, erfolgt prinzipiell auf zwei Wegen:

- durch das Erzielen von Überlegenheit und
- durch das Erzielen von Zugehörigkeit.

Zu inneren Konflikten kommt es dann, wenn die Kompensation nicht gelingt und das Gefühl, minderwertig zu sein, andauert.

Der Wunsch nach Anerkanntheit

Beispielsweise in sozialen Netzwerken kann man dieses Phänomen gut beobachten, ebenso in Teams. Da bemüht sich ein Mensch, in eine Gruppe (Community) aufgenommen und als Gleicher unter Gleichen wohlgelitten und anerkannt zu werden. Als mit dem Wunsch nach Aufnahme beseelter Neuling wird die Person ihrem Zugehörigkeitswunsch eigene, dem Usus der Gruppe entgegenlaufende Bedürfnisse und Impulse unterdrücken. Indem sie ihr Verhalten vorzugsweise – häufig unter hohen Verzichts- und Verdrängungsleistungen und über einen längeren Zeitraum – darauf abstellt, was sie vermutet, das die Gruppe goutiert und mit Anerkennung belohnt. So überkompensiert sie ihr Defizit – zumal dann, wenn sich der Neuling als minderwertig fühlt. Diese Person unternimmt extreme und leidvolle Anstrengungen, die die Grenzen von Selbstvergessenheit oder Selbstaufgabe touchieren. Das Minderwertigkeitsgefühl und die ihm eigentümlichen intrapsychische Konfliktlage mündet in soziale Konflikte, sobald die Überkompensation als eine solche von anderen diagnostiziert wird. Beispielsweise zeigt ein neuer Kollege in seinem Wunsch und Bemühen, fachlich und persönlich anerkannt zu werden, derartig viel Eifer, dass er auf Kollegen arrogant und opportunistisch wirkt.

Fazit: Nach Alfred Adler werden innere Konflikte aus der Anstrengung geboren, das Gefühl der Minderwertigkeit zu kompensieren und einen eigenen Lebensstil zu entfalten, der sowohl die Sehnsucht nach Geltung als auch nach Gemeinschaft befriedigt.

Carl Gustav Jung: Analytische Psychologie

Der Dritte im Bunde der Begründer der Tiefenpsychologien ist Carl Gustav Jung. Er greift in seiner Analytischen Psychologie zwar Freuds Begriff der Libido auf, besetzt ihn aber mit anderer Bedeutung. Libido meint hier die allgemeine Lebensenergie, auch psychische Energie, die sich gleichermaßen in der Suche nach Lust und Sinnhaftigkeit offenbart. Der Stellenwert der Sexualität fällt im Vergleich zu Freud deutlich geringer aus als Beweggrund für Entwicklung und Lebensführung.

Wie bei Sigmund Freud und Alfred Adler ist es bei C. G. Jung das Unbewusste, das menschliches Streben und Handeln motiviert. Allerdings bereichert er das Spektrum unbewusster Inhalte. Nicht nur individualbiografische Erfahrungen, sondern Archetypen, also kollektive Erfahrungen, sind in ihm gespeichert. Deshalb spricht C. G. Jung vom »kollektiven Unbewussten«.

Auf der personalen Ebene dominiert das Streben nach Selbstentfaltung und Sinn (Individuation). Jung erkennt die Aufgabe des Menschen darin, sich selbst zu verwirklichen und den Ausgleich zwischen Bewusstem und (individuellem und kollektivem) Unbewusstem zu finden. Dazu gehört, Einstellungen und psychische Funktionen auszubilden, die die Gesamtpersönlichkeit entwickeln. Er nennt dies Individuation (Selbstwerdung).

Innere Konflikte haben nach C. G. Jung ihre Wurzeln hierin: Der Prozess der Individuation erleidet Störungen. Zum einen – meist in der ersten Lebenshälfte – werden Störungen ausgelöst durch den Widerstreit von Es, Ich und Über-Ich (Freud) beziehungsweise extra- und introvertierten Aktionsrichtungen oder der Frage, ob die Person eher den Wahrnehmungs- oder den Urteilsfunktionen der Psyche folgen soll. Das zeigt sich im Primat von Empfinden beziehungsweise Denken, Intuieren beziehungsweise Fühlen (Werten). Die seelischen Grundfunktionen werden als Pole konstruiert, als Anfang und Ende auf einem Kontinuum. Etwa ist Empfinden dem Intuieren und das Denken dem Fühlen entgegengesetzt.

Eine weitere Quelle von Konflikten liegt darin, dass Menschen soziale Rollen erfüllen müssen, ohne indes in ihnen aufzugehen. Rollendistanz ist für C. G. Jung die Bedingungen dafür, Rollen auf dem Weg der Selbstwerdung beizubehalten beziehungsweise diesen einzuschlagen. Das entspricht der gängigen Kategorisierung von Rollenkonflikten.

Zusätzlich hebt C. G. Jung eine Konfliktquelle hervor, die modern mit dem Begriff Midlife-Crisis bezeichnet wird. Das Konstrukt hebt eine konfliktreiche Phase menschlichen Lebens hervor. Sie beschreibt – ähnlich wie die Pubertät – in der persönlichen Entwicklung einen Übergang, der mit Störungen und Konflikten verwoben ist. Das Konstrukt kann auf C. G. Jungs Zweiteilung des menschlichen Lebens zurückgeführt werden. Während es in der ersten Lebenshälfte darum geht, seinen sozialen Ort zu finden, einer befriedigenden Berufsarbeit nachzugehen, das private soziale Leben zu ordnen, wendet sich der Mensch in der zweiten Lebensphase von den praktisch-pragmatischen Themen ab und den lebensphilosophischen zu: Fragen nach Lebenssinn und sinnvoller Gestaltung, Fragen nach grundlegenden Werten als Fundament werden wichtiger. Blickrichtung und Aktionsrichtung verlagern sich von external zu internal. Die Suche, Selbstvergewisserung und praktische Umorientierung ist eine an inneren und sozialen Konflikten reiche Zeit, weil eine generelle Neuverortung stattfindet und sich in der Lebensführung, einschließlich sozialer Kontakte, vieles ändern kann.

Konfliktquelle Lebensphase und Milieu

Das Konfliktverständnis von C. G. Jung zeigt sich beispielsweise in einem Team, das bezogen auf Generationen und Milieus unterschiedlich zusammengesetzt ist: Das Konfliktuelle liegt darin, dass jene, die die Hälfte ihres Lebens bereits hinter sich haben, andere Prioritäten verfolgen als die Jüngeren, die noch in der ersten Lebenshälfte agieren.

Beispielsweise kommt es zu einer Streiterei wegen der Frage: Wie viel Zeit können wir uns nehmen, um das perfekte Ergebnis zu erzielen? Erfahrene wissen, dass das vergebliche Mühe ist – während die Jüngeren noch ambitiös und idealistisch und selbstüberschätzend sich voller Elan aufschwingen, das perfekte Ergebnis auf jeden Fall zu realisieren.

Oder – ebenfalls typisch – ein Konflikt um das Ideal von Teamgeist und Wirgefühl. Ältere haben ihre Präferenzen eher im privaten, jedenfalls persönlichen Umfeld, weil dort jene Beziehungen sind, die sie als einen sinnvollen(!) Beitrag zu ihrem Leben empfinden, während beruflich veranlasste Geselligkeit nur in Grenzen zugelassen wird. Anders die Jungen, die netzwerken wollen und in vielen gemeinsamen Unternehmungen mit Kollegen ein Mittel sehen, um Zugehörigkeit und soziale Wärme zu finden. Die Einstellung von Feel-Good- oder Happiness-Managern entspringt exakt diesen Bedürfnissen.

Fazit: C. G. Jung konzipiert innere Konflikte als Ausflüsse der zwei Lebensphasen. In der ersten der pragmatischen Lebenshalfte – rühren sie aus dem persönlichen Streben nach Geltung und Zugehörigkeit sowie aus den Zwistigkeiten von Lust- und Realitätsprinzip.

In der zweiten Lebenshälfte werden sie durch die Hinwendung zur Suche nach dem persönlichen Lebenssinn ausgelöst und offenbaren sich in einer eher metaphysischen (Erst-, Neu-)Orientierung. Sozial relevant werden innere Konflikte spätestens dann, wenn Menschen mit divergenten Primärpräferenzen aufeinander treffen.

Eric Berne: Transaktionsanalyse

Die Transaktionsanalyse wird den Tiefenpsychologien zugerechnet, weil sie Komponenten deren Grundentwurfs teilt. Dazu gehören das Strukturmodell Sigmund Freuds und der Gedanke sozialer Erwartungsmuster als Bedingung menschlicher Entwicklung und Interaktion. In dem Bemühen, ein leicht verständliches und praktisch anwendbares Modell zu entwerfen, bezog der Begründer, der amerikanische Arzt und Therapeut Eric Berne, zusätzlich Grundannahmen der humanistischen Psychologie ein und integrierte vorzugsweise die Vorstellungswelt von Ganzheitlichkeit, Selbstbestimmung, Selbstverantwortlichkeit und persönliches Wachstum.

Literaturtipps

Während Jürgen Kriz in seinem Buch »Grundkonzepte der Psychotherapie« (2007) die Transaktionsanalyse eher stichwortartig vorstellt, dafür indes in die Tradition von Psychoanalyse und praktischer Psychologie stellt, widmen sich Ian Stewart, Ian und Vann Joines in ihrem Buch »Die Transaktionsanalyse« (1990) kompetent und ausführlich. Dabei erliegen sie nicht der Verlockung vieler neuerer Publikationen, indem sie auch jene Figuren und Differenzierungen in der Transaktionsanalyse erläutern, die als weniger praktisch und einfach erlebt werden, insbesondere in Managementschulungen, in denen die TA nach wie vor geübt wird.

Das Buch von Eric Berne, dem Begründer der Transaktionsanalye, mit dem Titel »Spiele der Erwachsenen« (1990) zeigt einen Teil der Transaktionsanalyse in Aktion: die TA im engeren Sinn, die kommunikativen und interaktiven Muster.

Niederschlag finden diese Aspekte des Grundentwurfs in den Teilkonzepten der Transaktionsanalyse: Skript-, Struktur-, Transaktions-, Spielanalyse. Aufgrund der Bekanntheit der Transaktionsanalyse und ihrer Nutzung in Management- und Führungskräfteschulungen seit den 1970er-Jahren sollen an dieser Stelle kurze Ausführungen genügen – sei es zur Erinnerung, sei es als Inspiration, sich mit ihr näher zu befassen.

Die Transaktionsanalyse ist ein Modell, das sich mit Fragen der Entwicklung der Persönlichkeit (Skript, Struktur) und zwischenmenschlicher Kommunikation (Transaktionen, Spiele) befasst.

Skriptanalyse: Die Skriptanalyse – häufig als Biografieanalyse verstanden – konzentriert sich auf jene Einflüsse, die das Gewordensein (Lernerfahrungen) und das Werden (zukünftige Entwicklung und Lebensführung) eines Menschen maßgeblich bestimmen. Die dazu gehörigen Begriffe und Teilkonzepte sind die vier Lebenspositionen, die sogenannten Okay-Haltungen, die Antreiber, typisierte Handlungsanweisungen und verinnerlichte Prinzipien. Wird die Skriptanalyse in Beratungskontexten angewandt, dann wird nach dem gefragt, was Menschen aus welchen Gründen in welche Richtung motiviert, etwas zu tun beziehungsweise zu unterlassen. Neben den verinnerlichten Normen und Werten, die sich in Denk-, Fühl- und Verhaltensmustern niederschlagen, nehmen die im Verlauf des Lebens ausgebildeten Lebenspositionen großen Spielraum ein.

Die vier Lebenspositionen der Transaktionsanalyse

Ich bin nicht okay – du bist nicht okay
Im Leben von Menschen mit dieser Grundhaltung gibt es kaum Anlass zu Freude. Die Welt ist schlecht, die Menschen sind schlecht. Und ich bin auch nicht besser oder zumindest nicht besser dran. Im Leben dieser Haltung ist alles trüb gefärbt, und selbst der Sonnenschein wandelt sich allein zum Schädiger der Haut. Im Extremfall mündet diese Haltung in Fatalismus und Suizid.

Ich bin okay – du bist nicht okay
In diesem Fall halte ich mich grundsätzlich für besser, klüger, stärker, erfahrener, wissender als andere. Diese können weniger als ich, und deshalb muss ich sie belehren und kontrollieren, ermahnen und anweisen, aber auch loben. Diese Haltung findet man im Unternehmensalltag häufig.

Ich bin nicht okay – du bist okay
Hier halte ich mich stets für kleiner, dümmer, schwächer, weniger erfahren und wissend als andere. Die anderen Personen können mehr als ich, können alles besser und sind durchsetzungsfähig. Ich habe ein unterentwickeltes Selbstbewusstsein und ein geringes Selbstwertgefühl. Dies steht genau im Gegensatz zu der vorhergehend geschilderten Haltung.
Führungskräfte mit dieser Grundhaltung finden man dort, wo Anpassung einen hohen Wert genießt und personalpolitisch honoriert wird. In einem Kreis selbstbewusster Mitarbeiterinnen und Mitarbeiter, Kolleginnen und Kollegen fühlen sich Führungskräfte mit dieser Haltung indes nicht wohl, weil sie nicht respektiert werden.

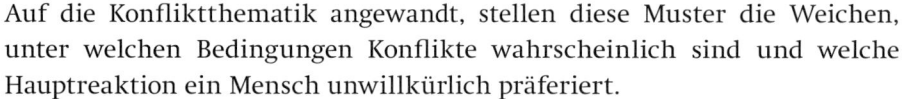

Ich bin okay – du bist okay
Menschen mit dieser Grundeinstellung respektieren sich selbst und andere. Im Gegensatz zu den vorher skizzierten Einstellungen denkt, fühlt und handelt eine Person mit dieser Haltung weder nach dem Prinzip der Eitelkeit noch denkt, fühlt und handelt sie in Machtkategorien von Unter- und Überlegenheit. Vielmehr legt sie Wert auf Fairness, Kooperation und Verständigung. Sie betrachtet alle Personen prinzipiell als gleichwertig. Ihre Transaktionen spielen sich vor allem auf der Erwachsenenebene ab. Personen mit dieser Grundhaltung sind zudem bestrebt, Konflikte konstruktiv auszutragen.

Auf die Konfliktthematik angewandt, stellen diese Muster die Weichen, unter welchen Bedingungen Konflikte wahrscheinlich sind und welche Hauptreaktion ein Mensch unwillkürlich präferiert.

Strukturanalyse: Skript und Lebensposition gehen einher mit Schwerpunkten der Persönlichkeitsdisposition. Dieser widmet sich die Strukturanalyse, die einen Aufbau der Persönlichkeit vorstellt und diagnostisch zugänglich macht, sobald die Frage nach dem persönlichen Profil gestellt wird. Das Strukturmodell konzipiert die Persönlichkeit als Konstellation von Ich-Instanzen (Ego-States), die jede ihre Charakterstik in Herkunft, Wirkung, Äußerungsform, Profil und Präferenzen haben und ständig untereinander kommunizieren beziehungsweise einander beeinflussen. Die Ich-Instanzen werden auch Ich-Bereiche oder Ich-Zustände genannt. Einige Namen der Ich-Bereiche, die in Trainings verwendet werden, unterscheiden sich von denen, die Eric Berne wählte. Der gemeinsame Nenner bezieht sich auf die Benennung der Großbereiche: Eltern-Ich, Erwachsenen-Ich, Kindheits-Ich.

Eltern-Ich und Kindheits-Ich werden differenziert in das kritische und schützende oder fürsorgliche Eltern-Ich. Das Kindheits-Ich wird zweigeteilt in das natürliche oder freie und das angepasste Kindheits-Ich. (Das dritte Teil-Ego, »der kleine Professor«, wird in Trainingskontexten in der Regel ausgelassen.)

Das Modell der Ich-Zustände hat zwei Facetten: Zum einen zeigt es den Aufbau, also die Struktur der Person, und befasst sich mit dem Inhalt der Ich-Bereiche, mit dem Was. Zum anderen zeigt es als Funktionsmodell das Wie und befasst sich mit den Prozessen, der Art und Weise, wie eine Persönlichkeit die Ego-States einsetzt. Zu diesen und weiteren Differenzierungen, insbesondere zum Strukturmodell erster und zweiter Ordnung sowie – damit verflochten – zur Binnendifferenzierung der Ego-States , von denen jedes alle anderen in sich trägt, empfehle ich die Darstellung von Stewart und Joines (1990, S. 47 ff.).

Die folgenden Nennungen geben die grundsätzliche Logik der Verhaltensweisen der Ich-Bereiche an sowie beispielhafte Formulierungen. Betonen möchte ich ferner, dass die Schilderungen beschreibende Aussagen sind und keine Wertungen. Kein Ich-Bereich ist von Natur aus gut oder schlecht. Vielmehr sind sie funktional oder dysfunktional bezüglich eines Ziels.

Zur Erinnerung und in sehr pointierter Weise gebe ich einen Überblick über die typischen Verhaltensweisen der Ich-Bereiche:

Das Eltern-Ich in seinen Varianten: Das Eltern-Ich vereinigt Denk-, Fühl-, Verhaltens-, Redensweisen beziehungsweise Regeln, Konventionen, die von Eltern beziehungsweise Elternfiguren oder Autoritäten, übernommen und verinnerlicht wurden, also alle erzieherisch und prägend wirkenden Einflüsse aus dem unmittelbaren Umfeld und aus gesellschaftlichen Einrichtungen und Einflüssen (Bildungsinstitutionen, Internet und so weiter).

In seiner kritischen Variante (kritisches Eltern-Ich) zeigt es – wenn auch stets im Sinn gut gemeinter Elternschaft – häufig den Zeigefinger. Es tadelt, warnt, moniert, wertet negativ, krittelt herum, verallgemeinert und pauschaliert. Es weist zurecht, wirkt dozierend, moralisiert und bestraft. Es stellt rhetorische, suggestive und inquisitorische Fragen. Typische Formulierungen lauten: »So etwas tut man nicht.«, »Das gehört sich nicht.«, »Sie müssen immer daran denken, dass …«, »Sie dürfen nie vergessen, dass …«, »Was erlauben Sie sich eigentlich?!«, »Wie oft habe ich Ihnen bereits gesagt …?«

In seiner schützenden oder fürsorglichen Variante (schützendes, fürsorgliches Eltern-Ich) repräsentiert es die offene Arme, mit denen es umarmen und beschützen möchte. Insofern äußert sich die Autorität des schützenden oder fürsorglichen Eltern-Ich-Zustands so: Es umsorgt, äußert Verständnis und Anteilnahme, lobt und wertet positiv, tröstet und beruhigt, ermutigt und hilft. Typische Formulierungen lauten: »Lass gut sein, das kriegen wir schon wieder hin.«, »Machen Sie sich nur keine Sorgen!«, »Lassen Sie nur, ich mache das schon.«, »Kann ich Ihnen behilflich sein?«, »Erzähl nur, was dich bedrückt.«

Beide Eltern-Ego-Bereiche eignen sich wenig, um Konflikte konstruktiv anzugehen. Das kritische Eltern-Ich schaltet rasch auf Kampf, sobald es seine Interessen in Gefahr sieht. Das fürsorgliche Eltern-Ich wählt schnell die Flucht oder die Strategie der Unterdrückung eigener Bedürfnisse. Neues zu wagen im Denken und im Handeln liegt beiden Ego-States fern, weil sie nicht primär analysieren, sondern, um mit dem Soziologen Max Weber zu sprechen, traditional-rational orientiert sind, also auf Bekanntes, Probates, Gegebenes zurückgreifen. Insofern orientieren sie sich an der Vergangenheit: Was sich bewährt hat und/oder gilt (»So macht man das!«), wird tradiert. Sie handeln nach der Logik des Mehr-Desselben.

Das Kindheits-Ich in seinen Varianten: Wo es Eltern gibt, gibt es Kinder. Der Kindheits-Ich-Bereich vereinigt Fühl-, Denk-, Verhaltens- und Redeweisen, die für die eigene Kindheit charakteristisch sind und im weiteren Leben immer wieder akut werden. Die vereinfachte Differenzierung zweiteilt das Kindheits-Ich in das natürliche oder freie und das angepasste.

Das angepasste Kindheits-Ich veranlasst die Person zu einem Verhalten, das idealerweise risikofrei ist. Denn diese Teil-Ego-Instanz traut sich nicht viel zu und sucht Unterstützung, Ermutigung, Exkulpation. Es zeigt sich brav, ängstlich, hilfsbedürftig, selbstunsicher und devot. Es ist beeinflussbar und defensiv, hält sich lieber im Hintergrund und wirkt scheu. Es ist pflichtbewusst und zuverlässig. Bekommt es seinen Willen nicht, wird es trotzig – und Trotz gilt als inverse Anpassung (denn um genau das Gegenteil von dem zu tun, was mir gesagt wurde, muss ich das, was gefordert wurde, erst einmal anerkennen). Der Fachbegriff dafür lautet Reaktanz. Typische Formulierungen sind: »Dafür kann ich nichts.«, »Wie möchten Sie es gern gelöst haben?«, »Ich würde gern, aber ich weiß nicht, ob ...«

Das natürliche oder freie Kind ähnelt der Figur des »kleinen Rackers«. Diese Ich-Instanz wirkt sehr gewinnend: heiter, unbelastet, begeisterungsfähig, einfallsreich, experimentierfreudig, neugierig, charmant, fröhlich, impulsiv, spontan. Gleichzeitig ist dieser Anteil des Kindheits-Ichs egozentriert und launisch, unzuverlässig, sprunghaft, unverbindlich, egoistisch. Typische Formulierungen dieser »Ich-will-Attitüde« lauten: »Supertolles Wetter! Schulaufgaben mache ich später. Jetzt gehe ich schwimmen!«, »Ich habe eine geniale Idee! Lasst mal alles liegen und konzentriert euch auf das hier ...!«, »Ich habe dazu keine Lust und werde es deshalb auch nicht machen.«

Typisch für das Kindheits-Ich ist, dass es Gefühle umgehend, ohne zu überlegen, also spontan in Handlung übersetzt (»aus dem Bauch heraus« handelt).

Das Erwachsenen-Ich: Die Instanz des Erwachsenen-Ichs vereinigt kognitive, rationale, mentale Fühl-, Denk-, Verhaltens- und Redeweisen, die Nüchternheit und Vernunft und nicht Werte, Normen, Traditionen (Eltern-Ich) oder Affekte, Emotionen (Kindheits-Ich) ins Zentrum stellen. Mit Daniel Kahneman gesprochen: Im Erwachsenen-Ich, so könnte man in seinem Sinn formulieren, dominiert das langsame Denken, während die beiden anderen Ego-States von den Impulsen beziehungsweise Intuitionen des schnellen Denkens geleitet sind (Kahneman 2014). Das Erwachsenen-Ich reagiert auf aktuelle Geschehnisse und Anforderungen. Es will den Dingen auf den Grund gehen, analysiert und synthetisiert, fragt und hört zu, diskutiert offen und sammelt Informationen, überlegt und erwägt pro und kontra, lässt das bessere Argument zum Zuge kommen, denkt in Alternativen und differenziert. Es ist um konstruktive Lösungen bemüht und fährt die Win-win-Strategie: Jeder soll »gut fahren«.

Typische Formulierungen lauten: »Da wir in zwei Tagen das Projekt abgeschlossen haben müssen, sollten wir darauf verzichten, an der After-Work-Party gleich von Beginn an teilzunehmen.«, »Warum ist das so gelaufen? Welche Hindernisse, welche Erleichterungen lagen auf dem Weg zum aktuellen Ergebnis?«, »Woher haben Sie die Informationen?«, »Lassen Sie uns in mehreren Optionen denken«, »Welche Perspektiven und Gründe gibt es, eingedenk der veränderten Gegebenheiten den eingeschlagenen Kurs beizubehalten, und welche, um ihn zu ändern – oder müssen wir ganz neu zu denken anfangen?«

Das Erwachsenen-Ich formt sich in der rationalen, kognitiven, reflexiven Auseinandersetzung mit der Welt. Es bildet sich maßgeblich durch Analyse, Synthese, Bildung, Fragen und einen weitgehenden Verzicht auf (vor allem moralische) Wertungen und Machtkämpfe um Eitelkeiten.

Die kurz skizzierten Ausführungen legen nahe, dass die Ego-States unterschiedliche Implikationen für das Verhalten in konfliktuellen Situationen aufweisen. Der Eltern-Ich-Bereich wird auf Bewährtes, Geltendes, auf Naturgesetze und andere Rechte verweisen und leicht in Rechthaberei hineinschlittern. Der Rekurs folgt der traditional-rationalen Logik: »Aufgrund meiner Erfahrungen …«, »Aufgrund meiner Werte und Normen …«, »Aufgrund meiner Sicht der Angelegenheit …«, »Aufgrund dessen, was sich bisher bewährt hat/gilt …« und kombiniert diese Logik mit einer sensualistischen Einstellung: »Das, was ich wahrnehme, ist der Fall.« Die Kombination von beidem fließt in ein Verhalten, das – zumeist mit dem Impetus der Verantwortlichkeit – eine Lösung des Konflikts diktiert.

Das Kindheits-Ich fühlt nur und will Bedürfnisse hier und jetzt saturiert finden. Eine argumentative Konfliktbehandlung ist ebenso ausgeschlossen wie Deprivation, also eine zeitliche Verschiebung der Befriedigung. Eskalation ist vorprogrammiert, entschieden wird der Konflikt durch Sieg (man bekommt, was man will, triumphiert) oder Niederlage (Enttäuschung, Beleidigtsein, emotionaler Kollaps).

Das Erwachsenen-Ich beherbergt jene Einstellungen und Fertigkeiten, die eine konstruktive Konfliktbehandlung erlauben. Es gilt als vermittelnde und idealiter lenkende und disziplinierende, also Selbststeuerung und -kontrolle realisierende und Souveränität sowie Humor ermöglichende Instanz. Zu verdanken ist das seiner Orientierung an Sachlichkeit, Nüchternheit, Durchdachtheit, nach Ausgleich (der Interessenbefriedigung) beziehungsweise Anerkennung von Verschiedenheit bis Divergenz, die – reflexiv – ebenfalls kognitiv eingekreist wird und dazu anspornt, aufgrund eines Perspektivenwechsels bisher verborgene Lösungen aufzudecken.

Es ist die Transaktionsanalyse im engeren Sinn, die veranschaulicht, wie die drei Instanzen zusammenwirken. Erst hier wird deutlich, dass die analytische Trennung der Ego-States im Prozess, im Verhalten, in Kommunikation und Interaktion in der Praxis einer wechselseitigen Beeinflussung weicht. Und dies wiederum wird im Konfliktfall praktisch relevant. Deshalb skizziere ich nun die Transaktionsarten. (Die Spielanalyse lasse ich aus, weil es in ihr um die Darstellung bestimmter Muster geht, die Eric Berne vorzugsweise in seiner klinischen Praxis und mit Paaren erkannt hat.)

Die Transaktionsarten: Die transaktionale Analyse oder Analyse von Transaktionen (Kommunikation, Interaktion) ist eine Analyse von Gesprächen und Handlungsabläufen. Sie nimmt Muster unter die Lupe, schaut nach den Gesetzmäßigkeiten und Funktionen gestörter und ungestörter Transaktion und sucht Wege, die aus gestörter Transaktion herausführen. Da Konflikte mindestens einen hohen Anteil an verbalem und nicht verbalem Austausch haben, ist offensichtlich, inwiefern es nützlich sein kann, in einem Konflikt die transaktionalanalytische Brille auf die Nase zu setzen.

Transaktion heißt Austausch. In Kommunikationen werden Informationen im weitesten Sinn ausgetauscht. Eine Transaktion meint in diesem Sinn einen Austausch von Daten, Wünschen, Bedürfnissen, Stimmungen, Hoffnungen und Absichten und auch Gefühlen. Insofern besteht jede Transaktion aus Reiz, Deutung, Reaktion, aus expliziten und impliziten Botschaften, die gesendet beziehungsweise interpretiert werden. In jeder Transaktion kommunizieren Ich-Instanzen miteinander.

Die Transaktionsarten im Schnelldurchlauf: parallel oder komplementär, gekreuzt und verdeckt. Die parallele oder komplementäre Transaktion zeichnet sich dadurch aus, dass der angesprochene Ich-Bereich in der erwünschten Weise antwortet. Sind sich die Partner auf der inhaltlichen Ebene einig, ist Konfliktfreiheit garantiert. Der Gesprächspartner reagiert, wie der Sender es erwartet oder wünscht. Parallele Transaktionen sind solange konfliktfrei, wie die Ich-Instanzen einer Meinung sind. Sind sie es nicht, kommt es zum Konflikt.

Alles in Butter

Einige Beispiele für eine konfliktfreie Transaktion:

- Chefin: »Wann, meinen Sie, können Sie den Artikel fertig haben?« – Mitarbeiter: »Ich schätze in zwei Tagen.« (Transaktion von Erwachsenen-Ich zu Erwachsenen-Ich)
- Kollege: »Sag mal, wie hast du eigentlich den Konflikt mit dem Kunden geklärt? – Ich stecke nämlich in einer ähnlichen Situation. Könntest du mir dabei helfen, eine Gesprächsstrategie zu basteln?« – Kollegin: »Klar. Aber nicht sofort. Wollen wir in etwa einer Stunde darüber reden?« (ebenso)
- Ein Beispiel auf der Kindheits-Ich-Ebene: »Ich habe zwar noch einen vollen Schreibtisch; aber der Nachmittag ist dermaßen sommerlich – lasse uns doch einfach draußen irgendwo ein Eis genießen!« »Super Idee! Ich bin dabei!«
- Ein Beispiel für eine komplementäre Transaktion: Kollegin im Kollegenkreis: »Puh, jetzt knoble ich schon Tage an dem Algorithmus herum, aber er will mir einfach nicht perfekt gelingen!« Kollege: »Ich kann mir ein bisschen Zeit freischaufeln. Soll ich dir helfen?« (Kindheits-Ich appelliert an Eltern-Ich, das auch antwortet.)

Beispiele für eine konfliktuelle parallele/komplementäre Transaktion:

- »Die Politiker von heute sind nichts als Marionetten der sozialen Netzwerke! Schisshasen auch noch, weil sie sich aus Angst vor einem Shitstorm die klare Sprache abtrainiert haben!« (kritisches Eltern-Ich) – »Na na, so schlimm ist das nun auch wieder nicht. Es sind halt gebrannte Kinder. Und viel gefallen lassen müssen sie sich auch.« (fürsorgliches Eltern-Ich) oder: »Na na, dann schau dir doch erst einmal an, wie es in anderen Ländern, auch in Europa aussieht! *Das* sind Schlafkappen und dummdreiste Leute. Da sind unsere harmlos!« (kritisches Eltern-Ich).

- Zweites Beispiel: »Oje, kannst du mir bei dieser schwierigen Sache nicht mal eben helfen?« (angepasstes Kindheits-Ich) – »Ich? Ich bin doch selbst arm dran. Jeder meint, mir noch mehr aufhalsen zu müssen. Nee, ich breche selbst fast zusammen.« (angepasstes Kindheits-Ich, das das Hilfsgesuch konsequent ablehnt).

Während in der parallelen oder komplementären Transaktion ein Konflikt nur ein Risiko ist, ist er in der gekreuzten eine Gewissheit. Der adressierte Bereich bleibt stumm; der angesprochene Partner reagiert anders, als es der Sender erwartet beziehungsweise wünscht, indem der Adressat zum Beispiel widerspricht oder eine konträre Auffassung vertritt. In der Regel kommt es deshalb zu Störungen. Diese Störungen können kurzfristig, situativ andauernd oder gravierend und grundlegend sein. Sie werden als Konflikt erlebt, weil die Interessen divergieren und nicht zeitgleich realisiert werden können.

An Kreuzungen kracht es oft

Zwei Dialogbeispiele sollen die Ausführungen verdeutlichen.

- Chefin: »Wann, meinen Sie, können Sie den Artikel fertig haben?« – Mitarbeiter: »Ich schätze in zwei Tagen.« – Chefin: »Wie bitte?! So einen kleinen Artikel – dafür brauchen Sie zwei Tage?!« – Mitarbeiter: »Na, hören Sie mal: Ich habe noch andere Sachen zu erledigen! Wenn es Ihnen nicht schnell genug geht, können Sie ihn selbst schreiben!« (Erwachsenen-Ich-Transaktion bei beiden in Phase eins; dann empörte Nachfrage des kritischen Eltern-Ichs der Chefin und ein eingeschnapptes, trotziges Kindheits-Ich zurück. Der Konflikt ist da.)
- Zweites Beispiel: Kollege: »Sag mal, wie hast du eigentlich den Konflikt mit dem Kunden geklärt? – Ich stecke nämlich in einer ähnlichen Situation. Könntest du mir dabei helfen, eine Gesprächsstrategie zu basteln?« – Kollegin: »Meine Güte! Jetzt bist du schon seit Jahren in diesem Job und kannst so kleine Konflikte nicht selbst regeln? Ich habe jedenfalls in der nächsten Zeit keine Zeit, mit dir darüber zu diskutieren!« (Eine Frage aus dem Erwachsenen-Ich wird gekontert aus dem Eltern-Ich, das sich überlegen weiß und deshalb auch weiß, was der Kollege wissen und können müsste.)

Die perfideste oder scharfsinnigste Transaktion ist die verdeckte. Die verdeckte Transaktion sendet nämlich eine mehrdeutige Nachricht. Der Empfänger weiß nicht genau, was der Sender will: Will er eine sachliche Botschaft senden oder meint er das vermeintlich Sachliche unsachlich, zum Beispiel ironisch oder sarkastisch. Meint er die Sache oder etwas ganz anderes?

Wenn Personen einander verstehen, einen ähnlichen Humor pflegen und gern Provozieren spielen, dann ist die verdeckte Transaktion eine äußerst amüsante und zugleich Geistesgegenwart erfordernde Art des Kommunizierens. Ihre Stachel fährt sie aus, wenn der Sender nicht offen attackieren oder beleidigen oder maßregeln möchte, sondern so formuliert, dass die Aussage oder Frage sowohl auf der sachlichen Ebene als Nachricht aus der Erwachsenen-Ich-Instanz als auch unsachlich, wertend, fühlend aus dem Bereich des Eltern- oder Kindheits-Ich verstanden werden kann. Dies ermöglicht, bei einer ungewollten Eskalation auf den sachlichen Gehalt der Aussage zu referenzieren.

Normalerweise verbalisiert der Sender einer verdeckten Transaktion die Nachricht bewusst mehrdeutig. Die Logik der verdeckten Transaktion besteht darin, sich ein Hintertürchen offen zu lassen. Dieses Hintertürchen braucht er, da er seine Botschaft in der Regel als Angriff meint. Wenn der Partner auf die Untertöne reagiert und sich angegriffen fühlt (und eben nicht auf den sachlichen Gehalt der Botschaft hört), der Sender aber keinen offenen Konflikt riskieren will, kann er sich bei einer Konfrontation herausreden: »Wie kommen Sie denn darauf? So war es nicht gemeint! Ich habe nur gesagt … und wollte nur andeuten …« Er kann sich auf einen anderen, den sachlichen oder rein scherzhaften Gehalt und damit auf eine andere Bedeutung als diejenige berufen, die der Empfänger der Botschaft verliehen hat.

Ironie, Sarkasmus, verdeckte Drohungen oder Mahnungen, aber auch Komik und Kabarett bedienen sich der Logik der verdeckten Transaktion.

Das Verdeckte im Ernst und Spaß

In Anknüpfung an das genannte Beispiel kann das folgendermaßen aussehen.
Chefin: »Wann, meinen Sie, können Sie den Artikel fertig haben?« – »Na hören Sie mal: Wollen Sie mir durch die Blume sagen, dass ich zu langsam bin?« (Der Mitarbeiter reagiert nicht auf den offensichtlichen rationalen Gehalt der Frage (Erwachsenen-Ich), sondern hört einen Unterton heraus: einen tadelnden, der ihn provoziert. Vielleicht hat die Chefin nonverbal oder prosodisch diese Deutung nahegelegt. Auf diese (möglicherweise intendierte) Negativkonnotation reagiert er und riskiert einen Konflikt.

Ein weiteres Beispiel: Infolge der Umstrukturierung von Arbeitsgebieten und Aufgabenbereichen ist ein Kollege mit einer Arbeit betraut, die vorher seine Kollegin gemacht hat. Kollege: »Sag 'mal, wie lange hast du eigentlich immer dafür gebraucht, die Reports zu schreiben?« – Kollegin: »Soll das vielleicht heißen, dass du es schneller machst als ich?« (Das gleiche Muster wie oben.)

Ein humorvolles Beispiel, das als Witz seit Jahren kursiert: »Schau mal, ich war beim Friseur«, strahlt das stolze Kindheits-Ich – und erhält zur Antwort: »Ach tatsächlich? Hat er dich nicht drangenommen?« (Kommentar erübrigt sich.)

Resümee: Die Transaktionsanalyse vereinigt Struktur- und Kommunikations- beziehungsweise Interaktionsmodell, indem sie davon ausgeht, dass die Motive/Motivationen, die innere Logik und die durch Erfahrung gewonnenen Inhalte der Ich-Instanzen sich in Transaktionen manifestieren, diese prägen und umgekehrt: Transaktionsangebote darüber entscheiden, mit welchen Ego-States eine Person maßgeblich reagiert.

In diesen Wechselwirkungen gibt es konfliktfreie, konfliktarme und konfliktsichere Konstellationen. Zu den ersten gehören parallele Transaktionen, solange die Ich-Bereiche einer Auffassung sind. Wird gekreuzt, also nicht komplementär transagiert, wird ein Konflikt wahrscheinlich, und bei der verdeckten Transaktion ist die Konfliktwahrscheinlichkeit abhängig a) von der Intention »Spiel oder nicht?« und b) von der Geschicklichkeit der Partner, auf die verdeckte Absicht einzugehen oder sie zu ignorieren. Im Friseurbeispiel etwa: »Ah, da sprichst du mir aus der Seele. Ich finde nämlich auch, dass er seine Arbeit schlecht gemacht hat. Ich werde reklamieren.« Und das mit einem leichten Lächeln geäußert (Humor), und der Konflikt hat keine Chance.

Verhaltenspsychologische Ansätze

In diesem Kapitel skizziere ich die grundsätzliche Logik der Verhaltenstheorien sowie ihre heutzutage auch im Konfliktmanagement thematisierten Ausgestaltungen in Richtung Lerntheorie, Kognition (kognitive Verhaltenspsychologie) und den vor allem therapeutisch relevanten Ansatz der Rational Emotiven Verhaltenstherapie. Diesem Ansatz ordne ich das Neurolinguistische Programmieren (NLP) zu, weil es zentral mit Umdeutungen – Reframing genannt – arbeitet.

Literaturtipps

Die Autoren Leslie Cameron-Bandler, David Gordon und Michael Lebeau zeigen in ihrem Buch »Musterlösungen« (1992) anhand einer Fülle alltäglicher Themen und Handlungsfelder die Korrelation von Vorannahmen und Handeln auf und geben Optionen für Reframings.

Jürgen Kriz gibt in seinem Buch »Grundkonzepte der Psychotherapie« einen knappen und kenntnisreichen Überblick über die Grundkonzepte der Verhaltenstheorie, einschließlich ihrer Erweiterungen und Differenzierungen rund um Lerntheorie und kognitive, rational-emotive Therapiekomponeten (2014, S. 125 ff.)

Robert B. Dilts widmet sich in »Die Veränderung von Glaubenssystemen« (1993) der Genese und Wirkung von Glaubenssätzen (Überzeugungen) und zeigt in Fallvignetten, wie das Verändern dieser Glaubenssätze via Reframingvarianten funktioniert.

Während Tiefenpsychologien sich auf innere, auf psychodynamische Motivationen fokussieren und vorzugsweise zu Introspektion, Selbstbetrachtung, Selbstreflexion auffordern, halten sich Verhaltenstheorien an Beobachtbares. Die klassische Variante begreift den Menschen als Reiz-Reaktions-, als Konditional-, als Wenn-dann-Maschine, die berechenbar ist. Innere Vorgänge sind nicht beobachtbar, deshalb werden sie theoretisch und empirisch als irrelevant erklärt. Die Verhaltenstheorie visiert das zielgerichtete Verhalten an und hält gemäß der angenommenen kausalen Determiniertheit nach Reizen Ausschau, die eine bestimmte Antwort (Reaktion) auslösen. Die Grundlogik aller Verhaltenstheorien nimmt eine Verbindung zwischen Reiz

(Stimulus) und Reaktion (Response) an. Diese Verbindung kann direkt oder vermittelt sein. Direkt heißt: Wir können eine klare Verbindung zwischen Reiz und Reaktion ausmachen. Vermittelt bedeutet: Die Reize, die Verhalten auslösen, sind nicht eindeutig zu identifizieren. Die letztere Position bezeichnet bereits eine Weiterentwicklung oder Verzweigung, die zur lerntheoretischen, kognitiven, rational-emotiven Auffassung lenkt.

Lerntheorie: In den 1950er-Jahren dominierte die klassische Variante mit ihrem Konzept der operanten Konditionierung oder dem Verstärkungslernen. Der bekannteste Vertreter ist Iwan Petrowisch Pawlow, der wichtige Grundlagen für die Verhaltensforschung erarbeitete und einen Grundstein legte für die behavioristischen Lerntheorien, die John B. Watson – der die psychologische Schule des Behaviorismus begründete – erweiterte. B. F. Skinner, Joseph Wolpe und Hans-Jürgen Eysenck sind ebenfalls Vertreter dieser Richtung (Kriz 2014, Teil II, Kapitel 9).

In den folgenden zwei Jahrzehnten integriert die Verhaltenstheorie lerntheoretische Komponenten. Dies ist vor allem Edward C. Tolman mit seiner Annahme vom latenten Lernen sowie Albert Bandura und Arnold Lazarus zu verdanken. Bekannt sind vor allem das »Modelllernen« und das »soziale Lernen« sowie die Verlängerung des Social Learning zum Stealth-Learning-Ansatz, der die Absenz jedweder Konstituenten formaler Unterrichts- oder Lernsituation postuliert und mit dem Selbstlernen kompromisslos ernst macht. Dieser Ansatz ist in informationstechnologisch unterlegten Lehr-Lern-Szenarien beliebt, aber noch unausgegoren und wissenschaftlich noch wenig erforscht.

Kognition: Die »kognitive Wende« ab den späten 1960er-Jahren weicht das Beobachtbarkeitsdogma weiter auf: Emotionen, innere Regungen und Motivationen, emotionale und mentale Selbstregulation, Einflüsse der Leiblichkeit des Menschen, Perspektivenwechsel und Erwartungs-Erwartungen – all diese im Verborgenen, unterhalb der sichtbaren Oberfläche stattfindenden Bewusstseins- und Fühlprozesse werden nun theoretisch eingespeist und indirekte, vermittelte, als Resultate oder Manifestationen innerer Vorgänge im Außen erscheinende Extraversionen anerkannt.

Diese Indizien legen nahe, nicht mehr von einem verhaltenstheoretischen Paradigma zu sprechen. Allerdings gilt auch: Wie keine andere psychologische Strömung akzentuiert es den Pragmatismus, denn es kommt auf Tat, auf Handlung, auf Folgen an, weniger auf das, was innerhalb eines Menschen vor sich geht. Dies gilt trotz der Erwägung, dass es (affektive, emotive, kognitive, motivationale) Vorgänge, Dispositionen, Überzeugungen und so weiter gibt, die unbeobachtbar sind und dennoch eine bestimmte Handlung(sweise, -routine) erschweren oder erleichtern können.

Verhaltenstheorie, Konfliktfähigkeit und Performanz

Die Erweiterungen oder internen Differenzierungen innerhalb der Verzweigungen der Verhaltenstheorie wirken sich auf die Frage nach Konfliktfähigkeit und -performanz aus. Insbesondere drei Komponenten sind für die Konfliktfrage relevant.

Erste Komponente: Grundlogik des Verstärkungslernens: Gelernt und getan wird, was in unterschiedlichen Intervallen und Dosierungen positiv, neutral oder negativ »belohnt« (verstärkt) wird. Dazu gehören sowohl konkrete Vorgaben als auch Rahmenbedingungen. Diesen Aspekt greift die Verhaltensökonomie unter dem Stichwort »Nugde« auf.

Literaturtipps

Richard H. Thaler und Cass R. Sunstein schildern in ihrem Buch »Nudge. Wie man kluge Entscheidungen anstößt« (2009) den verhaltensökonomischen Ansatz und zeigen, wie er in der Praxis eingesetzt wird.
Ein weiterer Vertreter der Behavioral Economics ist Robert Shiller. Der Nudge-Ansatz wird bereits in der Politik (Großbritannien, Bundesrepublik Deutschland) angewendet. So pragmatisch er ist, so paternalistisch bis totalitär kann er inszeniert werden. Kritische Überlegungen dazu stellt bereits früh Patrick Bernau in der Frankfurter Allgemeinen Zeitung (2010) an. Kritisch schreiben auch Jan Schnellenbach von der Frankfurter Allgemeinen Zeitung (2012) und Dieter Schnaas von der Wirtschaftswoche (2015).

Auf die Konfliktthematik bezogen, bemüht sich dieser Ansatz um Prävention. Das geschieht dadurch, dass Rahmenbedingungen und Anreizstrukturen gesetzt werden, die es wahrscheinlicher machen, dass Personen in einer bestimmten Weise agieren. Dieses Nudging beugt Konflikten vor, wenn es gelingt, Akteure dazu zu bringen, das zu tun, was sie im Interesse einer Konfliktvermeidung tun sollten. Eines der populärsten Beispiele betrifft einen inneren Konflikt: Esse ich zu Mittag etwas Deftiges und Süßes oder Leichtes und Gesundes? In experimentellen und Pilotstudien zeigte sich, dass Menschen an einem Buffet in der Kantine eher letztere Kombination wählen, wenn das Deftige und Süße schwer erreichbar ist und/oder erst am Schluss des Angebots steht.

Die Grundlogik des Verstärkungslernens und des Nudgings wirken auch im Konfliktgeschehen, und zwar entweder dann, wenn gewünschtes Verhalten verstärkt wird oder wenn die Rahmenbedingungen so gestaltet werden, dass das gewünschte Verhalten eher gezeigt wird als das unerwünschte. Beispielsweise reagiert ein Akteur immer dann mit emotional positiver Mimik, Gestik, Tonalität oder mit positiv besetzten Worten, wenn der Kontrahent etwas sagt oder tut, das einer konstruktiven Behandlung des Konflikts nützlich ist. Beim Nudging können Akteure zwar die Wahl zum Destruktiven offen lassen, indes zugleich Anreize für aufbauendes Verhalten hervorheben. Streiten sich beispielsweise zwei Abteilungsleiter um die Ressourcen innerhalb eines gemeinsamen Projekts, kann die Führungsebene signalisieren, dass bei einer konstruktiven Einigung die Weichen für ein höheres Budget gestellt werden können.

Zweite Komponente: Strategien zur Konfliktbehandlung: Die zweite Komponente aus dem Repertoire der Verhaltenspsychologie, die für Konfliktfragen nutzbar gemacht weden kann, betrifft empfohlene Strategien zur Problemlösung. Zwar sind – wie eingangs erwähnt – Probleme von Konflikten verschieden, doch ihnen gemeinsam sind grundlegende kognitive Operationen, die im Konfliktmanagement das Momentum der Interessenkollision entschärfen können.

Fruchtbar anwenden können Kontrahenten folgenden Ablauf, der die Wahrscheinlichkeit erhöht, zu einem tragfähigen Ergebnis für alle Parteien zu gelangen. Die fünf Phasen laufen nicht notwendig einmalig und konsequent nacheinander ab, sie sind indes zwangsläufig zu durchlaufende Stadien auf dem Weg zu einem Konsens.

Die fünf Phasen der Problemlösung bedeuten übersetzt auf Konfliktbehandlung dies:

- **Allgemeine Einstellung:** Phase eins betrifft die allgemeine Einstellung. Hier geht es um die korrelative Prägung von Einstellung zu Konflikt, Wahrnehmensbereitschaft und -fertigkeit, also Erkennen, dass ein Konflikt vorliegt, sowie darum, sich affirmativ dazu zu verhalten: Das Erkennen mündet in die Akzeptanz der Existenz eines Konflikts.Dies geht Hand in Hand mit der Bereitschaft, sich dem Konflikt konstruktiv zu stellen.
- **Konflikt benennen, definieren und formulieren:** Phase zwei zielt auf das Benennen, das Definieren und das Formulieren des Konflikts. Die Parteien sind gefordert, konkret zu bestimmen, was sie als konfliktuell erleben. Das fällt vor allem schwer, weil es auf konkrete Formulierungen ankommt. Die Hauptfrage in dieser Phase lautet: Was genau ist konfliktbelastet oder löst einen Konflikt aus?
- **Alternativen und/oder Kompromisse finden:** Phase drei widmet sich den Überlegungen, die den Konflikt entschärfen, auflösen oder ein Arrangement auf der Kompromissebene finden sollen. Dabei ist sorgsam darauf zu achten, dass Diagnose (Phase zwei) und Therapie (Phase drei) zusammenpassen. Tun sie es nicht, müssen die Akteure eine weitere Schleife ziehen. Das Denken aus unterschiedlichen Perspektiven und in Alternativen spielt bei der Konfliktbehandlung eine große Rolle. Denn gefunden werden soll die für alle Kontrahenten optimale Lösung. Diese Suche gehorcht der Leitidee oder regulativen Idee der Integration, des Win-Win – man kann auch sagen: der bestmöglichen Tragfähigkeit einer Lösung.
- **Entscheidung:** Diese regulative Idee gilt als Referenz auch in der vierten Phase, der der Entscheidung. Im Zentrum stehen Preis und Leistung, Kosten und Nutzen, Chancen und Risiken von Lösungen.

- **Überprüfen:** In der fünften Phase wird – in NLP-Idiomatik gesprochen – der Ökocheck durchgeführt: Wie belastbar, trag- und damit zukunftsfähig ist die Einigung? Dieser nochmalige Prüflauf soll das Ergebnis festigen oder – im Fall von Unsicherheit – dazu ermutigen, in eine der vorherigen Phasen zurückzukehren, um eine bessere Lösung zu finden.

Dritte Komponente: intrapsychische Antreiber: Die dritte Komponente kognitver Verhaltenspsychologie gilt den intrapsychischen Antreibern, die Wahrnehmung, kognitive Filter und Verhaltensbereitschaften bahnen. Dank Albert Ellis, Begründer der Rational-emotiven Therapie, werden nun innere Beweggründe, innerer Dialog oder das Selbstgespräch, kognitive und symbolische Repräsentationen von Erlebnissen, Ereignissen, Erinnerungen ernst genommen und in pragmatisch-hilfreicher Weise befragt.

Da Theoreme und Methoden der Rational-emotiven Therapie in der Weiterbildung seit Jahrzehnten Anwendung finden, skizziere ich Kernaussagen und setze sie in Bezug zum Thema Konflikt.

Die Rational-emotive Therapie (RET): Die Rational-emotive Therapie beziehungsweise Rational-emotive Umdeutung ist besonders verbunden mit den Namen Albert Ellis und Aaron T. Beck. Die RET, wie das Akronym lautet, konzentriert sich auf die Hermeneutik, indem sie danach fragt, welche Deutungsmuster wodurch begünstigt und wie sie von dem Betroffenen beeinflusst werden können. Im Mittelpunkt steht also der Betroffene mit seinem Fühlen, Denken und Handeln sowie den Routinen, Mustern, Gewohnheiten und Vorannahmen (Interpretationen von Erlebnissen). Diese werden auf ihre erwünschten und unerwünschten Auswirkungen oder Manifestationen befragt und näher analysiert. Da das Fühlen dem Denken in der Regel hinterherhinkt, sobald es darum geht, etwas zu verändern, gleichzeitig indes Gefühle durch kognitive Akte miterzeugt werden (etwa in Form von Einstellungen), nutzt die Rational-emotive Therapie die Macht eben dieser kognitiven Akte und Inhalte, um das damit verflochtene emotionale Erleben ebenfalls zu verändern.

Während Albert Ellis deduktiv vorgeht und bei Glaubenssätzen ansetzt, denen er paradigmatische und kanalisierende Funktion zuweist, arbeitet Aaron T. Beck induktiv, indem er und der Betroffene sich an konkreten Überzeugungen, Annahmen entlanghangeln, um ein Paradigma aufzuspüren. Gemeinsam ist ihnen unter anderem die These, dass es diese Überzeugungen sind, die Deutungen von Ereignissen determinieren und dies behaviorale Auswirkungen zeitigt.

Literaturtipps

Wer sich intensiver mit diesem Ansatz beschäftigen möchte, dem empfehle ich:
- »Praxis der rational-emotiven Therapie« (1995), herausgegeben von Albert Ellis und Russel Grieger. In diesem Reprint-Reader finden sich Beiträge unterschiedlicher Autoren, unter ihnen Aaron, Ellis, Lazarus;
- »Rational-emotive Therapie in der Klinischen Praxis« (1982) von Bernd Keßler und Burkhard H. Hoellen. Die Autoren führen in das Konzept der Rational-emotiven Psychologie und in deren klinische Praxis ein, deren Methoden sich in Coaching und Training, gerade auch in der Konfliktdiagnose und -behandlung eignen und seit Jahrzehnten eingesetzt werden.

Beide Bücher gibt es leider nur noch antiquarisch.

Das Reframing im NLP: Das Reframing und seine Funktion im Neurolinguistischen Programmieren (NLP) knüpft an diese Tradition der Deutung als Essential für weiterführende Handlungen an. Die Betonung des Umdeutens ist notwendigerweise verflochten mit kognitiver Aktivität: mit Reflexion von Deutungshintergründen wie Motive, Einstellungen, mentale Grundmuster (Aaron, Ellis) beziehungsweise Glaubenssätze (NLP) und Reflexion als Erkennen und Sichbewusstmachen von Denkfehlern.

Die in Weiterbildungskreisen bekannte Anekdote »Die Geschichte mit dem Hammer« von Paul Watzlawik (1983, S. 37 ff.) eignet sich hervorragend dazu, das Bonmot, das Epiktet zugeschrieben wird, zu validieren und zu zeigen, dass Menschen nicht auf ein Ereignis direkt reagieren, sondern auf die Deutung: die Bedeutung, die sie ihm geben. Daher gilt: Ereignis – Deutung – Reaktion.

Epiktet wird das Idiom zugeschrieben, das besagt, beunruhigend seien nicht die Dinge und Geschehnisse, sondern unsere Deutung eben dieser.

RET und alle anderen Reframingansätze gehen von der Überzeugung aus, dass Deutungen, die oft, regelmäßig, normalerweise, typischerweise, gewohnheitsmäßig vorgenommen werden, gelernt sind – und sich exakt aufgrund dieses empirischen Gewordenseins verändern lassen, oft als Umlernen tituliert. Wodurch? Nicht durch Fühlen, sondern durch Denken beziehungsweise kognitive Akte (Wahrnehmen, Erkennen, Denken, Bewerten, Schlussfolgern und Ähnliches), die das Fühlen begleiten – eine Wahrheit, die durch die Neurowissenschaften materiell belegt ist. Den dies ausdrückenden und bereits genannten Dreischritt gießt Albert Ellis in die ABC-Formel beziehungsweise das ABC-Schema (Ellis/Greiger 1995, S. 155 ff.; Keßler/Hoellen 1982, S. 50 ff. und 110 ff.; Kriz 2014 S. 162 ff.).

Das ABC-Schema

A steht für »activating event«, das Erlebnis, das aufgrund von B »beliefs«, Überzeugungen, Glaubenssätze, die häufig nicht bewusst beziehungsweise gewählt sind, zu C »consequences«, Folgen führen, die emotional, kognitiv und behavioral wirken.

Die Intervention im Störungs- oder Konfliktfall setzt bei den Beliefs und damit der Deutung an. Sie ist die kritische und alles Weitere entscheidende Größe. Die essenzielle Frage lautet: Welche Antreiber (Transaktionsanalyse), frühkindlichen Erfahrungen (Psychoanalyse, Individualpsychologie), kollektiv-unbewussten Archetypen (analytische Psychologie), welche Selbstbedürfnisse (Humanistische Psychologie), welche Konditionierungskonstellationen (Behaviorismus) liegen einer Deutung oder einem Deutungstypus zugrunde?

Be-Deutungen für Zuspätkommen

Die Kollegin kommt beispielsweise häufig und typischerweise verspätet zu den Teambesprechungen (= A). Die Reaktion einiger Teammitglieder (= C) ist Verärgerung. Die Deutung (= B) lautet: »Die nimmt sich ihre Freiheit auf unsere Kosten! Sie wertschätzt uns nicht!« – Die Beschwerde bei der Kollegin findet kein Verständnis (A), mündet in eine Konfrontation (C) und deklamiert folgende »Erklärung« für ihr Verhalten: »Ich komme fast immer später, weil erst dann die wichtigen Themen besprochen werden. Zu Beginn werden meistens formale Sachen geregelt wie Protokollieren, Organisationsfragen und so weiter. Das interessiert mich nicht, und ich habe auch keine Lust darauf!« Der Belief lautet: »Ich bin zu intelligent für den formalen Kram – den können die anderen machen. Meine Zeit ist dafür zu schade, meine Energie stecke ich nur in wichtige Dinge. Ich gehöre zur Leistungselite.«
Der hinter diesem sich anbahnenden Konflikt liegende Belief der Mitglieder identifiziert Wertschätzung mit dem zuverlässigen pünktlichen Eintreffen zu den Verabredungen, während der Beliefkomplex der Kollegin sich um ihr Selbstwertgefühl dreht. Diese Beliefs mit den ihnen eigentümlichen Deutungen wird nun weiter befragt, je nach Psychologieansatz mit verschiedenem Akzent.

Das Einnehmen diverser Perspektiven, das Sichhineinversetzen in die anderen, das Role-Taking – der Appell, die eigene Sichtweise zu verlassen und in die einer anderen Person oder Gruppe zu schlüpfen – gehört heute zum Standard im Konfliktmanagement. Dahinter liegt die Überzeugung: Dies ist die Vorausbedingung dafür, die eigene Deutung verändern zu wollen und – kognitiv gelenkt – zu können und auf diese Weise ein konstruktives Streiten mit zufriedenstellendem Ausgang zu ermöglichen.

Im genannten Beispiel legen die Kontrahenten ihre Bedürfnisse, Interessen und Wünsche offen auf den Tisch, versetzen sich in die Lage des Gegenübers und prüfen auf dieser Grundlage, welche Spielräume sie nutzen können, um ein Sowohl-als-Auch in eine tragfähige Lösung zu gießen.

Im Bereich Training, Weiterbildung und angewandter Praxis sollte auf die Fokussierung individualpsychologischer Hintergrundmotive ebenso verzichtet werden wie darauf, das ABC-Schema und das Konzept der Selbstindoktrination in ihrer psychologischen Tiefe anzuwenden. Das ist Sache einer Psychotherapie. Der Schwerpunkt sollte pragmatisch gelenkt sein. Das bedeutet: Das ABC-Schema lässt sich im Bereich des Sagbaren, Bewussten, freiwillig Geäußerten nutzen und auf eine Einigung unter den Kontrahenten ausrichten. Die wichtige Frage in diesem Zusammenhang lautet: Auf was müssen sich die Parteien einigen, um mit »gutem Gefühl« miteinander arbeiten zu können?

Resümee

Verhaltentheoretische und -psychologische Überlegungen nehmen das Handeln in den Blick. Es erscheint als Resultat von Konditionierungen, Lernerfahrungen, von Grundannahmen und Deutungen. Exakt hier liegt die Freiheit für intentionales Verhalten – sobald gelernte Muster und unbewusste Antreiber erkannt werden.

Humanistische Ansätze

Unter dieser Bezeichnung finden unterschiedliche Konzepte ein Zuhause wie Gestaltpsychologie, Gesprächspsychologie, Logo- und Existenzpsychologie. Das verbindende Momentum ist ein Menschenbild mit dem ihm zugehörigen psychotherapeutischen Grundsatzbündel. (Eine gute Zusammenfassung findet sich bei Kriz 2014, Teil III.)

Die anthropologische Ausrichtung ist holistisch und zentriert den Menschen sowohl in seiner Einzigartigkeit als auch als soziales Wesen, das im Austausch mit seiner Lebenswelt existiert und wird. Sie nimmt den Menschen in seiner grunddispositionellen Suche nach Sinnhaftigkeit, Selbstverwirklichung und Begegnung oder Gemeinschaft mit anderen Menschen in den Blick. Relative Autonomie und Interdependenz oder Korrelativität sind Begriffe, die sich in der Betrachtung von Psycho- und Soziodynamik wiederfinden. Insofern erstaunt es nicht, dass die Humanistische Psychologie für innere wie für interpersonelle und soziale Konfliktbehandlung fruchtbar gemacht werden kann.

Aus der Reichhaltigkeit der humanistischen Betrachtung sind einige Teilkonzepte für die Frage nach Konfliktfähigkeit und -performanz besonders relevant und werden implizit oder explizit in Coaching, Training, Weiterbildung und Mediation bei Konfliktbehandlungen eingesetzt. Die folgenden Ausführungen treffen daraus eine Auswahl.

Grundsätze der Gesprächsführung: Bereits in den 1970er-Jahren nimmt Thomas Gordon gesprächspsychologische und -therapeutische Impulse in seinen Publikationen für Manager, Lehrer und Familien auf. Das Buch »Managerkonferenz« (aktualisierte Neuauflage 2005) erfreut sich nach wie vor großer Beliebtheit. Dort übersetzt er gesprächspsychotherapeutische Prinzipien von Carl Rogers und damit der personzentrierten Psychologie auf Situationen in der Unternehmenswelt. Das Buch wird noch immer verkauft, und es gibt vermutlich keinen Berater, Coach, Trainer mehr, der die Grundsätze der Gesprächsführung außer Acht lässt. Die Teilkonzepte des Aktiven Zuhörens, der Ich-Botschaft mit dem Verbalisieren von Gefühlen und der empathischen – heute auch »gerecht« genannten und auf »Augenhöhe« zu gestaltenden – Gesprächsführung, die unabhängig von hierarchischen Positionen einzuhalten ist, gehören zum selbstverständlichen Kanon.

Konflikte, die nicht eindeutig auf der Sachebene zu verorten sind, werden der Beziehungs- und damit der Ebene des Wie des Gesprächsverlaufs und der emotionalen Dimension zugeschlagen. Die gegenwärtig so dringlich eingeforderte »Wertschätzung« gehört ebenso hierher wie der konfliktankündigende und häufig zu hörende Vorwurf, eine Führungsperson, die Mitarbeitern Vorgaben macht, wolle diese an deren Selbstverwirklichung und Selbstbestimmung und folglich an der persönlichen Weiterentwicklung hindern.

Beispiel aus der Praxis

Ein Programmierer, Ende 20, seit knapp einem Jahr Teamleiter in einem Team mit zwölf Personen, nimmt einen internen Großauftrag an. Für diesen Auftrag ist es erforderlich, im Austausch mit den Abteilungen Marketing und Vertrieb sowie Kundenservice ein bestehendes Produkt um definierte innovative Komponenten zu entwickeln, zu testen und als Pilot mit einem Kunden innerhalb eines vereinbarten Zeitraums bereitzustellen. Nach Ablauf des ersten Zeitdrittels konsultiert die Vorgesetzte der gesamten Entwicklungsabteilung den Teamleiter und bittet um einen Statusbericht. Dieser fällt enttäuschend aus, da der Teamleiter sowohl in der Zeit als auch in der Qualität der Programmierarbeiten hinterherhinkt. Als sie nach den Gründen fragt, erhält sie als Antwort: »Wir liegen etwas zurück, weil ich mit den vorgegebenen Features, die wir einbauen sollen, nicht zufrieden war. Wir haben im Team beschlossen, weitere Features bereitzustellen. Und das dauert dann natürlich länger.« Chefin: »Unabhängig davon, ob diese Features eine gute Wahl sind, hätten Sie mich und die anderen Abteilungen davon frühzeitig unterrichten müssen. Die Marketing- und Vertriebsleute haben sich gemäß unser aller Abmachung mit dem Kunden abgesprochen, und der Kunde erwartet das, was er bestellt hat.« Teamleiter: »Der Kunde weiß halt nicht, was ihm noch alles nützen könnte. Wenn ich meine Fähigkeiten hier entfalten und dafür sorgen soll, dass Kunden das Beste erhalten und sich meine Mitarbeiter persönlich weiterentwickeln können, brauche ich mehr Freiraum für Entscheidungen. Und wenn Sie meine Eigeninitiative nicht wertschätzen, finde ich das mehr als enttäuschend.«

Gute Gestalt und Feedback: Es gibt weitere humanistische Komponenten, die zur Selbstverständlichkeit im betrieblichen Bildungswesen geworden sind. Dazu gehören die gestaltpsychologische Figur der guten Gestalt sowie das empirisch gerade heute inflationär genutzte Teilkonzept des Feedbacks mit seinem Regelwerk, auch im Gefäß des Johari-Fensters. Gute Gestalt und Feedback werden eingerahmt in die Vorstellung von persönlichem Wachstum, verknüpft mit Ziel- und Sinnfragen. Beispielsweise taucht in der Rhetorik der Work-Life-Balance und im Konzept der lebensphasenspezifischen Personalentwicklung die Forderung auf, der ganze Mensch und seine psycho-physisch-soziale Gesundheit sollten in der Arbeit berücksichtigt werden. Die Forderung nach permanentem Feedback, durch digitalisierte Tools und gamifizierte Anwendungen erheblich erleichtert und befördert, schallt laut und wird als Bedingung der Möglichkeit, überhaupt tätig zu werden (motiviert zu sein, sich zu bewegen), gefordert (kritische Darstellung: Mahlmann 2012, S. 17 ff. und 33 ff.).

Konflikte als Resultat misslungener Integration: Konflikte werden gestaltpsychologisch intrapsychisch oder als Phänomene eingeschätzt, die aus dem Austausch mit der Umwelt geboren werden. Sie manifestieren sich, sobald nötige Integrationsleistungen misslingen, die im Dienst der Selbstwerdung stehen. Konfliktgeschehen wird prinzipiell individualistisch zentriert und auf das Ermöglichen und Fördern oder Be- und Verhindern von Selbstverwirklichung bezogen.

Daher erstaunt es nicht, dass die Interventionstechniken darauf zielen, sowohl die selbstregulativen Fertigkeiten als auch die Wahrnehmungsfertigkeiten (awareness) im Dienst der Bewusstmachung und anschließender sinnhafter Gestaltung zu stärken oder auszubilden. Dazu bedienen sich Gestalttherapeuten aus dem gesamten Repertoire der Humanistischen Psychologie.

In der Weiterbildung begegnen uns in diesem Zusammenhang Interventionen wie der »heiße Stuhl« aus dem Psychodrama von Moreno, das Modellieren oder Visualisieren von Problemstellungen, Lösungsmöglichkeiten und Ergebnissen in der Tradition von Virginia Satyr – etwa in der Übung, eine Skulptur gemeinsam herzustellen, die das Miteinander symbolisiert. Ferner erlebt das das Storytelling großen Zulauf, wobei hier nicht die trivialisierte Form des Geschichtenerzählens gemeint ist, sondern die Tradition von Milton Erickson, der Sprache und Metaphern seiner Patienten aufnimmt und diese nutzt, um Gleichnisse zu konstruieren, in denen sich der Betroffene wiederfindet und die Möglichkeit hat, ohne innere Widerstände mit dem Therapeuten zu arbeiten. Generell steht das Fragen nach Gefühlen, Wünschen, Erwartungen im Vordergrund, um die Begegnung mit sich selbst zu ermöglichen und Erkenntnisprozesse zu initiieren, die schlussendlich das authentische Leben in Aussicht stellen.

Literaturtipps

Edwin C. Nevis, unter anderem damals Herausgeber der Gestalt Insitute od Cleveland Press, referiert in seinem Buch »Organisationsberatung. Ein Gestalttherapeutischer Ansatz« (1988) die wesentlichen Komponenten und Konzepte der Gestaltpsychologie und bezieht sie in Unternehmenskontexten sowohl auf die einzelne Person als auch auf die Gruppe und die gesamte Organisation. Insofern zeigt er, wie Gestaltpsychologie in der Organisationsentwicklung fruchtbar gemacht werden kann, einschließlich metareflektierender Impulse, die den Beratern gelten, und der Grenzen zum gestalttherapeutischen Arbeiten.
Herbert Fitzek und Wilhelm Salber widmen sich in »Gestaltpsychologie. Geschichte und Praxis« (1996) der Entstehungsgeschichte der Gestaltpsychologie aus der physiologischen Gestalttheorie heraus, also der Wahrnehmung. Sie zeigen ferner, wie das gestaltpsychologische Verständnis als allgemeine Psychologie zu verstehen ist, die auf generell oder universal gültige psychologische Gesetztmäßigkeiten rekurriert, und fragen explizit nach der konzeptuellen Figur der Gestalt und ihrer Funktion auch in konfliktuellen Situationen.

Logotherapie und Existenzanalyse: Beide gehören mindestens zum impliziten Inventar von Weiterbildnern. Viktor Frankl und – meistens im Tandem erwähnt – Martin Buber sind Kronzeugen für die Frage nach Sinn und für die existenzielle Bedeutung des Du und der Beziehung zu anderen Menschen.

Sinn und durch Anerkennung (Feedback) sozial vermitteltes Wohlgefühl erscheinen als existenzielle Notwendigkeit, als Movens für Bereitschaften, Handlungen und Lebensfreude. Diese Funktion von Sinn hat sich heute mental etabliert, gerade in der Arbeitswelt. Die Frage nach sinnhaftem Tun und sinnvoller Lebensgestaltung ist neben dem Ruf nach permanentem Feedback zur bedeutungsvollsten Frage insbesondere der jüngeren Generation aufgestiegen.

Konflikte erwachsen dem Mangel an Sinnhaftigkeit oder dem Dienen eines für einen selbst falschen Sinns sowie dem Gefühl, von anderen zu wenig anerkannt zu werden und deshalb kein gutes Leben führen zu können. Da nach Frankl jeder die Sinnfrage selbst beantworten muss, erhalten Führungspersonen und Berater (Therapeut) die Funktion, Hebamme zu sein, also dem Betroffenen dabei zu helfen, Sinn in seinem Tätigkeits- und Lebensumfeld zu finden. Da dies mit subjektiven Schwerpunkten verflochten ist und Unternehmens- und Individualinteressen nicht vollends kongruent ausfallen, sind Konflikte vorprogrammiert.

Techniken der Gesprächsführung: Der Koffer mit Techniken, die Berater ebenso wie Therapeuten anwenden und die Führungspersonen gleichermaßennutzen sollen, ist gefüllt mit Anleihen aus anderen psychotherapeutischen Richtungen. Populär und verbreitet ist die Praxis des sokratischen Dialogs, einer Gesprächsführung, die genau das anvisiert: durch Fragen, Hypothesen, Aussagen den Partner dazu veranlassen, selbst zu denken. Ebenfalls populär, wenn auch in der Praxis weniger verbreitet, ist die von Frankl in den 1930er-Jahren entwickelte »paradoxe Intention«, deren weitere Entwicklung in Frank Farellys »paradoxe Intervention« erscheint. Hier kommt es darauf an, das Gegenüber zu verblüffen und zwar dadurch, dass man exakt das »verschreibt«, was als Leiden betrachtet wird oder episch ausmalt, was an Lästigkeiten es für andere bringen würde, wenn der Klient sein Syndrom weiter auslebe, etwa sich umzubringen. Das paradoxe Intervenieren nimmt das Beklagte oder die angedrohte Entscheidung affirmativ auf, kombiniert therapeutisch-empathische Finesse mit Fantasie und produziert nicht selten kurze provokative Geschichten.

Da der sokratische Dialog, das Erkenntnis produzierende Fragen, eine kardinale Rolle in der Weiterbildung und im Umgehen mit Konflikten spielt, folgt hier ein Beispiel aus der Praxis, das sich um einen inneren Konflikt dreht.

Geburtstag und Karriereschritt

Ein Projektmanager, knapp 35 Jahre alt, mit der Ambition, in die Linie aufzusteigen, geht zu seinem Chef und äußert sich folgendermaßen: »Sie haben mich mit einer winzigen Gehaltserhöhung abgespeist, obwohl ich in den letzten sieben bis acht Monaten dafür gesorgt habe, dass unser Imageprojekt ins Laufen kam und rechtzeitig fertig wurde! Außerdem finde ich, dass eine Beförderung längst überfällig ist!« Chef: »Genügt Ihnen der Bonus nicht, auf den wir uns statt der Gehaltserhöhung geeinigt haben?« »Doch. Das ist okay. Aber die Beförderung wäre wirklich fällig gewesen!« Chef: »Als wir darüber sprachen, waren Sie mit einer zeitlichen Perspektive auf die nächsten 12 bis 15 Monate einverstanden. Darf ich fragen, worin die Dringlichkeit nun besteht?« Manager: »Ich finde eben, ich leiste seit Langem exzellente Arbeit und habe daher eine Beförderung verdient.« Chef: »Worin besteht für Sie der

Unterschied zwischen Beförderung jetzt sofort und in etwa einem oder eineinhalb Jahren?« Manager: »Na, das Gehalt fiele dann schon höher aus.« Chef wartet mit fragendem Blick nach dem Motto: Ist das alles? Manager fährt zögernd fort: »Ich könnte auch mehr gestalten, weil ich Entscheidungen treffen dürfte, die ich jetzt noch von Ihnen absegnen lassen muss.« Chef lächelt ihn an: »Das können wir unabhängig von einer Beförderung regeln.« Manager: »Ähm, und außerdem würde ich mein Ziel erreichen, mit 35 Abteilungsleiter zu sein.« Sein Geburtstag steht in wenigen Wochen bevor!

Resümee: Zusammenfassend lässt sich für die humanistischen Ansätze im Hinblick auf die Konfliktthematik festhalten: Sie orientieren sich an einem holistischen Ideal menschlichen Lebens, sowohl als autonomes Subjekt als auch als sich in sozialen Umfeldern selbst bildendes, selbst werdendes Wesen. Dem Menschen werden zwar rationale, kognitive Fähig- und Fertigkeiten zugestanden, im Zentrum aber stehen Emotionen und nicht bewusste psychodynamische Prozesse, die intern und im Austausch mit der Umwelt ausgebildet werden. Der Mensch erlebt Konflikte dann, wenn es ihm misslingt, zwischen Autonomie- und Beziehungsbedürfnissen Harmonie herzustellen, wenn er sozusagen in den Interdepenzen und damit der Abhängigkeit untergeht. Konflikte erlebt er, sobald sein Streben nach Selbstaktualisierung oder Selbstverwirklichung gestört wird und Sinn- und Zielfragen unbeantwortet bleiben. Zwar ist der Mensch in der Konfliktregelung schlussendlich auf sich selbst verwiesen. Allerdings stellen ihm die humanistischen Ansätze ein breites Spektrum an Instrumenten vor, die jeder anwenden kann, von Fragen der Gesprächsführung bis hin zu Visualisierungen und Modellierungen realer Artefakte (zum Beispiel Symbole).

Systemische Ansätze

In der Weiterbildung und damit auch in Konfliktsituationen systemisch zu arbeiten, ist seit gut drei Jahrzehnten en vogue. Die vermeintliche Eindeutigkeit täuscht allerdings. Das systemische Denkmodell nahm seinen Ausgang in physikalischen und biologischen Wissenschaften und wurde ab den späten 1960er-Jahren zunehmend in andere Disziplinen wie Soziologie, Psychiatrie, Pädagogik, Psychologie sowie Kulturwissenschaften übertragen. Entsprechend unterschiedlich nehmen sich die Akzente aus (König/Volmer 2014, S. 32 ff.; Kriz 2014, S. 245 ff.; Mahlmann 2012, S. 105 ff.).

Gemeinsamkeiten systemischer Theorien: Die Gemeinsamkeiten systemischer Theorieströmungen lassen sich an Begriffen ablesen, die inzwischen zum Alltagsjargon in der Beratungsszene zählen: System-Umwelt-Differenz, Eigenlogik oder systemspezifische Codes, Zirkularität (versus Kausalität) und Rekursivität, Selbstreferenzialität, Selbstorganisation und Autopoiesis, strukturelle Kopplung und Reentry, operative Geschlossenheit und informationelle Offenheit, Kommunikation als Element sozialer Systeme.

Systemische Psychologie lenkt die Aufmerksamkeit auf das Geschehen: auf Emergenz, Beziehungen, Muster, Rückkopplung und Wechselwirkung, auf Dynamik und Veränderung, auf Kommunikation, Narration (Erzählung) und Interaktion, auf Beobachter- und Ich-Perspektive. Zentral werden Struktur-, Musterbildung, Regel(haftigkeit) und Ordnung sowie die Differenz von System und Umwelt, Selbstorganisation und Autopoiese, Eigendynamik, operationelle Geschlossenheit und informationelle Offenheit. Wie erwähnt, ist die systemische Psychologie der Name eines Hauses mit zahlreichen Zimmern und vielfältigen Einrichtungen. Es gibt ein gemeinsames Fundament in der Betrachtung: Person versus System. Allerdings – wie bereits erwähnt – schafft die differenztheoretische Variante den Menschen als Ganzheit ab, während die humanistischen, handlungs- und verhaltenstheoretischen Varianten ihn wieder einfügen. Die Kernunterschiede liegen – praktisch betrachtet – in der Zentrierung der Person mitsamt biologischen und psychischen Dispositionen, Eigenheiten, Handllungen beziehungsweise

Zentrierung von Beziehung, Korrelation, Dynamik und anderen Systemeigenschaften.

Der letztgenannte Schwerpunkt liegt in der skizzierten soziologisch inspirierten Systemtheorie sowie in der systemischen Familienpsychologie der 1970er-Jahre mit ihrem Fokus auf System-Umwelt-Differenz und Beziehung und Dynamik. Die zweite hier vorzustellende Systemtheorie wird als personale oder personzentrierte Systemtheorie tituliert und führt Subjektbegriffe wieder ein, ebenso wie die Relevanz konstruktivistischer Sichtweisen von Lernen, Wirklichkeit und Agieren innerhalb der Wirklichkeit sowie Selbstorganisation im Rahmen der psychophysischen Selbstregulation und Selbstaktualisierung.

In der Praxis der Weiterbildung kursieren folgende zwei Herangehensweisen, denen – etwas gewagt formuliert – zwei Gruppen von Systemikern entsprechen: die soziologisch-differenztheoretische und die personal-psychologische. Die differenztheoretische mutet abstrakt an und konnte in der Beratung von Unternehmen nur begrenzt reüssieren. Dominanat ist der leichter verständliche und anwendbare psychologische Ansatz. Dennoch möchte ich in einer drastisch knappen Skizze und unter Bezug auf einen Autor andeuten, wie das soziologisch-differenztheoretische oder funktional-systemische Paradigma auch im Konfliktfall fruchtbar gemacht werden kann. Anschließend resümiere ich – ebenfalls knapp, da andernorts ausführlich ausgebreitet –, das psychologische Denkmuster. In der Praxis gibt es durchaus Allianzen, wie sich im Weiteren zeigen wird, allerdings selten systematisch und theoretisch begründet.

Soziologischer Systemansatz

Im Fahrwasser des Soziologen Niklas Luhmann bewegt sich das funktional- oder differenztheoretische Denken und Arbeiten, prominent vertreten etwa durch Fritz B. Simon und andere Autoren.

Literaturtipps

Fritz B.Simon gibt in seiner »Einführung in die Systemtheorie des Konflikts« (2012) eine knappe Einführung in für systemische Konfliktbehandlung relevante Denkfiguren. In seinem Buch »Die andere Seite der ›Gesundheit‹. Ansätze einer systemischen

Krankheits- und Therapietheorie« (2012) setzt er differenztheoretisch-systemisch besetzte Begriffe von traditionellen Verständnisweisen von Krankheit und Gesundheit mitsamt impliziten Annahmen, Bedeutungen und Folgen scharf ab. Kategorial führt er den Beobachter und seine Funktion ein und stellt ihn in Bezug zum beobachteten System sowie zu sich selbst. Das therapeutische System wird als Interaktion dreier Systeme als Dreiecksbeziehung konzipiert, die spezielle Interventionen ermöglicht. Seine Überlegungen führen ihn zu einer allgemeinen Therapietheorie, der Richtlinien für Therapie und Intervention erwachsen.

Verwandt mit dieser theoretischen Rahmung von Störungs- und Konfliktbehandlung ist das intellektuell fordernde Buch von Roland Schleiffer: »Das System der Abweichungen. Eine systemtheoretische Neubegründung der Psychopathologie« (2012). Der Autor – ebenfalls in der Tradition des differenztheoretischen Systemverständnisses – konzipiert eine Entwicklungs-Psychopathologie, die ihm »Reflexionsdisziplin« ist und auch für die Konfliktthematik fruchtbar gemacht werden kann, insofern Konflikt als eine Form von Devianz begriffen werden kann: Abweichung von konventionell gestanzten Erwartungen und Verhaltenskodices. Roland Schleiffer zentriert die funktionale Analyse und geht auf die Suche nach funktionalen Äquivalenten und fragt nach dem Sinn und der Funktion einer Störung, eines Problems, eines Konflikts, analog zum sozioepidemiologischen Konzept des sekundären Krankheitsgewinns. Wer diese Ideen von Devianz als sinnvolle, systemerhaltende und damit eufunktionale Anpassungsleistung (also als eine Fertigkeit) als banal abtut, sei hingewiesen auf die begründende Herleitung, die theoretisch stringent ist und das verbreitete Reden von Krankheit, Störung, Problemen, Konflikten als »Kompetenz« und Selbsthilfemechanismen erst theoretisch fundiert.

Nicht der Mensch steht im Zentrum: Im soziologischen differenztheoretischen oder system-funktionalen Denkmuster steht nicht der Mensch, die Person oder Persönlichkeit im Zentrum, sondern die unterscheidende Idee von drei Systemen mit je eigener Logik und Dynamik:

- biologisches System (Biochemie – seit dem Hype neurowissenschaftlicher Forschung aktuell)
- psychisches System (Bewusstseinsprozesse, Denken)
- soziales System (Kommunikation)

Jedes dieser Systeme hält sich selbst am Leben durch die eigenen Elemente und deren Beziehung untereinander (das psychische System, beispielsweise, selbstorganisiert sich durch Denkprozesse). Jedes System ist autonom, strukturdeterminiert, operationell geschlossen (ein psychisches System kann nicht kommunizieren, sondern nur denken und fühlen), informationell offen (systemrelevante Informationen aus einem anderen System werden nach Irritation in das eigene übersetzt, etwa die sprachliche [kommunikative] Einkleidung von Denken und Fühlen).

Es gibt keinen direkten Zugang von System zu System: Damit ist klar: Es gibt keine direkten Beziehungen, Übertragungen, Beeinflussungen von System A in System B, etwa von Gesellschaft in Unternehmen oder von Angestellten in Unternehmen. Ganz im Sinn des antiken Diktums, man könne einen Menschen nichts lehren, sondern nur dafür sorgen, dass er sich mental öffne, sind Einflüsse immer vermittelt. Es ist die durch Irritation, Verunsicherung, intendierte Störung ausgelöste Anpassungsdynamik, die zu systeminternen Änderungen führt. Zwar bedingen sich psychisches und soziales System wechselseitig, und das biologische System ist basal die Bedingung der Möglichkeit von beiden. Aber aufgrund der operativen Geschlossenheit verschmelzen die Systeme nicht, sondern beeinflussen einander vermittelt: über strukturelle Kopplung und Interpenetration.

Salopp formuliert und auf die Konfliktsituation bezogen, heißt das: Die Konfliktparteien operieren je in ihrer Eigenlogik und ihrem Eigeninteresse, zu denen sie wechselseitig keinen direkten Zugang haben. Alles, was sie tun können, ist, Angebote machen, die für das Gegenüber anschlussfähig sind, also eingespeist und affirmiert werden können, um von dieser neuen Basis aus gemeinsam weiterzugehen. (Das Gegenteil wäre, den Kontrahenten davon überzeugen zu wollen, was er zu tun und zu lassen hätte – unabhängig von dessen Perspektive, Bedürfnis- oder Interessenkonstellation. Das wäre das Syndrom des Suppenkaspers, der Suppe essen soll, es aber nicht tut und deshalb kollabiert – also keine gemeinsame Lösung gefunden wird.)

Der Konflikt als Lösungsversuch – nicht als »Problem«: In Anlehnung an die Ausführungen Roland Schleiffers zum Konstrukt »Problem« verdeutliche ich einen weiteren Erkenntnisgewinn, den die funktional-systemische Sichtweise ermöglicht.

Nutzt man die Unterscheidung von System und Umwelt, wird die herkömmliche Auffassung von Konfliktkausalität umgekrempelt. Normalerweise gilt ein beobachtbares Verhalten als vom Konflikterleben veranlasstes und ein Konflikt als etwas, das mittels Heuristiken gelöst werden soll. Die differenztheoretisch-funktionale Sichtweise konstruiert nun um das Lösungsverhalten der Konfliktparteien herum: Das beobachtete Verhalten erscheint als Lösungsversuch, und daher wird – funktional – danach gefragt, welche Funktion dieser Versuch hat und erst dann der analytische Blick auf die Frage gelenkt, um welches konfliktäre Problem es üerhaupt geht.

Ein Konflikt ist Teil eines Komplexes: Zudem stellt die funktionale Analyse Vergleiche an. Sie folgt dem Diktum: Ein Problem beziehungsweise Konflikt ist nicht singulär, sondern Element eines Komplexes. Das Gleiche gilt für Lösungsversuche. Der Terminus Komplex steht hier für die Idee, die dem des postmodernistischen Rhizoms von Deleuze und Guattari entspricht: Es gibt interne Verweisungs- und Bahnungsbeziehungen und damit Zusammenhänge, die nicht immer sichtbar sind und die durchaus im Sinn von Ludwig Wittgensteins Spiel- und Familienbegriff hier und dort unterbrochen sein können, ohne die Verwandtschaft zu berühren. Vereinfacht gesagt: Zu einem Komplex gehört, was Verbindungen aufweist, die mehr oder weniger evident sind.

In vereinfachter Form finden wir hier die eingangs beschriebene Affinität wieder, die zwischen Grundhaltung, Deutung, Verhalten zu und im Konflikt besteht. Begreift eine Person Konflikte grundsätzlich als destruktiv, tendiert sie zu Ignorieren und Vermeidung, was einhergeht mit einem Deutungsverhalten, das eine interaktive Situation erst dann als konfliktschwanger akzeptiert, wenn der Konflikt manifest ist und ein Eskalationsniveau erreicht hat, das ein Leugnen unmöglich macht.

Die Vergleiche der funktional-systemischen Analyse nehmen zwei in der Praxis oft vernachlässigte Aspekte in den Blick: Sie zielen auf verschiedene Verhaltensweisen und die Frage, inwieweit ihnen dieselbe Funktion zukommt: inwieweit die Verhaltensweisen als funktional äquivalent (gleichwertig und auf das gleiche Ziel gerichtet) gewertet werden können.

Rollen im Konflikt

In einer Konfliktsituation nimmt ein Kontrahent mehrere Rollen ein und zeigt entsprechendes Verhalten. Rollen und Verhalten im Sinn des Advocatus Diaboli, Moderators, Clowns dienen einem Ziel: die Kontrahenten durch Provokation (»steile Thesen«) und Humor (Überzeichnungen) dazu zu motivieren, klarer und mehr zu sehen als zuvor und konstruktiv an einer Lösung zu arbeiten.

Zudem wird in der Analyse überprüft, inwieweit ein Akteur mit einem Verhaltensmuster nicht nur eine, sondern mehrere Funktionen bedienen könnte. Als aktuelles Beispiel verweise ich auf das exotische Selbstkonzept des »lesenden Revolutionärs« eines Peter Gente, Hauptbegründer des Merve Verlags. Dieses Selbstkonzept diente sowohl der Genese und Stabilisierung des Selbstwertgefühls und der Identität und fungierte als mentale Hilfe, in der Lebenswelt Sinn und Struktur zu finden. (Zum »lesenden Revolutionär« hat mich das Buch von Philipp Felsch »Der lange Sommer der Theorie. Geschichte einer Revolte 1960–1990« [2015] inspiriert.)

Rückwirkung

Ein Beispiel im Konfliktumfeld soll das verdeutlichen: Ein Kontrahent versucht durch seine Interventionsart, die Streitenden zu beschwichtigen, zu beruhigen und die expressive Emotionalität zu dämpfen. Damit möchte er nicht nur ein Klima erzeugen, in dem ruhig und vernünftig miteinander gesprochen werden kann, sondern auch – im Sinn der Selbstprogrammierung oder der Rückkopplung – sich selbst emotional auf ein Niveau bringen oder halten, das ihm erlaubt, seine moderative Rolle zielorientiert zu erfüllen.

Konfliktanalyse gilt Relation und Dynamik: Der systemsoziologische Ansatz erzeugt eine Verlagerung des Fokus: von der Person zu Relation, Prozess, Dynamik und deren Effekte.

Am Anfang steht die Einsicht, dass interaktionelle Phänomene wie beispielsweise Teamspirit nicht auf individuelle Faktoren zurückzuführen sind. Sie sind überindividuell und emergent. Sie begründen neue Phänomene, Freiheitsgrade, synergetische Effekte. In einem System wirkt eine eigene Logik mit eigener Regelhaftigkeit, mit eigenen Ritualen, Routinen und Mustern in Kommunikation und Zusammenarbeit. Diese überindividuellen Phänomene bilden eine zusätzliche Qualität.

Für die Konfliktkompetenz impliziert dies eine Akzentverlagerung der Akteure selbst. Kontrahenten sollen ihre Aufmerksamkeit auf das lenken, was zwischen den Interagierenden passiert, auf die Prozesse: auf das Zusammenwirken und deren Wirkungen. Ziel der Beobachtung und der Intervention sind nicht mehr Personen und Handlungen, sondern es sind Beziehungsphänomene.

Statt Personbehandlung: Musterstörung

Wenn sich beispielsweise ein Mitarbeiter plötzlich von einem friedliebenden Harmoniesucher in einen Stänkerer verwandelt, soll sich die Führungskraft nicht diesen Mitarbeiter vorknöpfen, sondern die kommunikativen Prozesse beobachten, innerhalb deren sich der Mitarbeiter bewegt. Sie soll Muster finden und diese stören. Stören könnte sie beispielsweise, indem sie Veränderungen in den Abläufen oder auch in der personellen Zusammensetzung arrangiert. In beiden Fällen wäre das (Konflikt-) System genötigt, Kooperation neu auszurichten.

Störungen im Betrieb werden nicht (primär) personal verortet, sondern prozessual: Nicht ein Akteur ist gestört oder falsch, sondern in der Interaktion hakt etwas. Zugleich macht ein monokausales, sequenzielles Denken einer korrelativen, zirkulären Logik Platz. Es gibt keine Ursachen und Wirkungen, sondern bewirkte Wirkungen, Wechselwirkungen und/oder Rückkopplungen. Es gibt keine exakt prognostizierbaren Folgen, sondern wahrscheinliche und mögliche, beabsichtige und überraschende Folgen. Interventionen der Führungskräfte verändern kommunikative und interaktionelle Muster, deren Auswirkungen sie nicht vorhersehen können. Sie orientieren sich an Wahrscheinlichkeiten und lernen mit jeder Intervention dazu. Damit sie nicht dem Zufall Tür und Tor öffnen, benötigen sie daher systempsychologisches Wissen.

Systempsychologie setzt auf Selbstorganisation, Eigenlogik und Weiterentwicklung durch Störung oder Krise. Eingriffe sind nicht auf ein bestimmtes inhaltliches Verhaltensziel gerichtet. Interventionen dienen nicht der Heilung, der Reparatur, sondern der Destabilisierung, der Irritation von Routinen und Mustern. Auf diese Weise wird das System gezwungen, sich neu zu ordnen und neu zu orientieren. Irritation erhöht die Wahrscheinlichkeit, dass Prozesse und Strukturen in Bewegung geraten – und damit auch die Akteure.

In der Psychotherapie wird beispielsweise ausgiebig mit der imaginativen, praktischen oder virtuell gespielten Veränderung von Rahmenbedingungen gearbeitet, in Unternehmen etwa mit Veränderung von Personen- und Aufgabenkonstellationen und Abläufen. Man kann auch den verhaltensökonomischen Ansatz des Nudgings hier verorten.

Ein weiteres Beispiel:

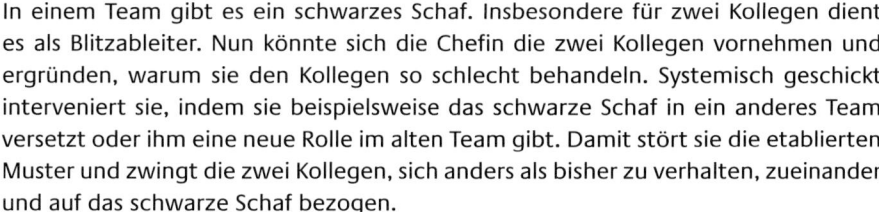

Neue Konstellationen schaffen

In einem Team gibt es ein schwarzes Schaf. Insbesondere für zwei Kollegen dient es als Blitzableiter. Nun könnte sich die Chefin die zwei Kollegen vornehmen und ergründen, warum sie den Kollegen so schlecht behandeln. Systemisch geschickt interveniert sie, indem sie beispielsweise das schwarze Schaf in ein anderes Team versetzt oder ihm eine neue Rolle im alten Team gibt. Damit stört sie die etablierten Muster und zwingt die zwei Kollegen, sich anders als bisher zu verhalten, zueinander und auf das schwarze Schaf bezogen.

Auch der Beobachter ist Teil des Systems: Wie die Wirklichkeit sind auch Systeme kognitive Konstrukte. Sie werden nach Erkenntnis-, Erklärungs-, Verwertungsinteresse konstruiert. Innerhalb der Systeme, etwa einer Abteilung, gibt es nur Beteiligte. Niemand steht außerhalb. Kein Mitglied kann die Position eines externen Beobachters einnehmen oder objektiv urteilen. Der Beobachter ist immer Teil des Systems und folgt einer eigenen Agenda. Deshalb kommt es unterschiedlichen Konstruktionen von Systemen.

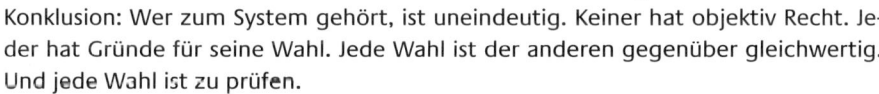

Was zum System gehört, ist selektiv

Der Leiter eines auf knapp drei Jahre angelegten Entwicklungsprojektes fordert Unterstützung an, um einen eskalierten Konflikt im Team zu bearbeiten. Auf die Frage, welche Personen er dem Konfliktsystem zurechnen würde, zählt er neben den Teammitgliedern zwei Personen aus der Geschäftsleitung dazu. Anders sehen das zwei seiner ihm direkt im Projekt unterstellten Teamleiter: Sie lassen die Geschäftsleiter außen vor, nennen aber drei Personen aus anderen Abteilungen.
Konklusion: Wer zum System gehört, ist uneindeutig. Keiner hat objektiv Recht. Jeder hat Gründe für seine Wahl. Jede Wahl ist der anderen gegenüber gleichwertig. Und jede Wahl ist zu prüfen.

Im Konfliktfall gilt es, durch Fragen und Beobachten herauszufinden, welche Konstruktionen des Systems im Umlauf und wie sie zusammenzubringen sind, sodass Handlungsfähigkeit entsteht. Dabei hilft der Blick auf Muster und Regeln im Kommunizieren. Etwa: Wer kommuniziert wie nach welchen Regeln mit wem wie oft in welchen Kontexten und mit welchen Zielen, Absichten und Auswirkungen?

Wechselwirkungen und interaktive Dynamik: Der Systemansatz rückt Aspekte der Wechselwirkung und die Einordnung der Situation in den Vordergrund und bezieht alle direkten und indirekten Beteiligten als Teil des Konfliktsystems ein.

Die analytische Aufmerksamkeit wird also umgelenkt: von der Person fort und hin auf Prozesse und Korrelationen. Da alles im System in Bewegung ist, gelten tradierte Kategorien nicht mehr. Statt Kontrolle und Planung geht es nun um Feedback und Iteration. Statt um Gewissheit und Prognostizierbarkeit (auch von Verhalten) geht es nun um Vagheit, Optionalität und Wahrscheinlichkeit. Statt Monokausalität und Linearität walten nun Multikausalität und Zirkularität. Kurzum: System und Komplexität als Chiffren für das neue Paradigma sind das Referenzkonzept der Stunde, versinnbildlicht in der Metapher »schwarzer Schwan« (Taleb 2013).

Gemäß konstruktivistischer Lesart verschwindet die Kategorie der Objektivität. Die Antwort auf die Frage, wodurch sie ersetzt wird, liegt im »Zwischen«: in Intersubjektivität und Verhandeln. Im Konfliktsystem liegt die Notwendigkeit zum Verhandeln in dem Ziel, intersubjektive Nachvollziehbarkeit herzustellen und Anschlussfähigkeit zu sichern.

Auch die praktische Aufmerksamkeit und Interventionsstelle wird verändert: Kontrahenten müssen weniger herausfinden, was genau der andere will, als vielmehr, welche Wechselwirkungen zum Gewollten geführt haben, welchen Stellenwert er im System der Verhandlung hat, welche Funktion Interaktionsverläufe zwischen den Einzelnen haben – und an welchen dieser Stellschrauben gedreht werden muss, um eine Veränderung zu initiieren.

Schlechte Laune als Ergebnis interaktiver Muster

Ein Beispiel: »Schlechte Laune« eines Konfliktpartners wird nicht als subjektives Charakteristikum, sondern als Folge kommunikativer Prozesse (wie wer mit wem wann worüber kommuniziert) gedeutet, die sich ihrerseits in interaktiven Strukturen verfestigen und somit Muster bilden. Schlechte Laune hat für den Partner im Konfliktsystem eine Funktion. Da sie eine Problemlösung und ein Ergebnis von Rückkopplungen ist, setzt die Veränderung von schlechter Laune nicht am schlecht gelaunten Partner an (personaler Ansatz), sondern an kommunikativen Handlungen und interaktiven Strukturen im Konflikt- beziehungsweise Verhandlungssystem. Denn diese, so die These, erhalten Funktion und Symptom »schlechte Laune« am Leben – und wenn sie sich ändern, ändert sich auch die schlechte Laune.

Dieser oft »technisch« genannte Systemansatz in der Tradition des Soziologen Niklas Luhmanns stößt bei Praktikern in der Weiterbildung an Grenzen, zumal der Fokus auf kommunikative, interaktive Strukturen das Subjekt bis zur Unkenntlichkeit parzelliert beziehungsweise abschafft – und mit ihm ein Wesen, dem Handlungen und Verantwortlichkeit zugeschrieben werden können. Das ist nicht nur kontraintuitiv, sondern wird als ungenügend und an Realitäten vorbeigehend erlebt. Daher kommt es zur Wiederhinwendung zu persönlichen, insbesondere zu emotionalen Seiten des Menschen.

Personaler Systemansatz

In dieser Hinwendung bevölkern alte Bekannte aus der Subjektpsychologie die Landschaft: das sinnhaft handelnde, sein Ich entfalten wollende, soziale Bindungen benötigende und kausal verursachende Subjekt als unteilbare Einheit. Mit ihm taucht auch ein Akteur aus der Versenkung auf, dem Handlungen zugeschrieben werden können. Eine der Lernlektionen systemischer Therapie bezieht sich auf ein theoretisches und praktisches, im subjektiven Erleben dominantes Manko: Das Konzept von Selbst und Sinn, das Bewusstsein von Identität, Ich und Bedeutung ebenso wie das Eingebettetsein in eine Lebenswelt beziehungsweise verschiedene Milieus, die die persönliche Lebenswelt ausmachen, sind unverzichtbar, wenn es um Optionen geht, die zu Veränderungen führen beziehungsweise diese katalysieren sollen. Auch wenn es Metaregeln wie zum Beispiel Verkehrsregeln, Konventionen oder allgemeine Normen gibt, die Verhalten lenken, bedarf es in konkreten Situationen, in denen solche allgemeinen Regeln angewandt werden, notwendigerweise einer subjektiven Interpretation. In ihr liegt die Freiheit der Ausgestaltung ebenso wie die Quelle von Konflikten. Eine allgemeine Norm ebenso wie ein Prozess allein genügen nicht, um konkret zu agieren oder – beispielsweise – im Konflikt angemessen zu handeln. Diese Wende zu personalen Komponenten wird als diejenige zum »personalen Ansatz« in der Systempsychologie beschrieben.

Der Mensch steht als Person im Zentrum: Diese zweite Strömung rangiert auch unter dem Namen »personale Systemtheorie«. Ihr eigentümlich ist, dass Menschen als Personen und nicht als dreifacettige Teilsysteme konzipiert sind. Insofern ist die personale oder personzentrierte Systemtheorie humanistisch beeinflusst. Sie visiert die Person an und nutzt gleichzeitig systemische Figuren sowie die konstruktivistische und konstruktionistische Erkenntnistheorie.

Literaturtipps

Die Aufsatzsammlung »Der Diskurs des Radikalen Konstruktivismus« (1987), herausgegebenen von Siegfried J.Schmidt, umfasst Beiträge verschiedener Autoren zur erkenntnistheoretischen Position des Konstruktivismus mit Bezügen zu Kognition, Selbstorganisation, Wahrnehmung, Gehirn und Wirklichkeit, Autopoiese, Biologie, Literaturwissenschaft und Kommunikation.

Zu Schwerpunkten wie Konstruktivismus und Sozialtheorie (1994), Konstruktivismus: Geschichte und Anwendung (1992) und Konstruktivismus und Ethik (1995) verweise ich auf die Reihe »Delfin« im Suhrkamp Verlag.

Das Autorenpaar Kenneth J. und Mary Gergen zeichnet in seinem Buch »Einführung in den Konstruktionismus« (2004) nicht kognitiv und epistemologisch, sondern auf sprachlicher Ebene nach, wie Wirklichkeit konstruiert ist und welche Folgen dies hat für Kommunikation, therapeutische und beraterische Kontexte, für Didaktik sowie Wissensgenerierung und Sozialforschung.

Genese des personalen Ansatzes in der Systemtheorie: Auch dieser Ansatz der personzentrierten Systemtheorie sei unter dem Blickwinkel der Konfliktbehandlung knapp nachgezeichnet. Die Einsicht in die Notwendigkeit, personale Dispositionen wieder einzuführen, findet ihren Niederschlag auch in den Anforderungen an Konfliktkompetenz und Konfliktperformanz. Die Konfliktpartner (und Moderatoren, Mediatoren) sollen wieder personale Aspekte, also psychologische und andere subjektiv-relevante Aspekte berücksichtigen. Konfliktkompetenz wächst folglich mit einem ausgedehnten Wissen um psychologische Modelle und psychotherapeutische, beraterische Veränderungsinterventionen. Eingeschlossen darin sind Fertigkeiten, die dem systemischen Denken verpflichtet sind, besonders das Aufspüren von Funktionalität und Ändern von Mustern in personalen und interaktiven Systemen.

Bedeutung der Gestalttheorie: Den Start in die personale Systemtheorie machen um die vorige Jahrhundertwende Gestalttheorie, Gestaltpsychologie und -therapie und ab Mitte des 20. Jahrhunderts kommt die systemische Familientherapie dazu. Zwar wird die Gestaltpsychologie den humanistischen

Ansätzen zugezählt, weil das Individuum im Lichtfeld steht. Ihr Beitrag als Basis für systemisches Denken ist jedoch unbestritten.

Die Gestaltpsychologie überträgt Ergebnisse aus physikalischen und physiologischen Forschungen zu Wahrnehmen, Denken, Willenshandlungen, Bewegungsabläufen auf mentale und psychische Akte. Sie führt die konstruktivistische Erkenntnisauffassung ein: Menschen finden nicht eine Wirklichkeit vor oder bilden diese ab, sondern sie konstruieren sie. Das tun sie, indem sie Elemente der Wahrnehmung, des Fühlens und Denkens verknüpfen. Dabei folgen sie Gesetzmäßigkeiten, die dafür sorgen, dass Muster und Ordnungen entstehen und ein Ganzes, die »Gestalt« gebildet wird.

Die Familientherapie bezieht diese innerpsychischen Prozesse der Struktur- und Gestaltbildung auf Kommunikation und Interaktion, also auf das, was zwischen Menschen abläuft, sowie auf das, was sie dadurch herstellen, dass sie sich aufeinander beziehen. Mit diesem Denken wird auch Konfliktgeschehen analysiert und offenbart sich beispielsweise in der These, die Frage, ob ein Konflikt objektiv vorliege oder nicht, sei müßig, sobald ein Akteur einen Konflikt »empfinde«, »wahrnehme« und davon spreche, einen Konflikt zu spüren oder zu haben.

Drei Gesetzmäßigkeiten aus Gestalttheorie beziehungsweise Gestaltpsychologie nehmen in der systemischen Psychologie einen prominenten Platz ein. Sie gehören zu dem Kanon an Erkenntnissen, die in betrieblichen Konfliktinterventionen öfter als andere bemüht werden.

Erstens: Wertheimers Gestaltgesetz der Geschlossenheit und das Konzept der Figur-Grund-Bildung von Kurt Goldstein: Eine Gestalt ist nur vor einem Hintergrund als Ganzheit erkennbar. Das Ganze ist mehr (präziser: etwas anderes) als die Summe seiner Teile. Die Bedeutung der Details wird durch die Zugehörigkeit zum Ganzen definiert.

Auf den Konflikt bezogen: Konfliktkompetenz und -performanz zeigen sich da, wo Personen nach einer präzisen Markierung des Konfliktsystems fragen:

- Wer ist dabei? Haupt-, Nebenkontrahenten, unsichtbare Allianzen?
- Wann zeigt sich das System?
- Welche kontextuellen Rahmenbedingungen müssen da sein, bevor das Konfliktsystem aktiviert wird?

Dabei vergegenwärtigen sie, dass mit einem Wechsel des Kontrastes und Kontextes der Konflikt sich ebenfalls wandeln kann, weil die Akteure immer kontextabhängig denken, fühlen, agieren. Sobald ein Konfliktmuster differente Situationen überdauert, kann man von einem strukturellen Konflikt sprechen, andernfalls muss nach jeweiligen Besonderheiten Ausschau gehalten werden.

Was immer Menschen »sehen«, ist konstruiert, mehrdeutig und daher grundsätzlich diskussionsfähig. Erkennen ist ein selektiver Akt, ein Fokussieren vor einem Hintergrund, ein Herausschneiden aus einem Ganzen. Menschen streben sowohl in ihrer sinnlichen Wahrnehmung als auch psychisch nach einer ganzen Gestalt. Sie füllen Lücken (unbewusst) in der sensorischen Wahrnehmung genauso wie im Denken, Erinnern und der sprachlichen Verständigung. Das Kinderspiel »Stille Post« veranschaulicht dieses Gesetz.

Es wirkt auch in Unternehmen, zum Beispiel wenn Informationslücken mit eigenen Ansichten, Vermutungen, Erwartungen gefüllt werden, die ihrerseits Störungen bis hin zu Konflikten erzeugen können. Diese drehen sich meist um »Wahrheit« – und Konfliktkompetenz heißt hier, dafür zu sorgen, dass jedes Konfliktnarrativ seine Berechtigung findet. Kontrahenten sollen sich im Zweifel nicht allein auf ihre persönlichen Deutungen, Schlussfolgerungen oder Meinungen verlassen, sondern nachfragen und Dissens dialogisch klären. Geht es um Beurteilungen, etwa von Leistungen, sollen sie den zu Beurteilenden nicht »isoliert sehen«, sondern in seinem Umfeld.

Zweitens: Zeigarnik-Effekt: Nach diesem Effekt – inzwischen neurowissenschaftlich bestätigt – werden unvollendete Gedanken und Handlungen bevorzugt im Gedächtnis behalten. Sie kreisen herum, weil sie noch nicht fertig oder erledigt sind und sich deshalb nirgendwo niederlassen können – und dies verursacht Anspannung und Disstress.

Für einen latenten Konflikt heißt das, dass seine Chance auf Manifestation wächst, und für einen manifesten Konflikt bedeutet es, dass die Eskalationswahrscheinlichkeit sich erhöht. Denn das, was belastet und nicht erledigt ist, schwirrt nicht nur in Hirn, Herz und Leib herum, sondern erhöht mit gedanklichen Verschlimmerungsschleifen und/oder Belastung die Abgabe und Konzentration von Disstress-Hormonen im psychopysischen Stoffwechsel. Menschen werden reizbar, womit (s. S. 108 ff., besonders S. 177 ff.) die Breite des geistigen Horizonts genauso abnimmt wie intellektuelle Präzision, Vernunft und mentales Wohlwollen. Der Tunnelblick meint nicht nur das Sehen, sondern alle kognitiven und sensitiven Funktionen. Das Repertoire für Perspektivenwechsel und Argumentenreichtum nimmt ab, das Eskalationsrisiko zu. Insofern ist es konfliktkompetent, dem vorbeugen zu helfen, indem ein Konflikt rasch thematisiert und explizit behandelt wird.

Drittens: Gestaltgesetze: Sie ermöglichen dem ganzen Menschen (psychophysischer Organismus), sich selbst zu regulieren. Selbstregulation findet in der Auseinandersetzung mit der Umwelt statt und umfasst Selbstkorrektur und -reparatur. Dazu passen sich Menschen Veränderungen an. Die dadurch sich wandelnde innere Ordnung bezeichnet persönliches Wachstum: Der Anpassungsprozess meint das Aufeinanderabstimmen innerer Optionen mit äußeren Gegebenheiten. Dadurch malt das Subjekt seine gute Gestalt. Ihren Ausdruck findet diese in Formulierungen wie: »Das und das stimmt für mich« oder »fühlt sich gut an« oder »fühlt sich rund an«.

Konfliktkompetenz und -performanz arbeiten also darauf hin, dass Kontrahenten sich zu sich selbst reflexiv verhalten, um das eigene Verhalten anschlussfähig zu halten zu dem, was im Außen passiert. Sie beobachten, was in ihnen geschieht (emotional, volitional, behavioral, kognitiv) und stellen ihr Denken, Fühlen, Handeln ab auf den von ihnen markierten Realitätsrahmen. Rechthaberei und ähnliches Insistieren auf die eigene Sichtweise werden folglich ausgeschaltet. Das Verständigende wird betont und mit ihm die Bereitschaft und Fertigkeit, je selbst dafür zu sorgen, dass man »open minded« bleibt und ein Einschwingen auf (veränderte) Realität nicht als Einknicken, Umfallen oder ähnlich pejorativ bewertet, sondern als agile Reaktion im Sinn des konstruktiven Streitens beziehungsweise der guten Gestalt, deren sprachliche Chiffre die subjektiv empfundene »Stimmigkeit« ist.

Die Gestaltpsychologie liefert Stichwörter, die von der systemischen Psychologie aufgegriffen, fortgeführt, verändert und ergänzt werden. Einen zentralen Stellenwert in allen Varianten der systemischen Psychologie nimmt – wie erwähnt – der Konstruktivismus ein. Menschen basteln nach allgemeinen Gesetzen ihre Wirklichkeit. Diese Konstruktionen fallen indes individuell verschieden aus, sie sind subjektiv und partikular oder singulär. Deshalb wird Kommunikation zentral, gerade im Konflikt. Soll sie der Verständigung dienen, muss sie anschlussfähig sein. Die Kommunikanten beziehungsweise Kontrahenten müssen sich fortlaufend darüber einigen, was Inhalt der

Kommunikation ist, etwa darüber, wer den Konflikt wie generiert, ihn beurteilt, bewertet, was mit Formulierungen gemeint ist. Insofern erhält die kommunikative Behandlung des Konflikts den Charakter eines permanenten Aushandelns.

Stichwort Konstruktion der Wirklichkeit: Es gibt weder Ein-, noch Ein-Eindeutigkeiten noch eine Wahrheit, weder richtig noch falsch. Es gibt stattdessen Möglichkeiten und Optionen, Wahrscheinlichkeiten und Approximationen. Sich auf Fakten zu berufen setzt unter Streit- oder Diskussionslustigen einen prinzipiell unendlichen Regress in Gang: denn Fakten = Tatsachen = getane, hergestellte Sachen = subjektiv und kontingent. Alles könnte anders sein. Alles kann infrage gestellt werden. Alles ist verhandelbar und verhandelnötig.

Stichwort Deutung: Wo konstruiert wird, wird gedeutet. Das gilt bereits für die kognitive Verhaltenspsychologie. Kontrahenten müssen folglich die Bedingungen der Herstellung von Deutungen und deren geistig-seelische und soziale Funktion erurieren. Sie müssen sich damit befassen, wieso ein Konfliktpartner eine bestimmte Deutung der Tatsachen und eine bestimmte Geschichte oder Erzählung formuliert und nicht eine andere. Konfliktpartner müssen Entstehungs-, Begründungs-, Funktions- und Geltungskontexte ebenso hinterfragen wie emotionale Verfasstheiten. Konfliktperformanz zeigt sich folglich auch darin, sich dabei zu assistieren, eine akzeptable Wirklichkeits- beziehungsweise Konfliktkonstruktion zu erarbeiten, die ihrerseits als Basis für Kooperativität gilt.

Weitere Schlüsselbegriffe in der systemischen Psychologie lauten Autopoiese, Selbsterschaffen und Selbsterhalten. In schlichten Worten: Jeder Mensch ist ein autonomes (wörtlich: nach eigenen Gesetzen funktionierendes) und sich selbst organisierendes Individuum (= unteilbares Ganzes). Es ist operationell geschlossen und informationell offen.

Autopoiesis: Die Operationsweise des autonomen, selbstorganisierten operationell geschlossenen und informationell offenen System Mensch (Gehirn: Bewusstsein, neuronal; Leib: biologisch, zellulär; sozial: kommunikativ) liegt fest. Doch kann der Mensch als selbst organisierendes System Information von außen in die eigene Welt übersetzen. Dann wird Information zu einer Mitteilung. Systemisch gesprochen, kann ein Mensch von außen nicht gezwungen werden, Wirklichkeit in bestimmter Weise wahrzunehmen, bestimmte Gedanken zu denken, Bereitschaften zu entwickeln, Gefühle zu haben oder Verhalten zu verändern. Man kann ihm nichts aufzwingen, das seiner Eigengesetzlichkeit widerspricht oder von ihm systemintern nicht übersetzt wird. Man kann ihm nichts einflößen, sondern nur dafür sorgen, dass er das selbst tut. Fremde Suggestionen oder Aufforderungen können nur dann etwas bewirken, wenn sie zu Selbstsuggestionen werden, wenn sie vom Individuum in die eigene Sprache, in eigene Bedürfnislagen und Interessen transformiert werden.

Ein Konfliktpartner stößt somit auf Granit, wenn er versucht, das Denken, Fühlen, Verhalten eines Kontrahenten zu verändern, ohne dass dieser das selbst will. Konfliktfertigkeit zeigt hier, wer den Partner zu Veränderungen oder Handlungen »einladen«, anregen und motivieren kann. Der Erfolg steht und fällt mit dem psychologisch-kommunikativen Geschick, dass das Fremdansinnen in eine Selbstsuggestion überführt wird. Die Beteiligten sind also genötigt, sich zunächst mit psychischen Eigenheiten, Bedürfnissen, Interessen von sich selbst und anderen zu befassen.

Ressourcen und Potenzial: Eng damit verbunden ist in der personalen Theorievariante die Rede von Ressourcen und Potenzial, die es zu erkennen und zu aktivieren gilt. Konfliktpartner benötigen gesprächspsychotherapeutisches Know-how, um psychische Eigenheiten im Gespräch zu berücksichtigen. Sie müssen beispielsweise Schüchterne und Eigenbrötler zum Reden bringen oder Selbstüberschätzungen oder Unterschätzungen enttarnen und sanft korrigieren. Die Kontrahenten sind aufgerufen, einander dabei zu helfen, aufzudecken, was in ihnen steckt, damit sie ihre Möglichkeiten und Grenzen realisieren, verschiedene Blickwinkel einnehmen und sich somit flexibler anpassen können.

In dieses semantische Umfeld hat sich eine humanistisch-psychologisch angereicherte Authentizitätsrhetorik eingeschlichen, mit der Führungskräfte und Kollegen zunehmend konfrontiert sind.

Das Ich-Empfinden als Referenz

Ein Beispiel aus der Praxis, zugespitzt wiedergegeben: »Das, was Sie, werte Führungskraft, von mir wollen, entspricht mir nicht. Und was mir nicht entspricht und
ich trotzdem tun muss, macht krank. Leiden bedeutet negativen Stress und Belastung. Und wenn die andauert, dann bin ich dauerbelastet. Psychologen, Neurowissenschaftler und Stressforscher sagen, dass ich vom Burnout bedroht bin. Und das
will ich nicht. Deshalb finden Sie bitte Tätigkeiten und Verantwortungsgebiete, die
mir entsprechen. Und deshalb möchte ich nur so viel Veränderung, wie ich leicht
bewältigen kann. Daher kann ich nicht jeden Change unterstützen. Denn Veränderung bedeutet negativen Stress, weil sie mit Verunsicherung einhergeht. Wenn ich
verunsichert bin, dann bin ich ängstlich. Und wenn ich ängstlich bin, kann ich weder
gut und noch gern arbeiten. Und wenn ich das nicht kann, leide ich – und das nützt
auch dem Unternehmen nicht. Die Eskalation ist damit vorprogrammiert. Und das
können Sie in Ihrer Personalverantwortung und Fürsorgepflicht nicht wollen. Oder?«

Kommunikative Axiome und ihr Niederschlag
für Konfliktbehandlung

Hauptsache Kommunizieren: Im Kommunizieren wird das Allheilmittel gesehen: Konfliktpartner, auch Moderatoren und Mediatoren, müssen dauerhaft kommunizieren und dabei beachten, nicht zu viel selbst reden, sondern
reden zu lassen, aktiv zuhören, zirkulär fragen, hinter die Kulisse schauen,
den je anderen ernst nehmen und niemanden verändern wollen, sondern
dazu »einladen«, etwas »auszuprobieren«.

Hoch im Kurs der systemkommunikativen Tools stehen kommunikati-
onspsychologische Grundlagen, breitenwirksam popularisiert durch Paul
Watzlawik. Er ist weitläufig bekannt als Autor des Buchs »Anleitung zum
Unglücklichsein« (2009). Auf die kommunikations- und wahrnehmungspsy-
chologischen »Axiome« setzen fast alle gängigen Techniken auf – gerade
auch jene, die in Konfliktkursen vermittelt werden (Watzlawik 2009; König/
Volmer 2014, S. 48 ff.).

Deshalb bringe ich an dieser Stelle eine stark verkürzte Übersicht, mit
einigen Hinweisen auf ihren Niederschlag in den Anforderungskanon für
Konfliktkompetenz und entsprechende Performanz.

Menschen kommunizieren nonverbal und verbal: Ohne Worte im hörbaren Bereich etwa Atmung, stimmliche Modulation, Redegeschwindigkeit, Grammatikkonstruktionen und Satzbau und vorsprachliche Laute wie »Ah«, »Äh«, »Aha«, »Hm«. Im sichtbaren Bereich mit Blicken, Mimik, Gestik, Handlungen. Im sprachlichen Bereich mit Worten, erweitert: mit Zeichnungen, Formeln und anderen Symbolen. Daraus folgt für Konfliktkommunikation: auf beides achten, sowohl bei sich selbst als auch beim Gegenüber. Kongruenz ist wichtig, weil Inkongruenz verunsichert oder gar Spannung erzeugt. Denn wenn die Worte sagen »Ich schätze Ihren Einwand« und gleichzeitig in der Mimik zusammengekniffene Lippen und leicht heruntergezogene Mundwinkel dominieren – dann, so die unwillkürliche Interpretation, kann etwas nicht stimmen und zumindest ein Misstrauen ist wahrscheinlich die Folge. Menschen treffen unbewusst die Wahl: Sie neigen dazu, dem Nonverbalen mehr zu glauben als dem Gesprochenen.

Menschen können nicht nicht kommunizieren: Sobald jemand von anderen Menschen wahrgenommen (gehört, gesehen, erwartet) wird, deuten diese das Verhalten. Diese Formel wird eins zu eins auf Konfliktkommunikation und -management übertragen: Ein Konfliktpartner kann nicht nicht am Konflikt teilhaben, insofern er als Konfliktpartner wahrgenommen wird. Deshalb stehen Konfliktpartner in der Pflicht, sich selbst zu beobachten und zu bedenken, dass das eigene Verhalten stets Gegenstand der Beobachtung und Deutung ist. Die Idee ist, selbstregulierend einzugreifen, das Verhalten zu korrigieren, sobald sie meinen, es rufe unerwünschte Reaktionen hervor.

Der Sinn der Nachricht entsteht beim Empfänger: Das, was jemand mitteilt, bestimmt das Gegenüber. Der Kommunikationspartner legt dem Inhalt und dem Modus (dem Was und Wie) einer Kommunikation Bedeutung bei. Insofern übt er Definitionshoheit über Botschaft und Sinn aus. Falls Sie nun reagieren mit »Dann ist es ganz egal, wie ich was rüberbringe – Kontrolle habe ich nicht!«, dann haben Sie zwar logisch recht. Allerdings widersprechen konstruktivistisch Argumentierende mit folgendem Hinweis: Jeder Kommunikant ist verpflichtet, so zu tun, als ob er Kontrolle darüber hätte, wie das Gegenüber das Gesagte auffasst. Denn in diesem Fall bemüht er sich, so zu kommunizieren, dass das, was er mitteilen möchte, auch formuliert wird. Anders gesagt: Kommunikanten fahren ihre empathischen Antennen aus, um zu antizipieren, wie der andere gestimmt ist, für welche Worte und

Tonalität er am ehesten empfänglich ist und wie die Deutung vermutlich ausfallen wird.

Das gilt in der Konfliktkommunikation verschärft, weil in ihr Sensibilitäten und Reizbarkeit aufgrund einer inneren Anspannung erhöht sind. Konfliktkompetenz und -performanz dokumentieren sich darin, dass sie die Wahrscheinlichkeit erhöhen, dass das, was sie sagen und wie sie es sagen, vom anderen so gedeutet wird, wie sie, die Sender, es verstanden wissen möchten. Das ist ein hoher Anspruch, dessen Realisierung in Konflikten äußerst schwerfällt. In der Praxis mündet dieser Anspruch denn auch für sarkastische Beobachter in unterhaltsame, für Betroffene allerdings in anstrengende Dialoge mit folgender Struktur:

Konfliktgefühl und begründbares Urteilen, Variante 1

Mitarbeiter: »Sie werfen mir also vor, mich zu wenig eingesetzt zu haben?« Managerin: »Nein, meine Kritik war kein Vorwurf. Ich wollte Sie darauf hinweisen, dass meiner Beobachtung nach Ihre Vorbereitung nicht ausreichend war.« – »Natürlich ist das ein Vorwurf! Sie verletzen mich damit; denn ich habe mir wirklich viel Mühe gegeben!«

Dieser Dialog kann endlos weitergehen, die Konflikteskalation ist vorprogrammiert. Denn ein Empfinden, ein Gefühl oder eine pauschale Meinung (»Das sehe ich aber so!«) entzieht sich rationaler Argumentation und Begründbarkeit. Was tun? Die Antwort von wohlmeinender Psychoseite: weiterreden, klären, Deutungen ausmalen, veränderte Deutungen probieren, verhandeln – bis eine gemeinsame Konstruktion geboren ist.

Die Perspektive bestimmt Inhalt: Analog der Position im Raum bestimmt der mentale Gesichts- oder Standpunkt, was man wahrnimmt. Generell sollen Konfliktpartner bereit sein, ihre Standpunkte zu wechseln, weil sie nur dann flexibel genug sein und sich auf die Sichtweisen, Motive, Interessen anderer einstellen und besser verstehen können, worum es Alter Ego im Konflikt geht. In der Praxis ist das leistbar, solange der Perspektivenwechsel vorzugsweise sachorientiert sind. Auf verlorenem Posten stehen Konfliktpartner im Beruf häufig, wenn es um Gefühle geht. Das folgende Beispiel mag das verdeutlichen.

> **Konfliktgefühl und begründbares Urteilen, Variante 2**
>
> Ein Bereichsleiter stritt mit einer von ihm in ihrer Kompetenz und Leistung sehr geschätzten Mitarbeiterin über einen Strategiewechsel in der F&E-Abteilung. Nach einigem Hin und Her, erzählte er, habe sie plötzlich Tränen in den Augen gehabt und ihn fast angeschrien, er solle sich doch endlich einmal bemühen, ihren Standpunkt zu verstehen. Der Hinweis darauf, das habe er, und aus ihrer Sicht verstünde er das Anliegen auch, aber im Kontext des konzernweiten Horizonts funktioniere ihr Vorschlag aus den und den Gründen nicht, fruchtete nicht.

Systempsychologisch müsste er das soziale Wirkumfeld der Mitarbeiterin untersuchen und via zirkulären Fragens Erkenntnisse zutage fördern, die unter anderem die überraschende Heftigkeit der Reaktion, mögliche unbewusste Motive oder »die gute Absicht« (Funktion) des affektiven Ausbruchs klären und dazu motivieren, mit der Mitarbeiterin eine neue Perspektive zu erarbeiten.

Menschen kommunizieren auf verschiedenen Ebenen: Die zwei Ebenen von Paul Watzlawik, Sache und Beziehung, hat Friedemann Schulz von Thun um zwei weitere Ebenen vermehrt: die der Selbstoffenbarung oder -kundgabe und die des Appells. Und der Augsburger Organisationspsychologe Oswald Neuberger verweist auf eine fünfte Ebene oder Dimension: die der Selbstprogrammierung.

Auf der Sachebene geht es um »Daten« oder das »Was«, den sachlichen Inhalt; auf der Beziehungsebene darum, was wir vom Partner halten beziehungsweise darum, was wir meinen, dass er von uns hält. Auf der Beziehungsebene urteilen Gefühle. Beziehung sticht Sache. Die Beziehungsqualität bahnt, wie sehr die Kontrahenten einander mit Sympathie, Wohlwollen und Vertrauensvorschuss begegnen, wie leicht es ihnen fällt, empathisch zu sein und die Perspektive von Alter Ego einzunehmen und wie leicht sich die Kontrahenten tun, auf der Sachebene zu kooperieren.

Die Dimension der Selbstoffenbarung verweist darauf, dass jeder unausweichlich mit jedem kommunikativen Akt etwas über sich selbst, das eigene Befinden, Wünsche, Ängste, Befürchtungen, Hoffnungen und so weiter aussagt. Das gilt für Konfliktkommunikation allemal, da hier mit der Eskalation die Emotionalität wächst und häufig mentale Klarheit abnimmt –

was die Chancen auf konstruktive Performanz und eine tragfähige Lösung schmälert.

Die Appellebene meint exakt dies: dass die Partner einander auffordern, etwas zu tun beziehungsweise zu unterlassen, oft direkt, zuweilen indirekt. Etwa: »Hier im Raum ist schlechte Luft.« Darauf kann ein Partner antworten: »Ja, finde ich auch.« – und fertig. Kommunikant Nummer eins wird darauf vermutlich unwirsch reagieren, denn er wollte den anderen mit dieser Äußerung auffordern, das Fenster zu öffnen. Oder der Partner tut eben dies: Er folgt dem impliziten Appell und öffnet das Fenster. (Er hat noch weitere Möglichkeiten.) Hier sei an das Konfliktpotenzial der verdeckten Transaktionen erinnert!

Die fünfte Ebene, die der Selbstprogrammierung, basiert auf der Idee, dass jede Aussage eine Einsage ist: Alles, was ein Mensch tut und sagt, wirkt auf ihn selbst zurück. Man kann das auch kybernetisch fassen und von Rückkopplung sprechen. Im Konflikt bewirkt dieses Idiom, dass es die Partner zu erhöhter Wachsamkeit aufruft und fordert, die Aufmerksamkeit auf sich selbst immer mitlaufen zu lassen. Denn jeder Gedanke und jedes Gefühl, dem man Ausdruck verleiht, wird dadurch verstärkt, dass a) das Gegenüber darauf spirallogisch reagiert und b) die eigene Denk- oder Gefühlsspirale an Windungen und Höhe zunimmt. Nüchtern formuliert: Die Wahrscheinlichkeit ist hoch, dass ausgedrückter Ärger in Person 1 den Ärger in ihr selbst zunehmen lässt und das Gegenüber verärgert, was wiederum den Ärger in P1 wachsen lässt …

Im nächsten Kapitel gehe ich auf ein Modell von Friedrich Glasl ein, das diese Idee aufnimmt. Selbstprogrammierung wirkt – so die Erkenntnis – immer mit: für Eskalation oder Deeskalastion.

Die Schlussfolgerung aus diesem Ansatz der fünf Dimensionen einer Kommunikation lautet: Konfliktkompetente sollten alle fünf Dimensionen gegenwärtigen und bei sich selbst sowie bei den Kontrahenten beobachten, deuten, bewerten, und darauf konstruktiv reagieren.

Wahrnehmen als Fundament: Zu den kommunikationspsychologischen Grundannahmen gesellen sich Hinweise, die der Wahrnehmung gelten, also einem wesentlichen Bestandteil jener Voraussetzung, die das Was und Wie und Warum und Wozu des Kommunizierens, auch im Konflikt, bestimmt. Daher seien die wesentlichen Annahmen genannt:

Wahrnehmung ist gelernt und selektiv: Menschen haben eine persönliche Vergangenheit in Form von Lernerfahrungen, biologischen und epigenetischen Prägungen, die ihr Profil ausmachen. Im Lauf des Lebens bilden sich Selektionsfilter aus, die maßgeblich bestimmen, was eine Person am ehesten für wahr hält und was sie erwartet, wahrzunehmen. Dieses Theorem verdankt sich vorzugsweise humanistischen, analytischen und verhaltenspsychologischen Ansätzen. Es verpflichtet in der Konfliktbehandlung dazu, sich idealerweise der »ganzen Person« in ihrem Gewordensein zu widmen.

Die zugrunde liegende Annahme ist, dass Vergangenheit und Gegenwart das Sosein und die Fertigkeiten eines Menschen maßgeblich bestimmen. Konfliktkompetente sollen deshalb nach verborgenen Lernerfahrungen und motivationalen Dispositionen, nach Anliegen und Wünschen fahnden. Dies zu tun, ist wichtig, weil – unter Anwendung des Ressourcendogmas – Strategien, Potenziale, Kompetenzen im Gegenüber schlummern können, die zu wecken dem Konfliktgespräch eine konstruktive Wende eröffnen kann.

Wahrnehmung unterliegt dem Pars-pro-toto-Prinzip oder dem Halo-Effekt: Von einem Detail wird auf das Ganze geschlossen. Das Urteil über ein Detail strahlt auf die Wahrnehmung der ganzen Person. In der Verbindung von Attraktivitäts- und Führungsforschung hat sich beispielsweise herauskristallisiert, dass als schön geltende Menschen mehr positive Eigenschaften und Absichten angedichtet werden als anderen. Im Konfliktgeschehen kann der Halo-Effekt zu einer Pfadabhängigkeit führen, die überraschende und häufig unerwünschte Folgen erzeugt. Einem beliebten charismatischen Kontrahenten werden zum Beispiel per se »gute Absichten« und »Bemühen um Konsens« unterstellt, ohne dass es dafür eindeutige Belege gibt.

In Konfliktsituationen ist es empfehlenswert, der personalen Anziehungskraft (Attraktivität) skeptisch zu begegnen und eigenes Urteilen mit Wissen und Fakten zu überprüfen, um sich und andere vor dem Halo-Effekt zu schützen beziehungsweise diese Art der Generalisierung zu korrigieren.

Wahrnehmung strebt nach Widerspruchsfreiheit: Menschen haben Mühe nicht nur mit sensorischer, sondern auch mit emotionaler und kognitiver Dissonanz. Bei Vorlage widersprüchlicher Information schlagen sie sich gern auf eine Seite, sodass Eindeutigkeit fabriziert wird, die zudem mit persönlichen Präferenzen harmoniert. Das Bemühen, emotionale und kognitive Konsonanz herzustellen, erfolgt meistens unbewusst. Der Tunnelblick ist die Folge und damit eine eingeschränkte Wahrnehmung und Urteilskraft, und auch das Repertoire möglicher Lösungen eines Konflikts schrumpft. Um dieser Falle zu entgehen, verlangt konstruktive Konfliktkompetenz, das eigene Bedürfnis nach Konsonanz zu reflektieren, um ungerechtfertigte Parteilichkeit aufzudecken, zu vermeiden oder zu korrigieren und den damit verbunden Mangel an Offenheit für andere Sichtweisen zu beheben.

Wahrnehmung unterliegt Täuschungen: Sinnliche Wahrnehmung kann irren und sie muss mit den Wahrnehmungen anderer Personen nicht übereinstimmen. Das Phänomen der optischen Täuschungen kennt jeder. Das Gleiche haben Psychologen und Neurowissenschaftler in puncto mentaler Täuschungen und Erinnerung herausgefunden. Erinnerungen können sogar unbewusst erfunden sein. Denken Sie an Zeugenaussagen, nicht nur vor Gericht, sondern auch im Streit in der Firma: Der eine hat das und das »ganz genau« gesehen, der andere erinnert sich »ganz sicher« daran, dass es anders war.

Täuschungen können sich auf das Füllen von Lücken beziehen. Menschen ergänzen sinnliche und mentale Lücken nach eigenem Duktus, gemäß Erfahrung, situativer Plausibilität und Funktionalität.

> **Literaturtipps**
>
> Wer sich mit diesem Effekt intensiver auseinandersetzen möchte, dem empfehle ich folgende Bücher:
> - »Dem Gedächtnis auf der Spur« (2002) von Hans-Joachim Markowitsch und
> - »Das autobiographische Gedächtnis« (2005) von Hans-Joachim Markowitsch und Harald Welzer.

Konfliktkompetente kennen diese Sachverhalte und berücksichtigen sie, indem sie etwa bei Rekonstruktionen der Konfliktgenese besonders darauf achten, worin sich die Narrative der Kontrahenten unterscheiden. Gleichzeitig müssen sie vergegenwärtigen, dass sie in Bezug auf Vergangenheitsrekonstruktionen keinen absoluten Wahrheitsanspruch geltend machen können. Psychologisch ist eher entscheidend, welche Funktionen die Erzählungen oder einzelne Erzählelemente für den Konflikt haben.

Wahrnehmung ist der Unschärfe ausgesetzt: In Konfliktkontexten wird dies als Notwendigkeit übersetzt, Distanz zum Konfliktgeschehen einzunehmen, um es als Ganzes überblicken zu können. Um eine Ansammlung von Bäumen als Wald zu erkennen, bedarf es des Überblicks. Konstruktive Konfliktperformanz verweilt nicht im Geschehen, sondern nimmt die Vogel-, Hubschrauber- oder Metaperspektive ein, um »von oben« zu schauen, wie Personen miteinander umgehen. Strikt genommen, ist systemisch ein »Von-außen-Schauen« nicht möglich, weil jeder Akteur und auch der Beobachter immer Teil des beobachteten Systems ist. Jeder Beobachter fungiert, ob er will oder nicht, als Akteur, auch dann, wenn er sich selbst dabei beobachtet, wie er beobachtet. Der Spiegel im Spiegel ...

Praktisch relevant für den Konfliktzusammenhang ist: Die Beobachterperspektive ruft die Konfliktbeteiligten auf, aus der unmittelbaren Auseinandersetzung auszusteigen, um den Modus der Auseinandersetzung zu betrachten. Reflexion des eigenen Verhaltens gehört genauso dazu wie die Betrachtung der Art und Weise, wie die Kontrahenten miteinander umgehen und argumentieren.

Resümee

Die systemische Psychologie setzt auf Unterscheidungen, Perspektivenwechsel und Deutungsspielräume. Daran angepasst sind Beobachtung, Betrachtungs- und Frageformen, die dem Sammelbegriff »zirkulär« und »triadisch« subsumiert werden. Konfliktkompetenz erfordert, sich das Repertoire systemischer Figuren und insbesondere Fragetypologie einzuverleiben und anzuwenden. Eine typische Formulierung lautet: »Was, meinen Sie, würde Ihre Kollegin sagen, wenn ich sie fragte, wie Sie sich in dem Meeting verhalten haben, in dem der Streit eskalierte?« Als weiteres Indiz für Konfliktkompetenz gilt das Reframen, häufig in Kombination mit Perspektivenwechsel genannt. Auch Gelassenheit oder Souveränität und ein Schuss Humor tragen dazu bei, einen Konflikt gar nicht erst entstehen zu lassen, seine ersten Flämmchen zu löschen oder zu deeskalieren. Dazu das folgende Beispiel einer Klientin.

Umdeutung als Option der Entschärfung, Variante 1

Einen Beitrag der Bereichsleiterin Controlling kommentiert ein Mitarbeiter mit den Worten: »Ach du meine Güte, das ist ein ganz alter Hut! Wir sollten uns doch lieber mit dem State oft the Art befassen. Ich habe einen besseren Vorschlag!« Das unmittelbar in der Chefin aufkeimende Gefühl war Empörung, begleitet vom Impuls, dem Mitarbeiter eine schneidende Antwort zu geben. Doch sie bemerkte rechtzeitig, dass sie als beleidigte Vorgesetzte klingen und damit unerwünschte Wirkungen erzeugen würde. Folglich entschied sie sich, den empfundenen Mangel an Respekt souverän zu reframen: »Ach, der hat mich zwar in unverschämterweise vor Publikum fast abgekanzelt – aber das deute ich einfach als Ausdruck von Vertrauen, von erfrischendem Selbstwertgefühl und herzergreifender Offenheit.« Damit löste sich der innere Konflikt auf.

Die Bereitschaft und Fertigkeit zu Konflikt und Eskalation vermeidendem oder entschärfendem Reframen gehört ebenso zu konstruktiver Konfliktperformanz wie das Ermutern dazu. Dass dies im Konfliktfall durchaus diffizil ist, bedeutet nicht, es unversucht zu lassen. Ein Beispiel für eine solch schwierige Situation ist der sich anbahnende Konflikt zwischen Chefin und Mitarbeiter:

Umdeutung als Option der Entschärfung, Variante 2

Der Mitarbeiter beklagt wortreich, wie sehr er sich durch eine gravierende Veränderung der Zusammensetzung des Teams und zentraler Arbeitsabläufe in seinem Wohlbefinden und seiner Effektivität beeinträchtigt fühlt, weil aus seiner Sicht Arbeitsabläufe und Ansprechpartner nicht klar definiert sind. Die Chefin ermuntert zu einem Reframing: »Herr M., sehen Sie die Lage doch einmal anders: Durch die Umstrukturierung können Sie persönlich wachsen und testen, wo ihre Potenziale liegen. Sie können sich bewähren, um damit zukünftig noch größere Aufgaben zu übernehmen. Sie können beweisen, was Sie alles stemmen können!«
Ideal wäre es, wenn die Chefin die Umdeutung nicht selbst formuliert, sondern Fragen gestellt hätte, auf die der Mitarbeiter hätte antworten müssen. Etwa: »Welche Vorteile hatte die alte Organisation für Sie? Was war besonders gut und möchten Sie davon in die neue Organisation retten? Gibt es in der neuen Organisation Möglichkeiten, die Vorteile der alten zu realisieren – oder gibt es in der neuen vielleicht Möglichkeiten, das, was Ihnen besonders wichtig war und ist, vielleicht anders zu verwirklichen? Was meinen Sie: Welche Vorteile kann Ihnen die neue Organisation bringen?«
(Bitte nicht alle nacheinander formulieren, sondern sondieren und als Dialog aufbauen, in dem vor allem der Mitarbeiter spricht.)

Feedback: Ein seit gut zehn Jahren eminent wichtiges Schlüsselwort lautet Feedback. Es geht um Antwortverhalten, Rückkopplung und deren Wirkungen. Feedback nimmt im gestaltpsychologischen Zweig der humanistischen und in der systemischen Psychologie einen konstitutiven Platz ein. Gestaltpsychologisch steht Feedback im Dienst der persönlichen Weiterentwicklung, Autonomie, Selbsterkenntnis und Selbstregulation. Die systemische Psychologie bezieht Rückkopplung sowohl auf das Individuum als auch auf Interaktion und das System. Im individuellen Fall wirkt Feedback als getriggerte Selbstregulation, die mit innerpsychischen Reparaturen und optimierter Selbstorganisation einhergeht. Das Selbst oder die Identität bildet sich in einem iterativen und prinzipiell unabschließbaren Prozess, mit dem Ziel persönlicher Entfaltung oder, bescheidener, Anpassung an äußere Anforderungen. In der interaktiven und sozialen Dimension meint Feedback Rückmeldung von anderen Personen, auf die der Feedbacknehmer beziehungsweise das Beziehungssystem und dessen Agenten reagieren.

In der Praxis wird gern mit dem Johari-Fenster gearbeitet. In Konfliktsituationen kann es eingesetzt werden, um auszuloten, worin der eigene Beitrag sowie der der anderen (Fremdbild, Fremdsicht, Fremdattribution) zum Konfliktgeschehen liegen könnte.

Das Johari-Fenster, 1955 von den amerikanischen Sozialpsychologen Joseph Luft und Harry Ingham entwickelt, thematisiert Selbst- und Fremdwahrnehmung von Verhalten und erklärt, wie sich Missverständnisse reduzieren und Offenheit fördern lassen. In der heute gängigen Terminologie kann es Transparenz schaffen, indem eine Person gezielt daran arbeitet, das Verhältnis der »Fenster« oder Quadranten zu verschieben.

Die Dimensionen des Vier-Felder-Schemas werden differenziert nach dem Wissen, das ich von mir habe oder haben kann, und nach dem, was andere Personen von mir wissen können. Die Ausprägung der vier Dimensionen ist individuell.

	mir bekannt	mir unbekannt
anderen bekannt	Arena, öffentliche Person, öffentlicher Bereich	Blinder Fleck
anderen unbekannt	Fassade, Privatsphäre, geheimer Bereich	Unbeswusstes, Ungewusstes, unbekannter Bereich

Die vier Felder oder Quadranten bedeuten also Folgendes:

- Arena, öffentliche Person oder öffentlicher Bereich: Ich weiß …; ich kenne von mir, dass …; andere wissen/kennen dies auch, weil ich es offen zeige oder kommuniziere.
- Blinder Fleck: Ich weiß …; ich kenne von mir nicht, dass …; andere kennen das. Sie nehmen mich in bestimmter Weise wahr.
- Fassade, Privatsphäre oder geheimer Bereich: Ich weiß …; Ich kenne von mir, dass … Andere kennen/wissen das aber nicht.
- Unbewusstes, Ungewusstes oder unbekannter Bereich: Weder ich noch andere wissen/kennen von mir, dass …

Das Johari-Fenster in der Praxis

Arena: Im Team ist die Kollegin dafür bekannt, dass sie, sobald ein Konflikt manifest wird, sich zurückziehen muss, um emotional runterzufahren und reflektieren zu können. Sie selbst weiß das von sich auch. Sobald ein Konflikt auftaucht, gewähren ihr die Kollegen diese Reflexionszeit.

Blinder Fleck: Ein Kollege argumentiert nach seiner Auffassung stets rational und wohlbegründet und »auf Augenhöhe«. Seine Kolleginnen und Kollegen konzedieren das zwar, empfinden ihn aber gleichzeitig als lehrerhaft bis arrogant. Sowohl aufgrund seines Tonfalls als auch aufgrund seiner Eigenart, etwas mit hochgezogenen Augenbrauen zu erklären (was ihm nicht bewusst ist), wirkt er so auf sie.

Fassade: Der Abteilungsleiter weiß, dass er langwierige Diskussionen hasst, in denen jeder seine Befindlichkeit und seine mehr oder weniger ideologisch herleitbaren Meinungen äußert. Er findet das unsachlich und daher anstrengend, unnötig und ineffektiv. Aus unterschiedlichen Gründen will er sich das aber nicht anmerken lassen und lässt solche Diskussionen zu.

Ungewusstes: Im nicht bewussten und nicht demonstrierten Bereich können sowohl verborgene Talente, Präferenzen und Bedürfnisse liegen als auch nicht bewusste Motivationen und Ambitionen, die Reden und Handeln leiten. Wenn etwa eine Person als »chronisch unzufrieden« wahrgenommen wird, kann dies daran liegen, dass sie sich am falschen Platz im Unternehmen befindet und Tätigkeiten verrichtet, die ihr »eigentlich« nicht liegen oder die sie »eigentlich« gar ungern macht. Ein ausgeprägtes Verantwortungsgefühl (beispielsweise) hindert sie daran, diese Unzufriedenheit näher zu betrachten und nach tieferliegenden Gründen zu fahnden und auf diese Weise zu entdecken, worin ihre »eigentlichen« Präferenzen oder Begabungen liegen.

Johari-Fenster und Konfliktkommunikation: Im Johari-Fenster und der Arbeit damit erscheinen Feedback und Transparenz als siamesische Zwillinge. Sie werden zudem auf die Kompetenz bezogen, Konflikte konstruktiv zu handhaben. Dabei geht es nicht nur darum, offenzulegen, welche Ziele die Kontrahenten aus welchen Positionen verfolgen und wo der Konflikt diesbezüglich angelangt ist. Die psychologisierte Sicht von Konfliktkompetenz auferlegt den Akteuren mehr.

Inspiriert durch das Harvard Verhandlungskonzept und durch die Idee der Integration als Strategie sind Konfliktkompetente aufgerufen, den Blick auf die gesamte Persönlichkeit und deren Umfeld auszudehnen. In Rede steht das individuell bezogene Herkunfts- oder Gesamtsystem der Person, also die biografisch kulturell-sozialen Bedingungen, die Fühlen, Denken,

Handeln prägen und somit auch das Verhalten im Konflikt. Dies schleusen Konfliktkompetente in die Auseinandersetzung ein, mit dem Ziel, eine integrative oder synergetische Lösung zu erreichen. Folglich erfordert ein psychologisch korrekt gegebenes Feedback das Beherrschen psychotherapeutischer Gesprächsführungstools und systemischer Beobachtungsweise.

Zur Gesprächsführung zählen die altbekannten Schemata wie Ich-Botschaft, das aktive Zuhören, gelebte Empathie und das Vier-Seiten-Modell oder Vier-Ohren-Modell der Kommunikation von Schulz von Thun. Zudem gehört dazu das erwähnte Repertoire systemischen Fragens, das seinerseits in einem systemischen Verständnis von Persönlichkeit, Verhalten, Beziehungsdynamik verortet ist und folglich auch Macht und andere Strukturen von Beziehungen einschließt.

Resümee

In der personalen Systempsychologie erscheint die Persönlichkeit als Ergebnis des Zusammenwirkens von internen und externen Variablen, also persönlichen Dispositionen, Verhaltensweisen, sozialen Einflüssen und deren Wechselwirkung. Folgerichtig wird für Feedback das Spektrum systemischer Fragestellungen in unterschiedlicher Gewichtung bemüht. Sie werden bezogen auf mentale Faktoren (Glaubenssätze, Überzeugungen) und auf apersonale, aber personal wirksame Auswirkungen von anderen Systemvariablen und Korrelationen. An die Adresse von Konfliktkompetenz geht die Forderung, für die psychologische Dimension des Feedbacks offen und in der Lage zu sein, Feedback systempsychologisch anzuwenden. Idealiter initiieren die Kontrahenten via Feedback einen positiven, sich selbst verstärkenden Kreislauf, der Empathie, Perspektivenwechsel, wechselseitiges Verstehen und ermöglicht, für alle eine tragfähige Lösung zu finden.

Mit dem Feedbackappell wird gemeinhin eine affirmative Antwort verknüpft: Der Feedbackgeber erwartet, dass der Feedbacknehmer sich nach seinen Wünschen richtet. (Begründung: »Sonst müsste ich nichts sagen!«) In Vergessenheit geraten ist die Freiheit der Wahl, die ein Aphorismus wiedergibt, der dem Begründer der Gestaltpsychologie, Fritz Perls, zugeschrieben wird: »Ich danke dir für dein Feedback. Ich werde es mir überlegen. Aber ich bin nicht auf der Welt, um so zu sein, wie du mich haben willst.«

In dem Aphorismus steckt ein libertinäres Moment autonomer Wahlfreiheit, das nicht Anpassung, sondern die Möglichkeit der Anpassung ins Zentrum rückt. Das Freiheitsmoment verschwindet im psychologisierten Verständnis konstruktiven Konfliktverhaltens fast völlig. Das Diktum provoziert Konflikte. Denn die implizite Annahme, auf Feedbackgeben folge ein verändertes Verhalten auf dem Fuße, wird enttäuscht, wenn Alter Ego von dieser Erwartung abweicht. Der Feedbacknehmer seinerseits gerät unter Rechtfertigungsdruck. Er steht unter Legitimationszwang, wenn er nicht so werden will, wie Alter Ego ihn haben will.

Systempsychologisch werden grundsätzlich alle Beteiligten aufgefordert, systemisch zu denken und handeln. Traktate zu Konfliktkompetenz adressieren dennoch vor allen anderen Führungspersonen, Moderatoren und Mediatoren. Dies ist eine Konzession der personalen Systemtheorie an die Praxis. Sie hebt das Relationale, das »Zwischen«, ferner Dynamik, Interdependenz, Interventionen in der relationalen Dynamik hervor und holt gleichzeitig die Person, auf die attribuiert werden kann, in das Konfliktsystem hinein (zurück). Für das Behandeln von Konflikten bedeutet dies – wie gezeigt – funktional-systemische mit personal-systemischen Betrachtungsweisen zu kombinieren.

Modelle und Konzepte im praktischen Umgehen mit Konflikten

- Person im Fokus
- Dyade im Fokus
- Gruppe im Fokus

↗ 03

Dieser Teil widmet sich drei entscheidenden Perspektiven, die man als Quellen von Konflikten bezeichnen kann: der Person und damit inneren oder intrapersonellen Konflikten, der Interaktion oder dialogischen Situation und damit interpersonellen Konflikten und der sozialen, meist mit Gruppen assoziierten Situation und damit sozialen Konflikten, an denen mindestens drei Akteure oder Parteien beteiligt sind.

In jedem dieser Kapitel stelle ich jene Konzepte und Modelle vor, die sich besonders im Konfliktfall eignen. Das gilt für das Verständnis, was unter diesen Konfliktkategorien zu verstehen ist, ebenso wie für die Frage nach Herkunft, Eskalation, Diagnose und Behandlung.

Die Unterscheidungen sind insofern analytisch, als sich das Erleben dieser Konfliktarten empirisch oft überlappt. Etwa berührt ein intrapersoneller Konflikt häufig das interpersonelle Zusammenwirken, denn innere Konflikte belasten und machen beispielsweise reizbar. Oder soziale Konflikte: Ein Streit in der Gruppe berührt auch das personale Empfinden und kann sich als intrapersoneller Konflikt fortpflanzen. Dennoch ist es zum Verständnis und im Namen der Konfliktkompetenz sinnvoll, die Differenzierungen vorzunehmen, weil sie den Schwerpunkt der Diagnose und Handhabung eines Konflikts verlagern und damit dabei helfen, zielgerichtet zu intervenieren, um Handlungsfähigkeit (wieder) herzustellen.

Person im Fokus

Jeder Konflikt, an dem ein Mensch beteiligt oder von dem er betroffen ist, findet einen Widerhall innerhalb der Person. Selbst dann, wenn sich der Dissens um sachliche Fragen dreht, erfahren Menschen einen Konflikt primär als eine Gefühlsreaktion, die zumindest darauf hinweist, dass »irgendetwas« nicht stimmt, meist begleitet von Unwohlsein, einem »mulmigen« Gefühl.

Um die persönliche Konfliktfähigkeit steigern zu können, ist es zielführend, zu verstehen, welche Faktoren typischerweise eine Rolle spielen, damit ein innerer Konflikt entsteht, wie er hergeleitet und damit nachvollziehbar gemacht werden kann, woran Eskalation erkennbar ist und welche Behandlungsoptionen besonders geeignet sind, um den inneren Frieden wieder zu gewinnen. Dies sind die die folgenden Ausführungen leitenden Fragen.

Woran sind innere Konflikte zu erkennen?

Das Bonmot von Goethes Faust verdeutlicht das Erleben innerer Konflikte: Mindestens zwei Seelen streiten sich in einer Brust. Mit der Idee der multiplen Persönlichkeit, der Teilpersönlichkeiten oder Ich-Zustände oder des Modells des inneren Teams kann man auch sagen: Unterschiedliche Iche oder Stimmen drängen die Person in unterschiedliche, manchmal divergente Richtungen, die sie zeitgleich einschlagen möchte, obgleich eben dies unmöglich ist. Zum Beispiel: die Torte jetzt verspeisen – und sie nicht essen; der Kollegin den Tratsch über sie mitteilen – und darüber schweigen; dem Versetzungsgesuch folgen – und es ablehnen.

Besonders vertraut sind ethisch begründete Konflikte, oft Gewissenskonflikte genannt.

Ethischer Konflikt

Beispielsweise hadert die Teamleiterin damit, ihr Team um einen strikt religiösen Mitarbeiter zu bereichern, weil sie befürchtet, dass dieser Aspekt in der Zusammenarbeit einen zu hohen Stellenwert erhalten könnte, sobald Anforderungen an ihn gestellt werden, die für ihn aus religiösen Gründen nicht möglich sind – und sich dies als Konfliktquelle ins Team fortpflanzt. Gleichzeitig ist sie davon überzeugt, dass Menschen auch dann kooperieren können, wenn sie verschiedenen Kulturen zugehören und Traditionen verfolgen.

Gewissenskonflikte sind wie alle Konflikte, die sich um Werte und Normen drehen, schwer entscheidbar, da sie innere Ambivalenz schüren. Häufig empfinden Menschen Entscheidungen, die sie fällen, als ein Versagen vor eigenen normativen Ansprüchen oder denen der bedeutsamen sozialen Umwelt. Das nagt am Selbstbild und Selbstwertgefühl. Hierin liegt eine entscheidende Quelle für die innere Konfliktentstehung.

Die Formel, die interpersonelle und soziale Konflikte im Kern definiert, trifft auch auf den inneren Konflikt zu. Dieser entsteht dann,

- wenn mindestens zwei innere Stimmen, Interessen, Bedürfnisse, Einstellungen, sich zur selben Zeit Gehör und Realität verschaffen wollen,
- jedoch von »der Stimme der Vernunft« oder dem Realitätssinn als zeitgleich unvereinbar beurteilt werden,
- da die Verwirklichung der einen Stimme dem Geheiß der anderen Stimme widerspricht oder sie beeinträchtigt,
- und wenn die Person der Auffassung ist, dass die Logik des Entweder–Oder gilt, also das Ausschlussprinzip. Denn dann kommt weder ein Sowohl-als-Auch noch ein Gar-Nicht infrage.

Je stärker dieser Zwist Selbstwertgefühl, Wohlbefinden, Souveränität unangenehm berührt, desto dringlicher wird eine Klärung und Lösung angestrebt. Diese Anmerkungen verdeutlichen bereits, woran innere Konflikte erkennbar sind.

Intrapsychische Konflikte lassen den Betroffenen ins Schlingern geraten. Er fühlt sich aus dem Gleichgewicht geworfen und verunsichert. Die Störung des Normalbefindens bestürzt, schreckt auf, irritiert. Gefühle der Anspannung und Disstress machen sich breit, häufig zunächst körperlich. Diese psycho-physische oder psychosomatische Äußerungsweise drückt sich in Redewendungen aus wie: »Die Nerven sind zum Zerreißen gespannt.«

Innere Konflikte können Menschen besetzen. Je existenzieller die Konfliktfrage anmutet, desto eher fahren sie mit Gefühlen und Gedanken Karussell. Die widerstreitenden Stimmen lassen Betroffene nicht zur Ruhe kommen, und das Abschalten fällt schwer. Der Konflikt führt Regie. Je weniger Betroffene bestimmen können, wann sie sich ihm widmen und je weniger sie seinen Lauf steuern können, desto mehr beherrscht er sie und nicht die Betroffenen ihn (Glasl 1998, S. 29 ff.)

Dieser Herrschaftsverlust und damit das Ausmaß an Dominanz wachsen mit der Bedeutung, die ein Mensch der Konfliktfrage beimisst. Grundsätzlich sind Gefühle der Unsicherheit, Anspannung, Zerrissenheit und Belastung untrügliche Kennzeichen eines seelischen Konflikts. Der Betroffene ringt um Präferenzbildung, um eindeutige Plädoyers für die eine oder andere Seite. Er empfindet also Entscheidungsdruck, in der Hoffnung, eine Entscheidung setze dem Konflikt ein Ende. Während dieses Prozesses springen Betroffene in ihrem inneren Monolog oder in der Kontroverse charakteristischerweise hin und her: Einmal sprechen mehr Gefühle und/oder Argumente für die eine, dann wieder für die andere Seite, einmal malen sie die möglichen Folgen bezüglich der einen Richtung in rosaroten Farben aus – und Augenblicke später versetzt sie die Vision, die sie mit der gegensätzlichen Richtung verbinden, in euphorische Stimmung. Ambivalenz ist also ein weiteres Charakteristikum für intrapersonale Konflikte.

Analog zur Frage, welche Ziele eine Person mit ihren Aktionen verfolgt, kann es hilfreich sein, sich zu fragen, welche Ziele oder Richtungen die divergenten Stimmen einschlagen und um was es ihnen geht: sich an etwas annähern oder nicht, etwas zu vermeiden oder nicht oder beides, sich annähern und vermeiden.

Die dreiteilige Typologie innerer Konflikte von Kurt Lewin gehört zum Kanon des Wissens über Konflikte und schält heraus, unter welchen Bedingungen sich Menschen innerlich zerrissen fühlen. Er unterteilt in:

- Annäherungs-Annäherungs-Konflikt
- Annäherungs-Vermeidungs-Konflikt
- Vermeidungs-Vermeidungs-Konflikt

Annäherungs-Annäherungs-Konflikt: Zum Einstieg ein Beispiel.

Eine komfortable Konfliktlage?

Ein Klient, Mitglied der Geschäftsführung eines KMUs, erhält über einen Headhunter ein unglaublich attraktives Angebot: Er könne im Ausland X eine Zweigstelle in Alleinverantwortung leiten, ausgestattet mit weitestreichenden Kompetenzen und gleichzeitig mit voller Rückendeckung des Mutterhauses. Das Projekt sei nachhaltig angelegt, sodass es auf schnelle Erfolge nicht ankomme.

Der Manager ist entzückt. Denn erstens berührt die Möglichkeit, gerade nach X zu gehen, einen lange gehegten Wunsch. Zweitens reizt ihn, in alleiniger Gesamtverantwortung agieren zu können, was er als Krönung seines Berufslebens einstuft. Drittens kennt er die Mutterfirma und weiß, dass er sich auf das Nachhaltigkeitsversprechen verlassen kann. Er ist euphorisch und voller Elan und fantasiert sich bereits nach X. Sein Entschluss steht bereits fest, bevor er sich mit dem Headhunter zu einem vertiefenden Interview trifft.

Jedoch: Vor dieser Verabredung teilt ihm einer seiner zwei Kollegen aus der Geschäftsführung mit, dass er binnen weniger Monate aus dem Unternehmen ausscheiden und der gemeinsame Kollege die Position des CIO besetzen möchte, sodass er, bisher nur Mitglied der Geschäftsführung, alleiniger Geschäftsführer werden könne. Dem Manager wird fast schwindelig. »Oh nein!«, ruft es in ihm aus. Denn seit gut zwei Jahren besprachen die drei Kollegen immer wieder die missliche Situation, gemäß der funktionalen Differenzierung zu dritt zu sein, aber leider ohne einen über ihnen stehenden Entscheider, der bei Dissens schlicht das Machtwort spricht.

Der Manager ist seit vielen Jahren in diesem Unternehmen, dem er seinen Aufstieg vom Trainee bis in die Geschäftsführung ebenso zu verdanken hat wie Erfahrungen auf dem internationalen Parkett. Er mag dieses Unternehmen, fühlt sich dort heimisch und respektiert. Ohne das verlockende Angebot des Headhunters hätte er sofort sein Einverständnis erklärt, die Gesamtgeschäftsführung zu übernehmen. Doch jetzt sitzt er in der Klemme – wenn auch in einer außergewöhnlich komfortablen. Denn er muss sich »nur« zwischen zwei sehr positiv besetzten Optionen entscheiden.

Diese Konstellation bezeichnet Kurt Lewin als Annäherungs-Annäherungs-Konflikt (Appetenz-Appetenz): Der Konflikteigner muss zwischen (mindestens) zwei Zielen, Interessen und so weiter entscheiden, die er für gleichermaßen wertvoll und erstrebenswert hält, die sich aber nicht gleichzeitig realisieren lassen. Die Entscheidung für eine Möglichkeit entspricht folglich dem Verzicht auf das andere. Die Furcht, die »falsche« Entscheidung zu treffen, erhöht die Anspannung, die noch einmal anwächst, wenn der Konflikteigner glaubt, beide Angebote seien einmalig und kehrten gewiss nie wieder.

Übung: Innerer Konflikt, Variante 1

Überlegen Sie bitte, mittels welcher Fragen und Interventionsarten (beispielsweise Bewegen, Darstellen, Malen, heißer Stuhl, inneres Team) Sie mit dem Beispielklienten den inneren Konflikt bearbeiten würden.

_____

_____

_____

_____

_____

_____

_____

_____

Annäherungs-Vermeidungs-Konflikt: Spinnen wir dieses Beispiel weiter.

Entscheiden ohne Reue

Der Manager steht vor der Entscheidung, in der Firma zu bleiben und als alleiniger Geschäftsführer aufzusteigen oder dem Lockruf des neuen Unternehmens zu folgen und ins Ausland X zu gehen. Beide Perspektiven lassen das Herz des Managers rascher schlagen. Denn beides ist für ihn äußerst attraktiv. Fantasiereisen in die eine und die andere Welt erzeugen in ihm jedes Mal die Lust, beides tun zu wollen.

Da dies unmöglich ist, beginnt er, sich auszumalen, welche Konsequenzen welche Entscheidung mit welcher Wahrscheinlichkeit nach sich zöge. Da er bestrebt ist, die für ihn richtige und folglich im Nachhinein mit wenig oder keiner Reue verbundene Option zu wählen, kreist die innere Diskussion um Vor- und Nachteile, Chancen und Risiken, um begründete Erwartungen und Wünsche, die er mit den Möglichkeiten verbindet. Die Überlegungen schließen auch seine private Situation mit ein.

Strukturell gesehen, richten sich diese Überlegungen und die mit ihnen verschlungenen Emotionen auf Zukünftiges. Er kann folglich nicht wissen, sondern nur aus Erfahrungen und Kenntnissen begründetermaßen vermuten. Es gibt keine garantierte zukünftige Laufbahn.

Beides – das gleichzeitig Erstrebenswerte und das Ungewisse – sind Quellen dieses inneren Konflikts und machen die Wahl zur Qual. Nach einer Phase innerer Konfusion wägt der Manager, nun inhaltlich oder substanziell, systematisch ab.

NLP, Kurzzeittherapie und andere humanistische Psychologiemodelle arbeiten an dieser Stelle gern mit Imaginations-, Fantasie- oder Zukunftsreisen. Das Abwägen bezieht nicht nur sachliche Argumente ein, sondern auch emotionale (Sehnsüchte, Ängste, Befürchtungen), funktionale oder zweckorientierte (Was bringt es mir, wenn …?).

Das Auffächern, Sortieren und Gewichten der einzelnen Aspekte lässt den Manager zunächst erkennen, dass das den Konflikt initiierende Momentum in seiner Befürchtung liegt, sich durch einen Verzicht in jedem Fall (neben Vorteilen) auch Nachteile einzuhandeln. Diesen Nachteilen und Risiken geht er gründlich nach. Dies markiert einen Wendepunkt in seinem Konflikterleben. Die vormals luxuriös anmutende Konfliktkonstellation mutiert in einen ernsthaften Konflikt, der kein Augenzwinkern nach dem Motto »Ich habe es gut, ich kann zwischen zwei so tollen Optionen wählen!« mehr zulässt. Die Furcht, etwas Falsches zu entscheiden, wiegt nun schwer. Denn diese Befürchtung läuft Hand in Hand mit einer unumkehrbaren Weichenstellung für die Zukunft.

Diese Situation nennt Kurt Lewin Annäherungs-Vermeidungs-Konflikt. Der Annäherungs-Vermeidungs-Konflikt zeichnet sich dadurch aus, dass eine Person vor einer Entscheidung steht, die sowohl Angenehmes und Wertvolles als auch Unangenehmes und Unerstrebtes bringen kann. Sie befürchtet, sich durch ein klares Votum unrevidierbare Nachteile einzuhandeln beziehungsweise Chancen für immer zu vergeben oder Türen für immer zu verschließen.

Übung: Innerer Konflikt, Variante 2

Überlegen Sie bitte auch hier, mithilfe welcher Fragestellungen und Interventionsoptionen Sie den Manager dabei unterstützen können, die Struktur und Dynamik des Konflikts zu vestehen und ihn konstruktiv und folglich so behandeln, dass er Orientierung gewinnt und eine tragfähige Entscheidung treffen kann.

_____

_____

_____

_____

_____

_____

_____

Vermeidungs-Vermeidungs-Konflikt: Verfolgen wir dieses Beispiel weiter.

Das kleinere Übel

Angenommen, der Manager entscheidet sich schlussendlich dafür, ins Ausland X zu gehen. Nach gut acht Wochen des Zuhörens, Einarbeitens, der Kommunikation und Beobachtung findet er sich in folgender Situation: Er würde Frau F. gern aus dem Team heraus zur Leiterin machen. Aber er zögert. Denn einerseits möchte er ihr diese Entwicklungschance geben und den jetzigen Leiter andernorts einsetzen, wo dieser sehr effektiv sein könnte. Andererseits würde eine Beförderung von Frau F. bedeuten, dass das Team eine exzellente Expertin im operativen Geschäft verliert. Zudem gibt es Neider, die ihr das Leben erschweren würden, was wiederum negative Auswirkungen auf ihre Performance und die des Teams hätte.

Was tun? Befördern und Negativa hinnehmen in einer geschäftlich äußerst angespannten und auf hervorragende Leistung angewiesenen Zeit? Oder nicht oder später befördern, damit jedoch das Risiko eingehen, Frau F. und den jetzigen Stelleninhaber zu frustrieren und Gefahr zu laufen, dass einer von beiden oder beide innerlich oder faktisch kündigen? Befördern – nicht befördern: Beide Optionen sind mit Unbehagen verknüpft.

Nach Kurt Lewin befindet sich der Manager in der Zwickmühle eines Vermeidungs-Vermeidungs-Konflikts: Er würde am liebsten weder das eine noch das andere oder etwas ganz anderes tun. Den Vermeidungs-Vermeidungs-Konflikt erkennt man daran, dass er eine Entscheidung verlangt zwischen Möglichkeiten, die der Betroffene gleichermaßen als unattraktiv bis unangenehm einschätzt. Das Dilemmatische und Konfliktbehaftete entzündet sich daran, dass es scheint, als beste Lösung nur das kleinere Übel wählen zu können und keine andere Alternative zu haben.

Übung: Innerer Konflikt, Variante 3

Notieren Sie nun, welche Fragen und Interventionsarten Sie in der Arbeit mit dem Manager vorschlagen. Verbinden Sie jeden Vorschlag mit dem Ziel, das Sie in dieser Kooperation verfolgen.

_____

_____

_____

_____

_____

_____

_____

Woher kommen innere Konflikte?

Der im zweiten Teil dieses Buches gegebene Überblick beziehungsweise Einblick in die verschiedenen psychologischen Ansätze legt offen, dass es unterschiedliche Antworten auf die Frage nach der Herkunft intrapsychischer Konflikte gibt. Die folgenden Erläuterungen nehmen das bisher Dargestellte knapp auf und vertiefen den einen oder anderen Aspekt, der für die Antwort auf die Frage nach der Herkunft besonders ergiebig ist.

Zur Erinnerung: Nach Sigmund Freud offenbaren sich in Lebensäußerungen unterdrückte Wünsche und unbewusste Konflikte. Psychische Vorgänge bewegen sich im Spannungsfeld von Sexualtrieb oder Libido, dem Streben nach sinnlicher Lust (Lustprinzip) und den Ich-Trieben, dem Streben nach Selbsterhaltung (Realitätsprinzip). Zwischen Lust- und Realitätsprinzip gibt es Konflikte, wenn die Libido die Person zu anderem Handeln motivieren will, als es das Realitätsprinzip für sinnvoll erachtet.

Dies führt zum Strukturmodell der Persönlichkeit: den Instanzen Es, Ich und Über-Ich. Das Denkmodell gliedert Aufbau und motivationale Dispositionen in Bewusstseinssysteme.

- **Es:** Das Es beherbergt das primäre triebhafte Luststreben und steuert jene Verhaltensweisen, von denen wir sagen: sie kommen aus dem Bauch heraus. Das Es überlegt nicht, sondern übersetzt Triebimpulse sofort in Handlungen.
- **Über-Ich:** Das Über-Ich fungiert als eine Art Gewissen, bewertet und beurteilt im semantischen Rahmen verinnerlichter Normen und Werte. Daher definiert es, was eine Person soll und nicht soll, darf und nicht darf. Das Über-Ich legt normative Messlatten.
- **Ich:** Zwischen dem nach Lust strebenden Es und dem normativ geleiteten und pflichtbewussten Über-Ich kommt es häufig zum Streit. Die Personinstanz Ich tritt vermittelnd auf. Dem Ich obliegt die Aufgabe, Trieb- oder Lustimpulse des Es in Verhalten zu überführen, das auch für das strenge Über-Ich akzeptabel ist. Solange es dem Ich gelingt, Triebe zu domestizieren und sie »gewissenhaft« zu befriedigen, und solange es ihm gelingt, den Aufforderungen des Über-Ichs in einer Weise nachzukommen, die auch Lustgewinn verheißt, vertragen sich Es und Über-Ich.

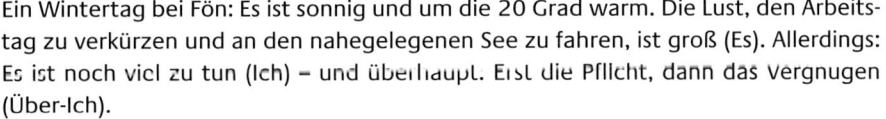

Stimmen von Es, Ich, Über-Ich

Ein Wintertag bei Fön: Es ist sonnig und um die 20 Grad warm. Die Lust, den Arbeitstag zu verkürzen und an den nahegelegenen See zu fahren, ist groß (Es). Allerdings: Es ist noch viel zu tun (Ich) – und überhaupt. Erst die Pflicht, dann das Vergnügen (Über-Ich).

Einige Wege der inneren Konfliktlösung können sein:

- Erstens: Das Es überredet das Über-Ich: An den See fahren bis 18:00 Uhr, dann wieder Pflicht.
- Zweitens: Das Über-Ich überredet das Es: Bis Mittag Pflicht, dann bis 18:00 Uhr See, dann wieder Pflicht.

Gelingt dieses Austarieren dem Ich nicht und die Verhandlung läuft auf eine Pattsituation hinaus, streiten die beiden Instanzen Es und Über-Ich um die Dominanz. In dem Beispiel könnte das Es die erste Variante und das Über-Ich die zweite Variante probieren. Beide sind uneinig. Das Es: »Nein, nein! Wer weiß, wie lange die Sonne scheint! Lieber gleich zum See fahren!« Das Über-Ich: »Wenn du erst am See bist, bekommt man dich vor dem Abend nicht weg von dort. Dann könnte es für die Pflichterfüllung zu spät sein. Also erst die Pflicht. Schnell daran und schnell davon.«

Der Ich-Instanz gelingt es hier nicht, eine Einigung herzustellen, sodass es zu einem inneren Konflikt kommt. Das Ich, das im Dienst des positiven Selbstwertgefühls steht, muss zwischen Es und Über-Ich vermitteln. Es steht in dem Kräftemessen nicht mittellos da. Es verfügt über Hilfsmittel, die Freud Abwehrmechanismen nennt. Insbesondere drei von ihnen spielen für das Entstehen innerer Konflikte eine wichtige Rolle:

- Projektion
- Verdrängung
- Sublimierung

Auf diese gehe ich nun kurz ein.

Projektion: Ein Abwehrmechanismus des in Bedrängnis geratenen Ichs ist die Projektion. Jene seelischen Regungen, die das Ich nicht akzeptiert, will es bei sich selbst nicht wahrnehmen, weil dies dem Selbstbild Schaden zufügen würde. Deshalb blendet es sie aus – und schreibt sie anderen Personen zu.

Verdrängung: Ein weiterer Abwehrmechanismus ist Verdrängung. Impulse aus dem Es, deren Befriedigung das Über-Ich verbietet, werden vom Ich in das Unterbewusste oder Unbewusste abgedrängt. Die verschmähten Impulse wirken aber noch, liegen auf der Lauer und müssen ständig in Schach gehalten werden, damit sie im Dunkeln bleiben. Sie halten die Person in einem permanenten Spannungszustand. Das Ich braucht Energie, um die Impulse im Verborgenen zu belassen. Sobald es aber schwächelt, etwa in Zeiten erhöhter Belastung, sehen die Es-Impulse ihre Stunde gekommen und drängen ins Bewusstsein zurück an die Oberfläche. Dies verunsichert (Angst vor …) oder stimmt gereizt (Aggression gegen …).

Sublimierung: Der dritte Abwehrmechanismus, der uns interessiert, ist die Sublimierung. Sozial nicht erwünschte beziehungsweise verachtete Motive oder Handlungen werden in sozial anerkannte Motive beziehungsweise Handlungen umgewandelt.

Auf die feine Art

Beispielsweise würde ich am liebsten meine Kollegin vor lauter Wut anschreien – tue dies aber nicht, sondern verberge meine Wut in zynischen, doppelbödigen oder betont höflichen Bemerkungen. Oder: Am liebsten würde ich aus Zorn meinen Kollegen kräftig durchschütteln – tue dies aber nicht, sondern gebe meinem Zorn darin Ausdruck, dass ich besonders häufig opponiere. Oder: Am liebsten würde ich aus Freude auf dem Bürotisch tanzen – unterlasse das aber und begnüge mich mit dem konventionellen Daumen hoch, lache besonders herzlich und witzle herum.

Alfred Adler: Individualpsychologie

Alfred Adler konzentriert sich auf psychische Prozesse, die ein gutes Selbstwertgefühl herstellen. Dazu gehören die bekannten Konzepte Minderwertigkeitsgefühl und Kompensation.

Adler nimmt an, dass psychische Vorgänge und Handlungen Ausdruck des Strebens nach Zugehörigkeit, Geltung, Macht sind: Wir wollen Einfluss nehmen, gestalten, auf andere und anderes einwirken. Er geht davon aus, dass es im Leben jedes Menschen Phasen und Bereiche gibt, in denen er sich im Vergleich zu anderen minderwertig fühlt und darunter leidet. Dieses Leidensdrucks wollen sich Menschen über den Mechanismus der Kompensation entledigen. Die Ursache, nämlich das Gefühl der Minderwertigkeit, auszugleichen, erfolgt prinzipiell auf zwei Wegen: durch das Erzielen von Überlegenheit und durch das Erzielen von Zugehörigkeit. Zu inneren Konflikten kommt es dann, wenn die Kompensation nicht gelingt und wir uns trotz Mühen minderwertig fühlen.

Zu viel des Guten

Beispielsweise möchte ein neues Teammitglied sich Gleichwertigkeit in der Gruppe erarbeiten und von ihr als zugehörig aufgenommen werden. Deshalb ist die Person bereit, in diesem Kreis die als exotisch geltenden Bedürfnisse und Eigenheiten zu unterdrücken und sozial erwünschte verstärkt anzunehmen und zu zeigen. Indem die Person ihr Verhalten vorzugsweise darauf abstellt, was sie vermutet, dass die Gruppe belohnt, gerät sie in den Modus der Überanpassung.

Überanpassung oder Überkompensation rekurrieren auf das Konventionelle, Normale, Verbreitete, Erwartete. Insofern üben die anderen die Deutungshoheit aus. Die obige Beispielperson überkompensiert ihr Defizit an Zugehörigkeit durch extreme Anstrengungen und Selbstvergessenheit. Das Minderwertigkeitsgefühl führt zudem zu sozialen Konflikten, wenn Überkompensierende in den Augen der anderen zu viel des Guten tun. Die Mitmenschen verstehen die Beweggründe nicht und urteilen abfällig.

Carl Gustav Jung: Analytische Psychologie

Carl Gustav Jung greift Freuds Begriff der Libido zwar auf, besetzt ihn aber mit einer anderen Bedeutung. Libido meint bei ihm allgemeine Lebensenergie, die sich gleichermaßen in der Suche nach Lust und Sinnhaftigkeit offenbart. Wie bei Freud und Adler ist es bei C. G. Jung das Unbewusste, das menschliches Streben und Handeln motiviert. Jung stellt das Streben nach Selbstentfaltung und Sinn in den Vordergrund.

Die Aufgabe des Menschen besteht darin, sich selbst zu verwirklichen und den Ausgleich zwischen Bewusstem und (individuellem und kollektivem) Unbewusstem zu finden. Dazu gehört, Einstellungen und psychische Funktionen auszubilden, die die Gesamtpersönlichkeit entwickeln. C. G. Jung nennt dies Individuation (Selbstwerdung).

Individuation: Innere Konflikte haben hier ihre Wurzel. Der Prozess der Individuation erleidet Störungen. Zum einen in der ersten Lebenshälfte, in der Menschen sich im Alltag zu bewähren suchen, durch den Widerstreit von Es, Ich und Über-Ich und das komplizierte Kompensieren des Minderwertigkeitsgefühls. Zum anderen dadurch, dass sie soziale Rollen zu erfüllen haben, die nicht immer im Einklang mit den persönlichen Präferenzen stehen und zu denen sie im Dienst der Selbstwerdung und des persönlichen Lebenssinns nicht aufgehen dürfen. Dies erfordert Abgrenzung, die mit inneren Konflikten einhergeht, sobald Menschen auf Widerstand oder Ablehnung stoßen.

> **Eigentlich wollte ich es anders**
>
> Als Beispiel kann die sogenannte Midlife-Crisis dienen, die bevorzugt in der zweiten Lebenshälfte auftritt. Wenn Menschen bemerken, dass sie weniger die Alltagsfragen als das Fragen nach dem »Wofür eigentlich?« beschäftigt, fragen sie nach Bedeutung und Sinn. Ein Topmanager im sechsten Lebensjahrzehnt sagte mir einmal, er habe den Eindruck, er habe sein Leben falsch gelebt und sei innerlich wie zerrissen. Dieser innere Konflikt, der ihn vor die Frage stellte »Was tue ich jetzt?«, ist ein besonders dramatischer.

Verhaltenspsychologien

Die Tiefenpsychologien fokussieren die unbewussten und bewussten Motive menschlichen Handelns. Sie wollen über Introspektion erklären, warum ein Mensch einen inneren Konflikt erlebt. Demgegenüber halten sich Verhaltenspsychologien und Verhaltenstheorien an das, was beobachtbar ist. Sie lenken den Blick auf das zielgerichtete Verhalten und halten nach Reizen Ausschau, die eine bestimmte Antwort (Reaktion) auslösen. Die Grundlogik aller Verhaltenstheorien nimmt eine Verbindung zwischen Reiz (Stimulus) und Reaktion (Response) an. Diese Verbindung kann direkt oder vermittelt sein. Direkt heißt: Eine Verbindung zwischen Reiz und Reaktion ist evident. Vermittelt bedeutet: Die Reize, die Verhalten auslösen, sind nicht eindeutig zu identifizieren.

In dieser basalen Variante verorten Verhaltenstheorien innere Konflikte in der Fülle und Unterschiedlichkeit von Reizen, die auf Menschen einströmen und sie gleichzeitig(!) zu verschiedenen, unvereinbaren Reaktionen anhalten. Die Entstehungsbedingungen innerer Konflikte liegen darin, dass gegensätzliche Reize gleichzeitig zu bestimmten – unvereinbaren – Reaktionen auffordern. Wer die Wahl hat, hat die Qual!

> **Entweder – oder**
>
> Beispielsweise stellen sich die Fragen:
> - Soll ich am Wochenende mein Büro aufräumen (weil das Chaos unübersehbar ist) oder ans Meer fahren (weil die Sonne vom blauen Himmel lacht)?
> - Soll ich direkt sagen, was ich vom Projektantrag halte (weil die vorliegenden Daten eine abschlägige Antwort prädestinieren), oder soll ich lieber im Strom der Meinungen der Kollegen mitschwimmen (weil sie mir anderes übel nähmen)?

Wie erwähnt, unterbricht die kognitive Wende die ursprünglich angenommene beobachtbare Kausalität von Reiz und Reaktion. Besonders konfliktreich sind Entscheidungssituationen. Menschen treffen Entscheidungen am laufenden Band. Die Notwendigkeit, sich für oder gegen etwas zu entschließen, gehört zum Leben. Unterschiedlich allerdings ist, wie intensiv die inneren Konflikte ausfallen, die Entscheidungen vorangehen. Entscheidungen sind Weggabelungen. Wir »scheiden« das Mögliche in ein »Jetzt« oder in ein »Nie« oder »Später vielleicht«. Entscheidungen bedeuten »Ja« für die eine und »Nein« für alle anderen Möglichkeiten. Deshalb fallen Menschen vor allem bedeutsame und zukunftsweisende Entscheidungen schwer, weil die meisten die Pfadabhängigkeit und Unumkehrbarkeit fürchten.

Die kognitive Wende in der Psychologie lenkte die Aufmerksamkeit zunehmend auch auf die wechselseitige Beeinflussung von Wahrnehmen, kognitiven Akten, Einstellung und Überzeugung. Trotz der Wiederholung sollen einige gerade für Konfliktdynamik bedeutsame Erkenntnisse hervorgehoben werden.

Selektive Wahrnehmung: Dass Wahrnehmen selektiv und fabrizierend ist, habe ich bereits ausgeführt. In den letzten Jahren wurde immer deutlicher, dass zum Beispiel auch körperliche Bedürfnisse, Temperaturempfindungen (Die Embodiment-Konzeption widmet sich diesem Zusammenhang explizit, s. »Neuere Realitäten und Sensibilitäten«, S. 237.), ferner Stimmung und Einstellung sowie Akzente in der Lebensführung, etwa Berufswahl, maßgeblich mitbestimmen, was Menschen wie und mit welcher emotionalen Färbung wahrnehmen.

Dazu einige Beispiele:

Der Zusammenhang von Wahrnehmen, Bedürfnissen, Erfahrungen und Handeln

Bedürfnisse: Stellen Sie sich vor, Sie sind verantwortlich für die internationalen Produktionsstätten Ihrer Firma. Sie kommen gerade aus den USA zurück, als Sie die Nachricht erreicht, dass Sie sofort(!) nach Japan reisen müssen, weil dort eine katastrophale Panne passiert ist. Völlig erschöpft kommen Sie in Tokio an. Und obwohl Sie wissen, dass Sie als Erstes zur Produktionsstätte fahren sollten, ertappen Sie sich – na, wobei? Dabei, dass Sie leider keine gute Verkehrsanbindung »finden« können. Stattdessen fallen Ihnen umso mehr Hotels auf. Den inneren Widerstreit zwischen Pflicht und Bedürfnis bemerken Sie entweder gar nicht oder ignorieren ihn.

Gestimmtheit und Einstellung: Wer verliebt ist, dem erscheint die Welt rosarot und Belastendes halb so schlimm. Gehören wir zur Spezies der Optimisten, nehmen wir Fehlschläge eher von der sportlichen Seite. Wer hungrig ist, hat für die architektonischen Finessen der Fassaden einer Stadt keinen Blick, sondern sieht vor allem Gasthäuser. Konfliktpotenzial realisiert sich, sobald das subjektive Erleben mit den Realitäten zusammenstößt (»Realitätsschock«), etwa die Desillusionierung des Verliebten, das tiefe Fallen bei einem Misserfolg, die Verachtung der Kollegenzunft, wenn der hungrige Architekt nur Restaurants benennen kann.

Akzente im Leben: Angenommen, ein Laien- und ein Profifotograf schauen sich gemeinsam die Urlaubsfotos des Laien an. Worauf wird der Laie besonderen Wert legen? – Sicherlich auf den Erlebniswert, den die Bilder symbolisieren. Der Profi wird die Fotos technisch beurteilen: Lichtverhältnisse, Proportionen, Schärfe der Einstellung und so weiter. Folge: Der Laie wird innerlich einen Konflikt spüren: Soll ich dem jetzt meine Fotos weiterzeigen oder nicht? Er wird enttäuscht und verletzt sein, weil er seine Geschichten, die zu den Bildern gehören, nicht erzählen kann. Der Profi wird sich vielleicht fragen, ob es die Zeit wert sei, diese miserablen Aufnahmen anzuschauen. Vor- oder Lernerfahrungen justieren also ebenso das Wahrnehmen.

Subjektive Wahrnehmung: Bereits diese Gesetzmäßigkeiten der Wahrnehmung verdeutlichen, dass Wahrnehmen nicht nur ein Resultat von Reizstruktur und Sinnesorganen ist, sondern mit persönlichen Dispositionen, Erfahrungen und motivationalen Zuständen sowie aktuellen Kontextfaktoren zu tun hat. Wahrnehmungsresultate sind insofern subjektiv. Zu inneren Konflikten kommt es, wenn mindestens zwei Wahrnehmungen, die für unser Handeln oder Wohlbefinden relevant sind, einander widersprechen.

Kognitive Orientierung: Wahrnehmen, Deuten und Benennen des Wahrgenommenen erfordert Kognition. Der Ausdruck Kognition beinhaltet die Prozesse: Wahrnehmen und Erkennen, Denken und Urteilen, Vorstellen und Erfassen sowie Lernen. Außerdem bezeichnet er erlangtes Wissen und Erfahrungen.

Von kognitiver Orientierung sprechen Fachleute, wenn kognitive Elemente das Verhalten steuern und nicht Gefühle. Kognitiv orientierte Menschen richten sich primär nach dem, was ihnen ihre Kognitionen – man kann auch sagen: ihre Vernunft – vorgeben. Jeder Mensch entwickelt bevorzugte kognitive Stile.

Denkstruktur bahnt Handeln

Beispielsweise gibt es Personen, die am Konkreten und Praktischen haften und typischerweise in Kategorien von Beispielen, Erlebnissen und eigener Betroffenheit denken (fachlich: feldabhängig denken), während andere vom Konkreten abstrahieren und vor allem theoretisch an etwas herangehen (feldunabhängig).
Oder denken Sie an Personen, die typischerweise reflektieren, bevor sie handeln. Andere dagegen reagieren impulsiv. Oder stellen Sie sich eine Diskussion zwischen einer Person vor, die vor allem nach Gleichheiten, Ähnlichkeiten, Gemeinsamkeiten sucht, und einer Person, die stark pointiert, also das Einzigartige, das Auffällige, das Unterscheidende betont.

Das heißt: Die Struktur der kognitiven Orientierung bestimmt die zielgerichtete Handlungsabsicht (Zielvorstellung) und gibt das Handlungsschema vor. Wenn eine Person also den kognitiven Stil »konkret« verfolgt, wird sie nach Beispielen und Möglichkeiten der Umsetzung ihrer Idee Ausschau halten.

Innere Konflikte entstehen auf der Stilebene folglich, sobald gleichzeitig unverträgliche kognitve Stile miteinander ringen. Das äußert sich beispielsweise in Fragen wie: Soll ich konkret an das Problem herangehen oder die grundsätzlichen Optionen (also theoretisch) abklären? Soll ich induktiv (vom konkreten Einzelpunkt) ausgehen oder deduktiv (vom Allgemeinen auf das Konkrete) ableiten?

Ferner kommt es zu Konflikten, wenn unterschiedliche Handlungspläne rivalisieren, die für dasselbe Ziel infrage kommen. Sie wurzeln darin, dass der Betroffene unvereinbare »Wege nach Rom« einschlagen kann, aber nicht gleichzeitig.

Kognitive Dissonanz: In all diesen Varianten konfligieren mindestens zwei Kognitionen, weil sie sich gegenseitig stören. Dies führt uns zu einem weiteren Konzept, das in Konfliktsituationen maßgebliche Auswirkungen hat: das Konzept der kognitiven Dissonanz.

Sich auf eine Seite schlagen

Ein Beispiel: Einem jungen Absolventen der Volkswirtschaft steht das erste Bewerbungsgespräch in Kürze bevor. Während des Studiums war er in einer Gruppe aktiv, die sich grundlegend kritisch mit dem Finanz- und Wirtschaftssystem auseinandersetzt und nach möglichen Alternativen sucht. Etwa eine Alternative zur Globalisierung, die in der Gruppe als moderne Version von Kulturimperialismus und Ausbeutung verstanden wird. Das äußere Erscheinungsbild des jungen Volkswirtschaftlers charakterisiert ihn zudem als Anhänger des einfachen Lebens. Da er der Auffassung ist, dass er mit seiner Ausbildung am besten für die Rettung der Welt wirken kann, wenn er als Sprungbrett ein international tätiges einflussreiches Unternehmen nutzt, bewarb er sich unter anderem bei einer Bank. Diese lädt ihn nun zu einem Vorstellungsgespräch ein.

Mit ungutem Gefühl und zugleich Hoffnung und ein wenig Stolz (ein innerer Konflikt bahnt sich bereits an!) ringt er sich ein Outfit ab, das eine Art Kompromiss ist zwischen seinen Einstellungen und denen, die er bei den Bankern vermutet. Also raus aus den Jeans und hinein in den Anzug, wenn auch nicht mit Krawatte, sondern mit einer Fliege. (Das empfindet er noch als verkraftbar.) Zusätzlich macht er sich in seiner Vorbereitung auf das Gespräch einige weitere, für ihn sehr bedeutsame Änderungsnötigkeiten klar. In puncto Habitus bedeutet das: weg vom intelligenten, aber unverbindlichen Theoretisieren, hinein in pragmatische Gefilde und faktische Verantwortung. (Hier regt sich seine Revoluzzerstimme: Ohne Theorie und Diskussion geht es aber nicht! Vielleicht kann ich eine Theoriegruppe gründen, die praktischen Absichten eine solide Grundlage gibt und systemisch und systematisch die Praxis beeinflusst!) In puncto Einstellung ergibt sich: weg vom Gerechtigkeit suchenden und Armut bekämpfenden Ideologen, hin zum loyalen, die Interessen der Bank vertretenden Funktionsträger. (Ach du meine Güte! Das wird der schwerste Brocken. Aber vielleicht sind auch die Banker nach dem Crasch 2007 keine Hohlköpfe und Bremser mehr und für Gerechtigkeitsfragen offen. Immerhin gibt es ja die Corporate Social Responsibility und Ähnliches.)

Im jungen Anwärter kreist ein schier unendliches Streitgespräch. Es geht hin und her, zumal er die Position als Trainee durchaus verlockend findet. In seinem Inneren fechten entgegengesetzte Kognitionen und Gefühle (Einstellungen, Normen und Werte, Lebensstilvorstellungen und Lebensvisionen) gegeneinander. Kurz: Die kognitive Dissonanz ist dramatisch und wird – wie in der Regel – als unangenehm erlebt.

Kognitive Dissonanzen erzeugen Spannung und einen Druck, sich ihrer zu entledigen, die Unverträglichkeit von Einstellungen zu beseitigen. Der Disstress mündet in Bemühungen, innere Harmonie und Gleichgewicht wieder zu erlangen – und diese Bemühungen enden normalerweise darin, dass sich der Betroffene für eine der Stimmen und Voten entscheidet und die anderen mindestens ignoriert, wenn nicht gar negativ bewertet.

Einstellungen sind Grundorientierungen: Die Einstellungsforschung hebt hervor, dass Einstellungen Grundorientierungen eines Menschen sind. Folglich sind sie mit seiner Identität und seinem Selbstwertgefühl verflochten und daher eher veränderungsresistent. Zumindest braucht es erhebliche Anstrengungen für einen Wandel. Einstellungen ähneln Markierungen, denen ein Mensch – oft unbewusst – folgt. Sie bahnen, justieren, prädeterminieren. Einstellungen bezeichnen charakteristischerweise relativ dauerhafte Handlungstendenzen. Aufgrund der Verwobenheit mit normativen, affektiven und emotionalen Aspekten erweisen sich Einstellungen als widerstandsfähig gegen Veränderungen.

Bezogen auf das Beispiel mit dem jungen Volkswirtschaftler bedeutet das: Der Kandidat vertritt bestimmte Haltungen oder Grundeinstellungen, die sich aus seinen Wertorientierungen und damit aus dem speisen, was er für gut und richtig, für erstrebenswert und wertvoll hält. Seine Einstellungen definieren, was er schwerpunktmäßig wahrnimmt und wie er urteilt. Beispielsweise verknüpft er Bankenaktivitäten spontan und intuitiv mit Ausbeutung Mittelloser sowie mit Skrupellosigkeit, mit der durch Finanztransaktionen Einzelne wie Nationen beschädigt werden. Der Effekt dieser Einstellungen erschwert es ihm, mental, emotional und moralisch im Sinne eines persönlichen Arrangements flexibel zu reagieren, weil er eine Tätigkeit als Angestellter der Bank mit all diesen moralisch verwerflichen Absichten und Handlungen verknüpft. Eine für ihn akzeptable Lösung könnte darin bestehen, in einer Ökobank zu arbeiten.

Einstellungen prädestinieren als Grundorientierungen oder Glaubensüberzeugungen individuelle Wahrnehmung und Reaktionsbereitschaft. Sie machen damit das eine wahrscheinlich (für den Absolventen idealerweise das Arbeiten für eine Ökobank) und das andere unwahrscheinlich bis unmöglich (beispielsweise das Arbeiten in einer normalen Bank oder an der Börse).

Die bisherigen Ausführungen zu Genese und Erscheinen innerer Konflikte geben bereits etliche Hinweise auf die Frage nach den Faktoren, die intrapsychische Konflikte eskalieren lassen. Im Folgenden bringe ich nun noch einige weitere Ergänzungen dazu.

Sobald ein Mensch genötigt ist, zwischen widerstreitenden und zeitgleich unrealisierbaren Optionen zu entscheiden, bahnt sich ein innerer Konflikt an. Innere Konflikte konstruktiv zu lösen erfordert, Entscheidungen zu treffen, die persönlich stimmig sind. Dies zu leisten, wird durch Folgendes erschwert:

- Die Handlungsmöglichkeiten sind mit Einstellungen und damit mit Werten und Gefühlen verflochten.
- Selektives Wahrnehmen, kognitive und emotionale Dissonanz führen dazu, dass Menschen Betrachtungsweisen vereinseitigen und folglich Teile der Wirklichkeit reframen oder ausblenden. Die Folge ist, dass das Bild der Realität lückenhafter und parteilicher wird, und das Risiko wächst, eine »falsche« Entscheidung zu fällen,
- Eine getroffene Entscheidung geht in vielen Fällen einher mit der Befürchtung, ihre Wirkungen nicht mehr rückgängig machen zu können. Dies gießt Benzin in das Feuer des inneren Konflikts, weil Betroffene dann immer gleichzeitig vorwegnehmen, dass dass sie ihre Entscheidungen bereuen könnten. Dieser Reuefaktor erschwert es zusätzlich, eine Entscheidung zu treffen.

Diese Prozesse bergen das Risiko der Eskalation, die – wie gezeigt – auch mit der Typologie von Kurt Lewin formuliert werden kann (s. S. 132 ff.). So kann ein Annäherungs-Annäherungs-Konflikt in einen Annäherungs-Vermeidungs-Konflikt umschlagen, sobald sich in die Chancen, die mit der Entscheidung verbunden werden, zunehmend Ereignisse oder Entwicklungen mischen, die es zu vermeiden gilt.

Dieser Wendepunkt wird in vielen Fällen als Eskalation empfunden, denn die Furcht vor Folgen gemäß einer Entscheidung nimmt zu und verunsichert. Das Bestreben, die optimale Entscheidung zu treffen, um spätere Reue möglichst klein zu halten, geht über in Irritation und Ambivalenzgefühle. Das luxuriöse »Sowohl-als-Auch« mutiert in ein flackerndes »Ich-weiß-nicht-Recht«. Die darin offenbarte Unsicherheit kann bis hin zur Handlungsunfähigkeit führen. Sie resultiert schließlich in einem »Weder–Noch«, und alle Chancen sind vertan. Damit wäre die letzte Eskalationsstufe der inneren Konfliktdynamik erreicht.

Essenzielle Aspekte, die innere Konflikte entstehen lassen, treiben die Eskalation des Konfliktempfindens voran:

- beispielsweise wenn die Verwirklichung unbewusster Motive oder bewusster Bedürfnisse erschwert, beeinträchtigt oder verhindert wird (Lust- versus Realitätsprinzip)
- wenn Gefühle von Defiziten (Minderwertigkeitsgefühle) Handlungstendenzen abfordern, die auseinanderstreben und einen Menschen emotional in Bedrängnis bringen, weil er beispielsweise das, was er »eigentlich am liebsten« täte, unterdrückt
- wenn verschiedene Reize (Wahrnehmungen) zu divergenten Handlungen auffordern, die nicht gleichzeitig realisierbar sind
- wenn eine Person etwas aus ihr selbst oder von außen kommend wahrnimmt, das ihr Selbstbild und Selbstwertgefühl bedroht
- wenn unterschiedliche Stimmen mit unterschiedlichen Handlungsplänen gegeneinander kämpfen

Deutlich wurde ferner, dass die innere Spannung, Gespaltenheit und der damit verbundene Leidens- und Handlungsdruck sich (annähernd) proportional zur Wichtigkeit des Konflikts beziehungsweise der anfälligen Entscheidungen verhält. Je bedeutsamer ein Konflikt subjektiv ist, desto stärker stört er das Harmoniebedürfnis und desto stärker fühlen wir uns in unserem Selbstbild und seelischen Gleichgewicht beschädigt. Somit fallen die Bemühungen zunehmend engagierter aus, den Konflikt zu lösen.

Eskalationsprozesse äußern sich psychosomatisch – sowohl in der geistig-seelischen Dimension als auch physiologisch. Metaphern und Analogien wie »bebend vor Zorn«, »rot vor Wut«, »blass vor Angst« verdeutlichen dieses ganzheitliche Er- und Durchleben.

Psychische und biologische Abläufe greifen bei der Eskalation nicht nur ineinander, sondern verstärken sich wechselseitig. Diese Verstärkungsspirale verdeutlicht, dass jeder Konflikt in der Person, in deren Betroffensein, beginnt. Die psychische Erregung geht mit physiologischen Reaktionen einher, die wiederum unser seelisches Wohlbefinden stören. Sowohl Stressforschung als auch Neurowissenschaften belegen, dass die Parallelität oder Komplementarität physiologischer und geistig-seelischer Prozesse im Konflikterleben zu einer zunehmenden Beeinträchtigung der Denkfunktionen führt. Das Denken gerät zum Tunnelblick. Es wird einseitig und fokussiert Negativaspekte des anderen und eigene Interessen. Denkprozesse werden binär: schwarz oder weiß, gut oder böse. Selbst ursprünglich neutrale Reize erhalten eine bedrohliche Bedeutung, sodass sich die Person immer mehr in

Bedrängnis fühlt (»mit dem Rücken an der Wand«). Ein solcher Teufelskreis löst Handlungen aus, die »unverhältnismäßig« erscheinen. Hier bewirkt der viel zitierte letzte Tropfen das Überlaufen der Regentonne.

Konflikterleben ist – wie gezeigt – unweigerlich mit der Grundhaltung zu Konflikten verknüpft. Die grundsätzliche Einstellung zu Konflikten bestimmt sowohl die Konfliktsensibilität als auch den Modi, sie zu handhaben. In einem ersten Schritt hilft es, eine bejahende Attitüde zu entwickeln, da sie ermöglicht, aus dem Konflikt »das Beste« herauszuholen. Um das versuchen zu wollen, müssen die fruchtbaren Seiten eines Konflikts hervorgehoben werden.

Übung: Konflikt als Chance

Notieren Sie bitte einige positive Facetten von Konflikten. Im ersten Schritt notieren Sie alle Assoziationen, die vor Ihrem geistigen Auge entlanglaufen. Danach sortieren Sie die Vorteile und Chancen gemäß der Differenzierung in intrapersonelle, interpersonelle, soziale Konflikte.

_____

_____

_____

_____

_____

_____

_____

_____

Es gibt zahlreiche Erfahrungen und Möglichkeiten, eine konflikthafte Auseinandersetzung als Chance, also als etwas zu begreifen und zu behandeln, das bisher unbedachte oder neue Optionen schafft. Vielleicht tauchen in Ihren Notizen auch folgende Optionen auf.

Die **Positiva innerer Konflikte** können sein:

- Bewusstwerden dissonanter Bedürfnisse, Ziele, Wichtigkeiten
- Spüren, Empfinden, Bewusstwerden diametral entgegengesetzter, mindestens unvereinbarer (Handlungs-)Tendenzen
- Herausschälen persönlicher Relevanzen und Präferenzen
- Gezieltes Auseinandersetzen mit Unstimmigkeiten
- Erkennen und gegebenenfalls Verändern von Mustern, Gewohnheiten, Automatismen
- Eröffnen neuer Optionen
- Ausbuchstabieren persönlich unersetzlicher Werte und Ideale
- Prüfen und Gewichten bisheriger Lebensgestaltung, gegebenenfalls neu ausrichten

Bei den **Positiva sozialer Konflikte** kann beispielsweise angeführt werden:

- Erkennen aller genannten Chancen bezüglich der Wahrnehmung innerer Konflikte
- Kennenlernen der Interessen, Ambitionen, Gefühle, Gedanken, Wünsche der anderen
- Erweitern und Anwenden der Fertigkeit zu Empathie und Konzilianz
- Ausüben und Einüben der Perspektivenvielfalt
- Erarbeiten der Möglichkeit, Beziehungs- und Verhaltensmuster zu verändern
- Erkennen von Zielpräferenzen und -prioritäten der Beteiligten
- allgemeiner Erkenntnisgewinn und dadurch Anwachsen des Handlungsrepertoires
- Einüben der Konfliktkommunikation und verschiedener Konfliktstrategien mit den Zielen: tragfähiges Arrangement, Integration, Synergie

Sobald in Konflikten das ihnen innewohnende Chancenpotenzial für Veränderung erkannt ist und empfunden wird, ist der Grundstein für persönliche Konfliktfähigkeit sowie für konstruktive und aufbauende Konfliktbehandlung gelegt.

Die Dreiertypologie von Lewin kann ebenfalls dabei assistieren, die positiven Aspekte des Konflikts zu erkennen. Sie unterstützt dabei, dass Menschen bereits bei den ersten Anzeichen eines Konflikts offen für diesen sind.

Sie sind zu einer Auseinandersetzung bereit. Zwei Strategien empfehlen sich in den drei Varianten der Annäherung und Vermeidung besonders:

- Wertehierarchie bilden sowie
- mögliche Folgen vorwegnehmen und Alternativen suchen.

Wertehierarchie bilden: Der innere Konflikt erzeugt Entscheidungsdruck. Um die subjektiv beste Entscheidung zu fällen, lohnt es sich, hinter die Kulisse des Konflikts zu schauen. Zunächst kann man prüfen, welche Wertvorstellungen, Gefühle und Motive den divergenten Stimmen zugrunde liegen sowie welche Hoffnungen und Erwartungen zu erkennen sind. Da Wertfragen gefühlsunterlegt sind, ist es empfehlenswert, jede Stimme mit ihrem Votum sowohl kognitiv als auch affektiv bewusst zu machen. Das bedeutet: Die jedes Votum begleitenden Gefühle bewusst machen, um zu überprüfen, inwiefern Emotion und Ratio zusammenpassen und kongruent sind. Auf diese Weise kann man eine Hierarchie der Werte und Wünsche erstellen, die als Entscheidungshilfe fungiert.

Beruflicher oder persönlicher Primat?

Stellen Sie sich vor, Sie leben in einer Region, die zwar aus beruflicher Sicht hervorragend gewählt ist, in der Sie sich aber unwohl fühlen. Ihr Wunsch, in eine bestimmte andere Region umzuziehen, geistert immer und immer wieder durch Ihr Denken, sodass Sie dies ernst nehmen sollten. Die Frage, die sich stellt, lautet: Welcher Wert soll Vorrang erlangen: Pragmatismus und berufliche Karriere oder der Wert des guten Lebens und grundlegenden Wohlbefindens? Sie bemerken, dass Ihre Gefühle klar auf die Seite des grundlegenden Wohlbefindens tendieren und können nun mit der tatkräftigen Unterstützung der Ratio untersuchen, welche Optionen Sie innerhalb welchen Zeitraums auftun könnten, um zusätzlich zum Umzug in Ihre Wunschregion Ihre berufliche Karriere verfolgen zu können.

Mögliche Folgen vorwegnehmen und Alternativen suchen: Intrapersonale Konflikte sind begleitet von Vorfreude und Hoffnungen, Befürchtungen und Furcht vor Reue. Beide Ausprägungen wurzeln in dem Fakt, dass Menschen zukünftige Entwicklungen nicht prognostizieren können. Deshalb fühlen sie Anspannung. In einer solchen Situation helfen Imaginations- oder Fantasiereisen dabei, mögliche Zukünfte zu entwerfen beziehungsweise die wahrscheinlichen Folgen von Entscheidungen mental vorwegzunehmen, um –

ebenfalls im Geiste – zu klären, wie der Betroffene darauf reagieren möchte. Heutzutage arbeiten nicht nur Leistungssportler, sondern auch Therapeuten und Coaches mit diversen imaginativen, metaphorischen bis hypnotischen Verfahren, und dies unabhängig von der psychologisch-theoretischen Ausrichtung.

Psychoanalytisch kann vorgehen, wer sich eine Klärung mit dem Ich-Akteur verspricht. Das Ich fungiert als vermittelnde Instanz in der Fehde zwischen den unreflektierten Bedürfnissen des Es und den disziplinierenden Forderungen des Über-Ichs.

Deprivation: Wie in den Beispielen zur Psychoanalyse exemplarisch gezeigt (s. S. 60 ff.), kommt es darauf an, eine souveräne Ich-Instanz auszubilden, die kreativ genug ist, das Sowohl-als-Auch oder das Ganz-Anders als Strategien zu fahren. Im Ergebnis tut sich ein Mensch dann leichter, mit Wünschen zu leben, die in einem Moment oder in einer Lebensphase unerfüllt bleiben. Die Fähigkeit zu Deprivation ist es, die dies ermöglicht. Der Begriff Deprivation, der vom lateinischen Wort deprivare »berauben« stammt, bezeichnet allgemein einen Zustand der Entbehrung, des Entzugs, der Isolation.

Der Marshmellow-Test

Der bekannte Marshmellow-Test, der mit Kindern durchgeführt wurde, illustriert sehr anschaulich, was Verzicht, zeitliche und örtliche Verschiebung von Bedürfnisbefriedigung einerseits und andererseits die Anpassung der disziplinarischen Stimmen von Ich und Über-Ich auslösen können: https://www.youtube.com/watch?v=QX_oy-9614HQ.

Untersuchungen zeigten übrigens, dass sich diejenigen Kinder, die warten konnten, als Heranwachsende kompetenter in schulischen und sozialen Bereichen beschrieben. Sie konnten besser mit Frustration und Stress umgehen sowie Versuchungen widerstehen.

Ableiten lässt sich daraus auch, dass es besser ist, wichtige Entscheidungen nicht in Stress- oder Ausnahmesituationen zu treffen, sondern seine Optionen ruhig und nüchtern abzuwägen.

Sublimierung: Eine weitere Option ist die der Sublimierung. Das bedeutet: Lustimpulse werden in eine vom Ich und von der sozialen Umwelt akzeptierten Form verschoben, verformt, verwandelt. Beispielsweise agieren Mitarbeiter ihren Bewegungsdrang am Arbeitsplatz mittels eines Sitzballs oder einer Vielzahl von Sitzgelegenheiten (Lehnstuhl, Drehstuhl, Kniestuhl, Sitzball, Stehpult und so weiter) aus.

Soziale Kompensation: Empfindet sich ein Mensch dauerhaft als minderwertig oder unterlegen, kann er aus analytisch-psychologischer Sicht Wege suchen, dies sozial akzeptiert zu kompensieren. Beispielsweise, indem er sich eigene Stärken und Leistungen bewusst macht, in den Kategorien von Andersartigkeit anstatt von Unter- und Überlegenheit denkt, Anstrengungen unternimmt, auf einem relevanten Teilgebiet besonders zu glänzen und als Expertin beziehungsweise Experte zu gelten, den Stellenwert des Ersehnten kritisch in den Lebenszusammenhang stellt und gegebenenfalls neu bewertet und/oder die positiven Seiten, die Vorteile benennt, die es hat, dass der Betroffene das Vermisste vermisst.

Die Individualpsychologie C. G. Jungs empfiehlt, die pragmatischen Gefilde des Alltags zu verlassen und nach dem subjektiv höheren Sinn der streitenden Stimmen zu fragen. Diese Befragung gibt an, welche Werte und Handlungen persönlich von besonderer Bedeutung sind. Sie unterstützt beim Bemühen, den Alltag und innere Konflikte durch Präferenzbildung zu bewältigen und letztlich das Selbst zu entfalten. Dabei können Tagträume genauso assistieren wie private Rituale oder die Mitgliedschaft in metaphysischen Zirkeln.

Aus verhaltenspsychologischer Perspektive liegt das Vermeiden nahe. Menschen setzen sich erst gar nicht der Versuchung aus, zwischen unvereinbaren Reizen und Handlungstendenzen entscheiden zu müssen. Dieser Strategie wohnen jedoch maßgebliche Nachteile inne. Erstens: Das Vermeiden oder Ausweichen ist nicht immer möglich. Zweitens: Die Furcht, der Versuchung zu erliegen, lässt die Kreise und Situationen anwachsen, die wir meiden. Die Vermeidungsstrategie grenzt den Bewegungsraum sukzessiv ein. Funktional ist sie, wenn es sich um das weiträumige Umlaufen seltener Szenarien mit hoher Verführungskraft und Konfliktpotenzial handelt. Empfehlenswerter sind daher zwei andere Strategien.

Interferenzen erkennen: Die eine Strategie bezieht sich darauf, zu lernen, Interferenzen zu erkennen. Das bedeutet, sich eines inneren Konflikts dadurch bewusst zu werden, dass die eigene Verhaltensweise als Resultat ge-

genläufiger Neigungen entlarvt wird. Ein alltägliches Beispiel ist das halbherzige oder gebremste Engagement.

Innere Bremse

Beispielsweise kann es sein, dass eine Mitarbeiterin »eigentlich« die Aufgabe in einem Projekt als persönliche Herausforderung betrachtet und sie auch gern ausführen möchte. Gleichzeitig hegt sie aber gegen die Projektleitung ungute Gefühle. Resultat: halbherziger Einsatz infolge der Kombination der inneren Motivation und der Antipathie.

Innere Anreize erkennen: Die zweite Strategie bezieht sich auf den Umstand, dass Reizeindrücke und die ihnen zugeschriebene Bedeutung nicht nur von außen, sondern auch von innen, nämlich von Wünschen, Stimmungen, Launen, spontanen Assoziationen und anderem mehr herrühren. Dieses Wissen um die exo- und endogene Bedingtheit können Konflikteigner nutzen. Die grundlegende Idee lautet: Sie suchen nach Chancen (etwa am Arbeitsplatz), wo sie sowohl inneren Bedürfnissen als auch äußeren Anforderungen gerecht werden. Sie versuchen, das Verhältnis zwischen beiden Realitätsmodalitäten subjektiv »stimmiger« zu machen.

Sowohl als auch …

Der Wunsch, an Souveränität zu gewinnen, kann im Berufsumfeld zum Zuge kommen, indem die Person entsprechende Foren sucht, um etwas beruflich Relevantes zu lernen, das gleichzeitig die persönliche Souveränität über den Berufskontext hinaus stärkt, etwa eine Diskussion zu moderieren, Vorträge zu halten oder sonst an die Öffentlichkeit zu treten.

Kognitiv- und entscheidungspsychologisch stehen vorzugsweise drei Optionen zur Verfügungen, innere Konflikte zu entschärfen beziehungsweise zu lösen:

- Ansprüche und Ziele anpassen
- Elemente im Umfeld ändern
- neue kognitive Elemente hinzufügen

Ansprüche und Ziele anpassen: Erstens können Konflikteigner eigene Ansprüche und Ziele, persönliche Wünsche und Prioritäten, Einstellungen und Verhaltenorientierungen an den aktuellen Kontext anpassen. Wie diese Adaption gelingen kann, zeigt das folgende Beispiel.

Zügig und gemeinsam

Eine Chefin, die eine neue Abteilung übernommen hat, ringt mit sich: Sie möchte sofort und ohne Absprache mit ihren neuen Mitarbeiterinnen und Mitarbeitern eine revolutionäre Marktstrategie umsetzen, um der Geschäftsleitung schnell Erfolge zu zeigen. Die Zeit drängt, Diskussionen aber kosten Zeit. Also keine Diskussion in der Abteilung! – Gleichzeitig möchte sie, dass die neue Crew hinter ihr und der neuen Strategie steht. Also: doch Diskussion! – Die Marketingchefin kann nun ihren Anspruch an das Tempo der Umsetzung der Strategie korrigieren und statt drei beispielsweise sechs Wochen ansetzen. Diese Änderung bedingt eine Korrektur ihrer Präferenzen, präziser gesagt: ihrer Erstpräferenz, nämlich der Geschäftsleitung in kürzester Zeit zu beweisen, dass diese die richtige Personalwahl getroffen hat. So hat sie mehr Zeit, ihre Mitarbeitenden in die Umsetzung einzubeziehen.

Elemente im Umfeld ändern: Zweitens können Konflikteigner prufen, ob sie in der Lage sind, Elemente im Umfeld ihres Handelns zu ändern. Diese Änderungen können unterschiedlich ausfallen. Auch hier mag ein Beispiel das Gemeinte erhellen.

Umfeldfaktoren ändern

Der Chef eines Teams bemerkt seit einigen Wochen, dass sich Teammitglieder zunehmend über ihre Büros beklagen. Die Klagen beziehen sich darauf, dass sich die Büros im Kellergeschoss des Gebäudes befinden. Sie sind dunkel und zudem erschwert die Lage der Büros den Kontakt zu anderen Abteilungen und Teams.
Der innere Konflikt des Chefs wird durch die verschiedenen Interessen erzeugt. Einerseits eröffnet die Lage der Büros ein selbstständiges Arbeiten ohne Versuche »von oben«, hineinregieren zu wollen, da der Kontakt gering ist. Andererseits ist er verantwortlich dafür, dass seine Mitarbeiter sich wohlfühlen und effizient arbeiten können. Dazu gehört aber auch der Kontakt zu anderen Abteilungen und Teams.
Er kann den inneren Konflikt beispielsweise dadurch entschärfen, dass er sich um andere Büroräume bemüht. Oder er kann dafür sorgen, dass zumindest das Kontaktbedürfnis realisiert wird, etwa indem er regelmäßige Diskussionsrunden ins Leben ruft. Zudem kann er dafür sorgen, dass die Büros selbst gut ausgeleuchtet sind.

Neue kognitive Elemente hinzufügen: Die dritte Option, die Konflikteigner nutzen können, ist diejenige, in einem inneren Konflikt neue kognitive Elemente hinzuzufügen, um das Gewicht der dissonanten zugunsten der konsonanten Elemente zu verschieben.

> **Wissen einbauen**
>
> Die Marketingleiterin im ersten Beispiel könnte sich gruppendynamische Erkenntnisse ins Gedächtnis rufen, um ihre Entscheidung zu treffen. Beispielsweise könnte sie der Erkenntnis folgen, dass eine Machtentscheidung (Durchsetzen ihrer Strategie ohne Abstimmung mit den Mitarbeitern) kurz- wie langfristig Konflikte vorprogrammiert. Daher ist es klüger, zunächst Vertrauen und Akzeptanz aufzubauen.

Alle drei Strategien helfen, einen inneren Konflikt konstruktiv zu behandeln und zudem an Resilienz zu gewinnen (und als Folge davon, weniger konfliktanfällig zu werden).

Appellative Zusammenfassung

- Rufen Sie sich die positiven, die weiterbringenden Seiten eines inneren Konflikts ins Bewusstsein und konzentrieren Sie Ihre Energien auf diese.
- Halten Sie eine Art Konferenz der divergenten Stimmen ab (Schulz von Thun). Lassen Sie jedes innere Votum ausführlich zu Wort kommen, und befragen Sie jede innere Partei nach deren grundlegenden Motiven. Legen Sie eine Präferenzfolge fest.
- Lernen Sie, Ihre Befürchtungen im Hinblick auf etwaige Konsequenzen der Entscheidungen zu beherrschen. Schreiben Sie zu jeder inneren Tendenz eine Zukunftsgeschichte, visualisieren Sie diese und durchleben Sie sie mit allen Sinnen.
- Prüfen Sie, welche Möglichkeiten Sie haben, um Handlungstendenzen (Motive, Bedürfnisse, Interessen) zu verwirklichen. Seien Sie dabei fantasievoll und kreativ. Beleuchten Sie dabei die Konfliktsituation aus den unterschiedlichsten Perspektiven.
- Reflektieren Sie systematisch, welche Bedeutung die Faktoren, die zum inneren Konflikt führen, für Sie, Ihr Selbstwertgefühl und Ihren Lebensentwurf haben. Richten Sie Ihre Entscheidung an dieser Vision aus.

- Nutzen Sie Ihr Wissen um die endo- und exogenen Einflüsse, die zu inneren Konflikten führen. Rufen Sie sich in Erinnerung, dass Stimmungen, Launen, Tagesform und Wünsche, Einstellungen, Erfahrungen einerseits und Regeln sozial erwünschten Verhaltens andererseits innere Konflikte erzeugen. Analysieren Sie das Verhältnis zwischen den Einflüssen und wählen Sie Ihren Schwerpunkt.

- Überlegen Sie gründlich, welche Änderungen in Ihren Einstellungen, Ansprüchen, Zielen die Wahrscheinlichkeit erhöht, die von Ihnen gewünschten Wirkungen zu zeitigen.

- Suchen Sie nach neuen Impulsen, Informationen oder Perspektiven, um die Argumente für oder gegen innere Voten zu stärken, um mutiger und sicherer in der Entscheidungsfindung zu werden.

- Betrachten Sie innere Konflikte als normal. Anerkennen und bejahen Sie, dass Kopf und Herz, Verstand und Seele nach differenten Logiken leben. Forsten Sie nach Synergien – und ertragen Sie es mit hoffnungsfroher Gelassenheit, wenn die Gegensätze bleiben. Erleben Sie sie als Bereicherung. Entscheiden Sie sich durchaus einmal für das Risiko, sich emotional verleiten zu lassen.

Dyade im Fokus

Die Dyade bezeichnet einen Konflikt zwischen zwei Personen, der als interpersoneller Konflikt bezeichnet wird. Er ist eine Spielart des sozialen Konflikts. Der Unterschied zwischen beiden Konflikttypen liegt in der Mindestanzahl von Kontrahenten: Im sozialen Konflikt sind es mindestens drei, sodass weitere sozialdynamische Entwicklungen möglich sind, als in einem interpersonellen Konflikt. Ein dyadischer Konflikt bezeichnet gemäß der grundlegenden Konfliktdefinition die Situation, in der von zwei Akteuren mindestens einer Unvereinbarkeiten im Fühlen und Denken, Wollen und Handeln relativ zum Gegenüber erlebt und sich in dieser Weise beeinträchtigt fühlt in seinen Intentionen.

Erkennbar werden interpersonelle Konflikte vorzugsweise in kommunikativen oder interaktiven Kontexten. In der Regel empfinden die Akteure eine mehr oder minder deutliche Spannung, die sich in nonverbalen, verbalen und behavioralen Beiträgen offenbart.

Übung: Nonverbale Konfliktzeichen

Da die Deutungsfolien nonverbaler Zeichen (Mimik, Gestik, Körperhaltung, Tonlagen et cetera) kultur- und milieuspezifisch ausfallen, notieren Sie bitte, welche Anzeichen für Sie eine konflikthafte Spannung signalisieren.

Gerade in interkulturellen Austauschsituationen zeigt sich die Macht dieser Unterschiede und wirkt sich daher am Arbeitsplatz aus. Sollten Sie in kulturell diversen Kontexten aktiv sein, dann lohnt es sich, dazu auch die Antworten Ihrer Kolleginnen und Kollegen zu sammeln. Daran lassen sich höchst effektive Maßnahmen anschließen.

_____

_____

_____

_____

_____

_____

_____

_____

Vielleicht befinden sich unter Ihren Notaten folgende Anzeichen:

- ungewöhnlich leise oder laute, hohe oder tiefe Stimmlagen
- deutlich wahrnehmbare, außergewöhnliche Blässe oder Röte
- ungewöhnlich seltener Blickkontakt oder Anstarren (mit Blicken durchbohren)
- auffallend lange oder kurze Reaktionszeiten
- ungewöhnlich weite Körperdistanz zu den Gesprächspartnern beim Kommunizieren
- auffällige, deutlich abgewandte Körperhaltung
- ungewöhnlich zugekniffene Augen
- nach unten gezogene Mundwinkel, »gerade« oder zusammengepresste Lippen
- deutliche Signale für Vermeiden, Aus-dem-Weg-Gehen

Die vom Üblichen abweichende nicht sprachliche Verhaltensweise indiziert auf der affektiven oder emotionalen Ebene einen sich anbahnenden, noch latenten oder bereits offenen Konflikt. Das ist zwar nicht zwangsläufig und eindeutig so. Im Dienst einer frühestzeitigen Klärung lohnt es sich allerdings, sie in das subjektive Frühwarnsystem einzuspeisen. Das Kernmoment liegt in der Abweichung vom Normalen; denn wenn plötzlich etwas anders ist als gewöhnlich, ist irgendetwas geschehen.

Zusätzlich zum Nonverbalen, das immer mehrdeutig ist, gilt es, verbale und behaviorale Merkmale wahrzunehmen, in die Deutung einzuflechten und so Mehrdeutigkeit zu reduzieren.

Übung: Konfliktanzeichen in Wort und Verhalten

Auch hier gibt es typische Merkmale. Bitte notieren Sie, welche verbalen und verhaltensbezogenen Merkmale für Sie eine konfliktschwangere Spannung anzeigen. Auch hier können Sie die interkulturelle Variante hinzufügen.

_____

_____

_____

_____

_____

_____

_____

Hier wieder einige Beispiele für mögliche Merkmale:

- **Wortwahl:** fremdwortreicher oder -ärmer als gewöhnlich, ausgefeilter oder einfacher, nüchterner oder emotionaler
- **Satzbau:** länger, komplizierter, kürzer oder einfacher als normalerweise
- **Pausen:** kürzere oder längere Gesprächspausen als üblich
- **Redequalität:** ausladendere oder kürzere, präzisere Beiträge als gewöhnlich

- **Prosodie:** Veränderungen in der Sprachmelodie, im Tonfall und in den Tempi des Redens
- **Diskussionsverhalten:** Rückzug oder Angriff, Hinnehmen oder scharfzüngige Widerlegung
- **Kontaktfrequenz:** abnehmend oder zunehmend (beides in provokativer Absicht); umgangssprachlich: nervend oder wie Luft behandelnd, ausweichend
- **Informationsverhalten:** zurückhaltend oder streuend, bewusste Verzerrung bis hin zu Täuschungen
- **Kommunikations-und Kontaktqualität:** Zunahme von Desinteresse, Gereiztheit, Festhalten an Formalismen, Sturheit, Unnachsichtigkeit, Ablehnung und Widerstand: alles Zeichen der Abnahme der Empathie und Zunahme der Abkapslung; Gerüchte, Intrigen in Umlauf bringen
- **Körpersprache:** Positionen des Körpers (Ab-, Zuwendung), Distanz zu Alter Ego; Gestik (sparsamer, lebendiger, eckiger als gewöhnlich)

Der Spannungsbogen in interpersonellen Konflikte reicht von Verunsicherung über Misstrauen oder Argwohn bis zu Feindseligkeit und ist begleitet von zunehmendem Unwohlsein. Gleichzeitig wächst das Bedürfnis, diesem Disstress ein Ende zu setzen. Dieser Leidensdruck erzeugt häufig Handlungsdruck und löst Bemühungen aus, sich des Konflikts zu entledigen.

Welche unterschiedlichen Konfliktarten gibt es?

Das Bemühen, Ideengebäude zu entwerfen, die helfen, mit Konfliktsituationen konstruktiv umzugehen, hat zahlreiche Einteilungen ins Leben gerufen. Ihre Funktion besteht darin, die Aufmerksamkeit der Kontrahenten auf ausgewählte Aspekte zu lenken und somit Akzente in der Behandlung zu setzen. Konflikte können vielschichtig sein. Einstellungen und Überzeugungen, Werte und Normen, Bedürfnisse und Wünsche, Interessen und Ziele, Sach- und Beziehungsaspekte, latente oder unbewusste wie manifeste und bewusste, spielen in unterschiedlichen Gewichtungen kombiniert eine Rolle. Der Zweck der Differenzierung liegt in der pragmatischen Absicht, gemäß der Gewichtung die Schwerpunkte in der Auseinandersetzung zu definieren und somit die Aufmerksamkeit zu kanalisieren.

Es geht also um Vereinfachung im Dienste der praktischen Handhabung. Das äußert sich in Stellungnahmen wie: »Mir geht es vor allem um …«, »Zentral ist hier …«, »Der Punkt ist zunächst …«. Der Katalog der Konfliktarten ist eine Antwort auf die Frage nach dem Kardinalpunkt in einem Konflikt. Die folgenden Bemerkungen sollen für die Unterscheidungen sensibilisieren und vereinfachen daher enorm. Die geläufigsten Konfliktkategorien sind:

- Interessenkonflikt
- Zielkonflikt
- Beurteilungskonflikt
- Verteilungskonflikt
- Rollenkonflikt
- Strukturkonflikt
- Beziehungskonflikt
- Wertkonflikt

Literaturtipps

Der Organisationspsychologe Oswald Neuberger behandelt in seinem Buch »Mikropolitik und Moral in Organisationen« (2006) konfliktriskantes Handeln im Rahmen mikropolitischer Spielräume. Mikropolitik gilt ihm dabei als Option, gegen Regeln zu agieren und dennoch im Interesse nicht nur des Agierenden, sondern auch der Organisation zu handeln.

In Friedrich Glasl Klassiker »Konfliktmanagement« (1997) findet sich eine »Typologie von Konflikten« (S. 47 ff.), die neben dem Streitgegenstand – beispielsweise Werte – weitere typologische Kategorien ausmacht (etwa Erscheinungsformen und Eigenschaften der Konfliktparteien) und Konflikte in verschiedenen sozialen Räumen behandelt (mikro-, meso-, makrosozial).

Interessenkonflikt: Die Wurzel eines Konflikts liegt in unterschiedlichen Wünschen oder Bedürfnissen.

Beispielsweise gilt das Hauptinteresse des Abteilungsleiters Produktion standardisierten Abläufen, während die Verkaufschefin Sonderwünsche von Kunden jederzeit erfüllen will.

Zielkonflikt: Diese Art von Konflikt verweist auf unvereinbare Ziele.

Der Produktionschef deklariert beispielsweise das Ziel, möglichst kostengünstig zu produzieren, während die Verkaufsleiterin anvisiert, um der Kundenzufriedenheit willen Mehrkosten in Kauf zu nehmen.

Beurteilungskonflikt: In diesem Konflikt besteht zwar ein Konsens über das Ziel, aber über den Weg dahin ist man sich uneinig.

Um mit dem Beispiel fortzufahren: Selbstverständlich möchte auch der Produktionschef zufriedene Kunden. Denn diese versorgen die Abteilung mit neuen Aufträgen. Um gleichzeitig das Budgetziel zu erreichen (Zielkonflikt innerhalb der Produktionsabteilung!), soll »der Verkauf gefälligst dafür sorgen, dass er dem Kunden anbietet, was von der Stange möglich ist«. Er soll die Kunden entsprechend »erziehen«. Die Verkaufschefin präferiert den anderen Weg: Die Produktion soll flexibel sein und Individualisierung zulassen, um Kundenwünsche zu erfüllen. Denn nur, wenn die Bedürfnisse des Kunden getroffen und befriedigt werden, bleibt er treuer Kunde. Sie verfolgt die Strategie der Nachhaltigkeit. Sie möchte langfristig die Kundenbindung sichern, indem Kundenwünsche realisiert werden.

Verteilungskonflikt: Anlass und Thema kreisen um knappe Ressourcen. Bei diesen kann es sich um Positionen (eine Führungsposition ist zu besetzen, es bewerben sich vier Anwärter), um Geld und Material, aber auch um Anerkennung handeln.

Beispielsweise wollen Produktionschef und Verkaufschefin aus dem gemeinsamen Bonustopf möglichst viel für die eigenen Mitarbeiter abzweigen.

Rollenkonflikt: In der Rollentheorie werden diverse Unterscheidungen getroffen, deren Kern einen Rollenkonflikt bestimmt als Widerstreit von Funktionen und Zuständigkeiten mit Erwartungen, Rechten und Pflichten, die sich in einer Rolle bündeln und daher unvereinbare Verhaltensweisen abfordern.

Beispielsweise sind Produktionschef und Verkaufschefin privat befreundet. Beide können in ein Dilemma geraten, wenn sie etwa im professionellen Umfeld gegensätzliche Interessen vertreten müssen und fragen: »Soll ich als Freund beziehungsweise Freundin reagieren oder als Repräsentant der Abteilung?«

Ein anderes Beispiel ist die Besetzung unterschiedlicher Positionen mit einer Person. Wenn etwa die Verkaufschefin neben dieser Funktion noch

Mitglied der Geschäftsführung ist (und entsprechende zusätzliche Kompetenzen und Macht innehat), kann sie in einen intrapsychischen Rollenkonflikt geraten: »Soll ich mich als gleichwertig zum Produktionschef verhalten, also als eine Kollegin mit anderer Interessenausrichtung, oder mein Gewicht als Geschäftsführungsmitglied in die Waagschale werfen?«

Strukturkonflikt: Es gibt Rollenkonflikte, die strukturell veranlasst sind. Im Alltag dominiert ein Verständnis, das Strukturkonflikte mit externen Strukturen, formalen Bestimmungen, Regularien, Prozeduren organisational verankert. Beispielsweise die konfliktanfällige Matrixstruktur oder das parallele Existieren von Linien- und Projektorganisation.

In einem Unternehmen, das Linie und abteilungs-, hierarchieübergreifende Projektarbeit nebenher laufen lässt, streiten sich Linienchef und Projektleiterin zum Beispiel darum, wer die Beurteilungsgespräche führen beziehungsweise maßgeblich dominieren soll. Die Projektleiterin macht geltend, dass die zu beurteilenden Mitarbeitenden vor allem in den von ihr geleiteten Projekten arbeiteten und zum Linienvorgesetzten weniger Kontakt hätten, sodass diesem die Beurteilungsgrundlagen fehlten. Der Linienvorgesetzte führt ins Feld, er sei qua Hierarchie offizieller Führungsverantwortung dazu bestimmt, Beurteilungen abzugeben, zumal er mit den Mitarbeitern über deren weitere Karriere sprechen müsse.

Beziehungskonflikt: Anlass und Thema ist die Beziehung, also das Gefühl, wie die Personen sich vom je anderen behandelt fühlen. Mit Sympathie? Mit Wohlwollen? Mit Respekt? Da das Selbstwertgefühl und mit ihm Selbstbild und Fremdbild auf dem Podest stehen, sind Beziehungskonflikte primär emotional.

Wenn sich beispielsweise der Produktionschef und die Verkaufschefin bei allen Gelegenheiten wechselseitig provozieren und persönliche Attacken fahren, um den anderen zu blamieren, lohnt es sich, die Beziehung genauer zu untersuchen.

Wertkonflikt: Diese Art von Konflikten wird auch als ideologischer Konflikt bezeichnet, weil sie sich an Anschauungen, Lebensphilosophien, Lebensidealen entzünden. Sie werden oft als Zielkonflikte getarnt. Diese Tarnkleidung kommt nicht von ungefähr; denn normative Überzeugungen bilden das Fundament für Zieldefinitionen. Sie bestimmen, was persönlich »wertvoll« und

»erstrebenswert« ist. Wie Beziehungskonflikte basieren sie maßgeblich auf Gefühlslagen und Gefühlsentscheidungen. Für moralische Anschauungen existiert kein rein rationaler, bestenfalls ein zweckrationaler Grund. Weil sie auf Gefühl basieren, haben Wertkonflikte den Charakter von Konflikten um den guten Geschmack: Sie können ein Leben lang dauern, und sie sind nicht (rational) entscheidbar, weil nicht objektivierbar.

Die Unterscheidung der Konfliktarten dient dem praktischen Zweck, den Konfliktschwerpunkt zu definieren, und folglich die Aufmerksamkeit in eine Richtung zu lenken. Sie unterstützt die Anstrengung, die Auseinandersetzung gezielt und konstruktiv zu führen.

Woher kommen interpersonelle Konflikte?

Die Frage nach Ursachen oder Begründungen interpersoneller Konflikte setzt Kenntnisse über die Genese innerer Konflikte mitsamt der in Teil 2 und 3 referierten psychologischen Erläuterungen voraus (s. »Dominante Konzepte«, S. 55 und »Modelle und Konzepte im praktischen Umgehen mit Konflikten«, S. 186). Die dort skizzierten Logiken und Mechanismen begleiten jede Person, die sich in einem Konflikt befindet, wenn auch mit individuellen Schwerpunkten und Ausdrucksweisen.

Eine andere Qualität des Konfliktgeschehens gewinnen interpersonelle Konflikte dadurch, dass zwei Personen aufeinander reagieren. Das Geschehen ist mehr als die Summe zweier Akteure: eins plus eins ist mehr als zwei – die Logik der Synergie wirkt auch im Konflikt. Man spricht auch von Emergenz.

Um gezielt präventive Maßnahmen ergreifen zu können, ist es sinnvoll, nach jenen Parametern zu fragen, die die Konfliktwahrscheinlichkeit maßgeblich determinieren. Zu den wesentlichen gehören folgende Parameter, die nachgängig einzeln näher erläutert werden:

- Grundeinstellung zum Konflikt und entsprechende Verhaltensbereitschaften
- Grundmotivation in der Gefühlsausrichtung
- Grundeinstellung in der sozialen Beziehungsdefinition
- situative Variable

Grundeinstellung zum Konflikt und entsprechende Verhaltensbereitschaften: Zur Erinnerung: Die Deutungs- und Bewertungsphasen – begonnen bei der Grundeinstellung und beschlossen beim Verhalten – gehören zusammen. Die grundlegende Einstellung zum Konflikt entscheidet darüber, wie eine Person Konflikte generell betrachtet und empfindet: als destruktiv, konstruktiv, als vernichtend oder weiterführend. Durch diese mental-affektive Grundierung wird das Gegenüber zum Gegner oder Feind beziehungsweise Partner oder Verbündeten in der Verfolgung der Interessen. Die Grundeinstellung prägt zudem die Erwartung an den Kontrahenten und dessen Bereitschaft, auf Sieg und Niederlage oder auf eine Win-win-Situation zu setzen. All dies lenkt die Aufmerksamkeit der Konfliktpartner und tunnelt die Wahrnehmung. Destruktive Grundhaltung selektiert auf Trennendes, Konstruktives auf Verbindendes. Entsprechend wählen die Konfliktpartner ihre Strategien: Kampf, Flucht, Rückzug oder Kompromiss, Integration, Synergie.

Grundmotivation in der Gefühlsausrichtung: Grundmotivationen legen das Fundament für die Art und Weise, wie ein Mensch mit anderen umgeht. Meistens werden die Grundmotivationen nach dem Tiefenpsychologen Alfred Rieman genutzt: Nähe und Distanz, Dauer und Wechsel. Sie ähneln den Kategorien von Carl Gustav Jung, der zusätzliche Kategorien differenzierend einführt. Beide habe ich in dem Buch »Selbsttraining für Führungskräfte« (1998) ausführlich und mit Selbsttests beschrieben. An dieser Stelle möchte ich die drei Kategorien der Psychoanalytikerin Karen Horney (2007) aufgreifen, da sie einen besonderen Erkenntnisbeitrag zum Reden über und für die Praxis von Konfliktkommunikation leisten. In meiner Darstellung pointiere ich, um den jeweiligen Kerngedanken herauszuschälen.

Karen Horney unterscheidet in der persönlichen Gefühlsausrichtungen drei Grundtendenzen, die Menschen (oft unbewusst) in ihrer Beziehung zu anderen verfolgen: Hinwendung, Abwendung und Gegenwendung.

- **Hinwendung:** Menschen, die von Hinwendung im sozialen Kontakt getrieben werden, tragen das ausgeprägte Bedürfnis in sich, von anderen angenommen und geliebt zu werden. Oft plagen sie Minderwertigkeitsgefühle, sodass sie glauben, andere zu benötigen, um existenzfähig zu sein. Selbstsicherheit beziehen sie vornehmlich aus dem Eindruck und Gefühl, von anderen akzeptiert zu werden. Diese Abhängigkeit von äußerer Zuwendung macht sie zum einen empfindsam gegen Kritik. Kritik –

und sei sie noch so sachlich vorgetragen – deuten sie als Anschlag auf ihre Person. Zum anderen führt die Sensibilität dazu, Konfrontationen möglichst zu verhindern. Ist das nicht möglich, neigen sie dazu, den Konfliktanlass zu bagatellisieren und dabei eigene Bedürfnisse zurückzustellen. Sie tun dies, um schnellstmöglichst die erstrebte Harmonie wieder herzustellen.

- **Abwendung:** Ganz anders verhalten sich Menschen, die durch Abwendung angetrieben werden. Sie halten Distanz und orientieren sich vor allem kognitiv. Wir nehmen sie häufig als »unterkühlt«, auffallend sachlich und nüchtern und egozentriert wahr. Selbstgenügsamkeit scheint ihnen eine erstrebenswerte Lebensform zu sein, sodass sich unter ihnen typischerweise Einzelgänger befinden. In Konfliktsituationen bemühen sie sich um einen sachlich bezogenen und »vernünftigen« Stil und legen Wert auf Argumente, nicht auf Gefühle.
- **Gegenwendung:** Menschen, deren Gefühlsorientierung der Gegenwendung angehört, scheinen das Leben als Dschungel zu begreifen, in dem es täglich darum geht, den Überlebenskampf zu gewinnen. Sie kombinieren Gefühl und Kognition in ihrer eher aggressiven Lebensauffassung, indem sie Mittel anwenden, um zu siegen. Die Angriffe können offen sein (heißer Konflikt) oder sich im Beharren auf das Einhalten von Formalismen, Prozeduren, Regularien andeuten (kalter Konflikt).

Die Wahrscheinlichkeit, dass Konflikte entstehen, steigt im Rahmen dieser Typologie, sobald Personen schwerpunktmäßig unterschiedlichen Extremen zuneigen.

Gegensätzlichkeit als Konfliktquelle

Person A ist vor allem distanzorientiert, während B Zuwendung und Bestätigung sucht. A tastet im Konflikt alle Verhaltensweisen von B auf Indizien ab, die das Attribut »aufdringlich« verdienen, weil sie As Wunsch nach Distanz verletzen. Unternimmt Person B Anstrengungen, A näherzukommen, wird A zurückweichen und Bs Verhalten auf der Skala »nervend – aufdringlich – belästigend – bedrohlich« einordnen und sich entsprechend abweisend verhalten. Person B interpretiert die Distanzierung von Beginn an als Ablehnung ihrer Person. Sie nimmt das Distanzbedürfnis persönlich, fühlt sich verletzt und wird (zumindest eine ganze Weile) keine Mühe scheuen, um von A Zuwendung zu erhalten. Dies braucht B, um ihr Selbstbild und Selbstwertgefühl zu reparieren.

Die subjektiven Varianten der Grundeinstellung stehen in Zusammenhang mit der sozialen Grundhaltung, die sich unterscheidet in kooperativ, rivalisierend, individualistisch.

- **Kooperation:** Die kooperative Grundeinstellung manifestiert sich in dem Bemühen, Ziele konsensuell zu definieren und zu erreichen, Konflikte zur Zufriedenheit aller Beteiligten zu lösen und partnerschaftlich mit anderen Menschen umzugehen. Kooperativ Eingestellte legen die Beziehung symmetrisch an.
- **Konkurrenz:** Der Antagonist wird als konkurrierende oder rivalisierende Grundeinstellung deklariert. Das wirkt sich folgendermaßen aus: Es geht hauptsächlich darum, eigene Interessen zu verfolgen, Vorteile für sich zu nutzen oder Chancen und Gelegenheiten zu ergreifen, um persönliche Bedürfnisse zu saturieren – dies scheint Personen mit dieser Beziehungsdefinition prinzipiell nur gegen andere und auf deren Kosten möglich. Für sie gilt die Devise: Mein Vorteil ist des anderen Nachteil – und umgekehrt: Ihr Nachteil ist mein Vorteil. Die Beziehung zu anderen Menschen wird damit von Machtkategorien diktiert. Es gibt nur Über- beziehungsweise Unterlegenheit. Die Beziehung ist in diesem Fall also immer asymmetrisch angelegt.
- **Individualität:** Die individualistische Grundeinstellung konzipiert die Person als auf sich selbst ausgerichtet. Pointiert: Sie ist sich selbst genug, deshalb ist sie relativ unabhängig von dem, was andere Personen über sie denken. Diese Selbstgenügsamkeit ist solange stimmig, wie eigene Interessen nicht tangiert werden. Im Mittelpunkt der Aufmerksamkeit und Handlungen steht das Ego der Person. Sie konzentriert sich auf die Verwirklichung persönlicher Ambitionen. Sollte das zulasten anderer gehen, wird das achselzuckend hingenommen. Sollte es ohne Schaden klappen, ist es ebenso gut. Die Beziehung ist – je nach Lage der Dinge – mal symmetrisch, mal asymmetrisch angelegt.

Die Konfliktwahrscheinlichkeit nimmt mit dem Grad der einseitigen Ausrichtung der Kontrahenten zu.

> **Nur mein Interesse zählt**
>
> Der Lieferant zieht alle ihm verfügbaren Register, in einer partnerschaftlichen Verhandlungsführung einen tragfähigen Kompromiss mit dem Kunden herzustellen. Der Konflikt entzündet sich an einer Reklamation, an der der Kunde eine Teilverantwortung trägt. Der Kunde spielt hingegen das Spiel: »Einer wird gewinnen – und das bin ich«. Ein Spiel, an dem alle kooperativen Bemühungen scheitern. Denn die rivalisierende Strategie fordert, ausschließlich eigene Vorteile zu verfolgen und verengt daher die Perspektive auf die Interessen einer Partei.

Situative Variable: Eine andere Sichtweise bringt der Parameter situative Variable. Die vorhergehenden Ausführungen widmen sich Mustern und der Dynamik der individuellen Psyche sowie Kommunikation und Interaktion. Die Wirkung dieser allgemeingültigen Determinanten hängt im Alltag entscheidend von situativen Faktoren ab.

Das trifft auf Stimmungen, Gemütsverfassung, Gestimmtheit zu. Die emotionale Verfassung bestimmt maßgeblich mit, wie hoch in einer Situation die Konfliktwahrscheinlichkeit liegt. Je unbelasteter sich Menschen fühlen; je optimistischer sie in die Welt blicken; je weniger Bedeutung, Wichtig- und Dringlichkeit sie etwas zuschreiben, desto generöser und toleranter können sie sich verhalten. Das Konfliktpotenzial ist gering. Sind alle gelassen, gibt es keinen Konflikt. Die Wahrscheinlichkeit wächst indes bereits, sobald die Gelassenheit einseitig ist, sich eine Partei zurücklehnt (»Ist doch alles nicht dramatisch«), während sich die andere echauffiert.

Die Einschätzung, erfolgreich sein zu können, ist ein situativer Faktor, der darüber entscheidet, ob eine Person einen Konflikt wagt. Betrachtet eine Partei das in Rede stehende Thema als relevant und schätzt sie die Erfüllung ihres Anliegens als hoch ein, riskiert sie die Konfrontation eher, als wenn sie Relevanz und Zielerreichung niedrig veranschlagt. Inwiefern Menschen den Einsatz als erfolgversprechend einstufen, hängt ab von:

- Selbstwertgefühl
- Erfahrungen
- Kompetenzen (eigene und des Gegners)

- Einflussoptionen (eigene und des Gegners)
- Einschätzung der Gestaltungsmacht des Gegners

Selbstbild, Erfolgseinschätzung und Stimmungslage sind bei aller Grundstabilität in der konkreten Ausprägung variabel, weil ihrerseits durch externe Faktoren wie aktuelle Geschehnisse beeinflusst und korreliert. Die psychologische Forschung verweist auf hochwahrscheinliche Zusammenhänge. In Bezug auf die Frage nach Konfliktwahrscheinlichkeit ist etwa dies bedeutsam: Bei guter Gestimmtheit und optimistischem Lebensgefühl schätzen sich Personen als stärker, intelligenter, fähiger ein als mit einer melancholischen, pessimistischen, traurigen oder anders eher negativ gefärbten Gestimmtheit. Das hat Folgen.

Positive Stimmung geht einher mit einem guten Selbstwertgefühl, ist bei vitaler Ausprägung gar verknüpft mit Selbsterhöhung – und dies mündet in das Gefühl und die Zuversicht, dem Kontrahenten gewachsen, sogar überlegen zu sein. Die – metaphorisch gesprochen – geschwellte Brust oder der hocherhobene Kopf mit kerzengeradem Rückgrat motivieren Menschen, streitlustiger, risikofreudiger und zuversichtlicher, in einen Konflikt einzutreten und zudem hoffnungsfroh ein gelungenes Resultat zu erwarten.

Umgekehrt wirkt eine ähnliche Spirale: Sinkt infolge einer defaitistischem Gestimmtheit die Selbstachtung in Relation zum Kontrahenten, kehren sich die Vorzeichen aufgrund des Minderwertigkeitsgefühls um: Menschen schätzen die Erfolgswahrscheinlichkeit als eher gering ein und überlegen sehr genau, ob sich das Austragen des Konflikts überhaupt »lohnt«. Meistens münden diese Überlegungen in ein Nein: Das Zutrauen fehlt, den Konflikt souverän durchstehen zu können. Die Furcht vor einer Blamage ist einfach zu hoch.

Zusammenfassung der Variablen, die einen interpersonellen Konflikt wahrscheinlich machen

- Jeder hat aufgrund genetischer, biografischer und situativer Faktoren eine individuelle Weltsicht. Wahrnehmung und Deutung sind stets subjektiv. Die Konfliktwahrscheinlichkeit wächst, sobald es den Kontrahenten darum geht, die »wirkliche« oder »wahre« oder »objektive« Wirklichkeit zu identifizieren – und selbstverständlich deckt sich die objektive mit der eigenen Wirklichkeitsauffassung.

- Menschen werden durch divergente bis rivalisierende Grundtendenzen auf unterschiedliche Relevanzen und Verhaltensweisen justiert. Die Konfliktwahrscheinlichkeit nimmt – grob formuliert – proportional zur (nicht als Ergänzung gelebten) Verschiedenheit zu.
- Situative Faktoren können die Proportionalität(saussage) durchkreuzen. Eine maßgebliche Rolle spielt die subjektive Stimmungslage, die die Bedeutung des Konfliktanlasses sowie das Selbstbild und folglich die Konfliktfreudigkeit beeinflusst. Je weniger wichtig etwas anmutet, desto eher können wir loslassen. Wir nehmen Distanz ein, die tolerant und großzügig stimmt, sodass wir dem anderen seinen Willen lassen können. Je bedeutsamer etwas ist, desto mehr engagieren wir uns für unsere Ziele. Dies setzt, wie gezeigt, ein »gesundes Selbstwertgefühl« voraus sowie die persönliche Kalkulation, etwas gewinnen (nicht unbedingt siegen) zu können. Andernfalls – bei einem geringen Selbstwertgefühl und geringer Erfolgseinschätzung – treten wir in den depressiven Teufelskreis ein und verlagern den Konflikt nach innen.

Um einen Eindruck von der Wirkung dieser Parameter als Konfliktermöglicher zu gewinnen, widmen Sie sich bitte der folgenden Übung.

Erklärungsansätze zur Eskalationsdynamik interpersoneller Konflikte

Gehen Sie in Ihrer Vergangenheit spazieren und halten Sie dort an, wo Sie sich an Geschehnisse folgender zwei Typen erinnern:
- Typus 1: Sie befinden sich in einem Gespräch, das sich zu einer lebhaften Diskussion, dann zu einer Kontroverse wandelt – und plötzlich finden sich alle in einem handfesten Streit wieder. Auf die (fantasierte oder wirklich gestellte) Frage »Was ist denn nun passiert?« weiß keiner eine Antwort.
- Typus 2: Bleiben Sie in dem Erinnerungsbereich, in dem Sie vorzugsweise konflikthafte Situationen abgelegt haben. Holen Sie dieses Mal eine konflikthafte Auseinandersetzung in die Gegenwart, in der Ihnen dies passierte: In der Hitze des Streits sagen Sie Dinge, die zu sagen, Sie niemals vorgehabt haben, die Ihnen »einfach herausgerutscht« sind, weil – ja, warum eigentlich?

Beide Überraschungseffekte kennen Sie. Eine Diskussion beginnt harmlos und entpuppt sich plötzlich als heftiges Wortgefecht, in dem jeder dem anderen Feuerpfeile zuschießt. Oder die Stimmung wird dermaßen frostig, dass der Kontakt erfriert. Und in dem Augenblick, in dem Sie dies erkennen, wissen Sie bestenfalls vage, um was »es eigentlich geht«. Häufig ist damit das Hinausposaunen von Worten verbunden, die man nicht äußern wollte, oder man lässt sich zu Taten, die getan zu haben, man sich schämt. Kurz: In Konflikten lauert das Risiko, zu sagen oder zu tun, was man »so nicht meint«, dessen Auswirkungen man nicht will, das begleitet ist von Reue und Scham – und dennoch nicht ungeschehen gemacht werden kann, weil Worte und Taten Realitäten schaffen, auf denen das Gegenüber reagiert, emotional, rational, behavioral und unbewussst wie bewussst. Ich nenne dieses Erlebnis: In einen Konflikt hineinschlittern.

Wie können Konflikte eskalieren?

Die folgenden Erkenntnisse, die wir vorzugsweise den Forschungen und Überlegungen von Friedrich Glasl (1997 S. 215 ff.; 1998, S. 15 ff.; 1998a, S. 26 ff., 92 ff.) verdanken, erhellen, wie es zu solchen »Ausrutschern«, zu jenen Verhaltensweisen und Resultaten kommen kann, die dafür sorgen, dass ein Konflikt eskaliert. Drei Modelle eignen sich dafür besonders:

- die vier Ebenen der Konfliktentwicklung
- die psychischen Mechanismen
- die häufigsten Eskalationsstufen

Die vier Ebenen der Konfliktentstehung

Erste Ebene: Dissonanzen in der Sache: Heftige Konflikte fallen nicht vom strahlend blauen Himmel, sondern bahnen sich an. Wenn Personen vom Ausbruch eines Konflikts überrascht werden, spricht viel dafür, dass ihr Frühwarnsystem versagt hat.

Konflikte beginnen häufig mit Meinungs- oder Deutungsverschiedenheiten und bewegen sich zunächst schwerpunktmäßig auf der sachlichen Ebene. Die Partner ringen um Faktendeutungen und Argumente. Die eigenen Vorstellungen und Ziele werden als legitim, sinnvoll und richtig dargestellt. Man versucht, den Partner für die eigene Sicht zu gewinnen.

Zweite Ebene: Dissonanzen in der Beziehung: Währt das länger, empfinden die Parteien die Debatte als mühsam. Spannungen treten auf, weil es immer anstrengender und aufwendiger wird, Anerkennung und Verständnis herzustellen. Folglich nehmen Ungeduld und Gereiztheit zu. Die Gereiztheit der einen wird von der anderen Partei mit mindestens der gleichen Gereiztheit zurückgegeben. Aggressivität baut sich auf. Negative Gefühlslagen verstärken sich wechselseitig, weil sie als Provokationen interpretiert werden. Für den Übergang von der ersten auf diese zweite Ebene ist es typisch, dass die sachlichen Unvereinbarkeiten zunehmend in den Hintergrund, die Beziehungsaspekte in den Vordergrund treten.

Das Urteil »Der andere versteht mich nicht« (erste Ebene) wandelt sich zur Unterstellung »Der andere weigert sich, mich zu verstehen. Er will es gar nicht«. Diese Verlagerung der Bewertung und damit des Streits auf die persönliche Ebene manifestiert sich darin, dass Ungeduld und Zweifel zunehmen. Diese verändern sowohl die Tonalität als auch die Inhalte, mit denen die Konfliktpartner argumentieren. Zwischentöne, Anspielungen und versteckte Provokationen schleichen sich ein.

Spannungen auf der Beziehungsebene verstärken die Tendenz, dem Kontrahenten mit Vorbehalten und Misstrauen entgegenzutreten. Auf dieser zweiten Ebene differenzieren Streitende immer weniger nach Sach- und Beziehungsaspekten. Sie mischen beide Dimensionen, sodass es zu Wertungen kommt wie: »Ist doch klar, dass der andere mich nicht unterstützt. Der hat mich noch nie gemocht und schon immer versucht, mich auszubooten!« Damit ist der Feind identifiziert – und das berechtigt dazu, schärfere Geschütze aufzufahren. An dieser Schwelle angelangt, bewegen sich die Kontrahenten auf die Ebene drei zu.

Dritte Ebene: Konflikt über den Konflikt: Die sachlichen und interpersonellen Differenzen münden in weitere Polarisierungen. Jede Partei deutet die Uneinigkeiten auf der Sach- und der Beziehungsebene anders. Dies signalisiert, dass sie einen Konflikt über den Konflikt haben. Gemäß ihrer unterschiedlichen bis antagonistischen Interpretationen konstruieren sie verschiedene Welten und somit sehen sie unterschiedliche Gründe für den Konflikt.

Das fördert das Risiko, dass sie vom Boden der Tatsachen abheben und sich in Reaktionen versteigen, die gleichsam ungewollt passieren. Neben der Kontrolle verlieren die Kontrahenten den Überblick und damit die Option, gezielt Einfluss zu nehmen. Gleichzeitig nehmen die unbeabsichtigten Wirkungen zu, die Wahrnehmung wird zunehmend verzerrt, Lösungsvorstellungen werden eingeengt, und das Verhalten wird unflexibel. Hinzu kommt: Die Kontrahenten haben sich von dem Bemühen um Verständigung inzwischen so weit entfernt, dass jede Partei ihre eigenen Deutungen für bare Münze nimmt. Persönliche Einschätzungen und Unterstellungen werden nicht mehr hinterfragt, sondern als Fakt genommen. Die Folge ist, dass Differenzen zunehmen und die Einigung immer schwieriger wird. Damit erklimmen die Beteiligten die vierte Ebene.

Vierte Ebene: Konflikt über Konfliktlösung: Da die Streitenden kaum noch voneinander wissen, was dem je anderen wichtig ist und wie er aus welchen Gründen die Lage beurteilt, fallen die Vorschläge zur Konfliktlösung unterschiedlich aus. Jede Partei verschmäht die Ideen der anderen als unbrauchbar. In diesem Stadium haben sie einen Konflikt darüber, wie die Konfliktlösung herbeigeführt werden und aussehen soll.

Zusammenfassung

Auf der ersten Ebene der Konfliktentwicklung liegt der Akzent auf den sachlichen Meinungsverschiedenheiten, und die Kontrahenten haben den Konflikt. Auf der zweiten Ebene geht es um Beziehung. Man kann sagen, es geht um persönliche Differenzen – und noch immer haben die Kontrahenten den Konflikt. Ab der dritten Ebene hat der Konflikt die Kontrahenten – sie werden von ihm gesteuert –, weil die Eskalation die Distanz ebenso wachsen lässt wie informative Lücken, in der Folge kognitive und emotionale Dissonanz einseitig reduziert wird und daher Feindbilder und Unverstehen zunehmen. Dies alles entwickelt sich (häufig und typischerweise) unterhalb der bewussten Wahrnehmung der Kontrahenten. Deshalb berücksichtigen sie dies nicht und verhalten sich so, als wüssten sie, um was es dem anderen geht. Insofern tragen sie (oft unbewusst) einen Konflikt über den Konflikt (über dessen Inhalte) aus. Dies ragt auf die vierte Ebene, auf der sie um die Art der Konfliktlösung ringen.

Ein Beispiel soll diesen Prozess qualitativer Veränderung illustrieren.

Fallbeispiel: Projekttod

Der Projektleiter des Entwicklungsprojekts »Simulatoren« streitet mit der Geschäftsführerin darüber, dass sein Projekt gestoppt werden soll. Zunächst tauschen die beiden Argumente aus.

Die Geschäftsführerin hebt beispielsweise hervor, der Markt sei für das Produkt zu klein, zumal ein finanzstarkes Konkurrenzunternehmen ebenfalls an der Entwicklung arbeite. Das Risiko einer Fehlinvestition sei zu groß.

Der Projektleiter hält dagegen: Prototypen seien bereits auf dem Markt, die Resonanz sei vielversprechend. Die Entwickler seien zudem kurz vor dem Durchbruch für eine außergewöhnliche Nutzung des Geräts. Die Konkurrenz stehe auf verlorenem Posten. Die Nachfrage nach dem Gerät könne gar nicht ausbleiben. Die Kundengruppe sei bereits informiert, die Bedarfslage eruiert und unbestritten vorhanden. Außerdem habe das Unternehmen bereits so viel Geld in das Projekt investiert, dass es den Rest auch noch aufbringen müsse.

In diesem Tenor geht es hin und her – bis die Geschäftsführerin beginnt, auf die Uhr zu schauen, tief durchzuatmen, den Blickkontakt aufzugeben. Das bemerkt der Projektleiter, der zunächst verständnisvoll reagiert: »Sollen wir einen neuen Termin ausmachen? Ich habe den Eindruck, Ihre Zeit drängt.« »Nein«, lautet die Antwort, »ich denke, es ist kein weiterer Termin nötig; denn die Entscheidung der Geschäftsleitung ist klar: Das Projekt wird gestoppt.«

Damit ist die zweite Ebene eingeläutet und die dritte folgt auf dem Fuße: Der Projektleiter fühlt sich hintergangen, verletzt und in seiner Argumentation nicht ernst genommen: »Ach so ist das! Eine Alibiveranstaltung also, dieses Gespräch hier, ja? Da wird in der Geschäftsleitung einfach etwas beschlossen! Selbstverständlich wird der Projektleiter mit Fakten konfrontiert und mit einem geheuchelten Gesprächsangebot geködert. Genau genommen haben Sie gelogen, als Sie sagten, wir wollten über zukünftige Perspektiven des Projekts sprechen!« »Nun mal nicht so hitzig! Sie wissen doch gar nicht, welche Informationen wir eingeholt haben, um die Entscheidung zu treffen. Sie wären von der Entscheidung übrigens nicht so überrascht, wenn Sie sich stärker um die Marktforschung gekümmert hätten!« – »Ach, jetzt bin ich auch noch Schuld daran, dass das Projekt ermordet wird! Womöglich soll ich die Todesurkunde unterschreiben und selbstverständlich meinen Leuten gut begründet verkaufen!«

Damit gelangt der Konflikt auf die Ebene vier. Geschäftsführerin: »Sie sind Projektleiter eines der wichtigsten Projekte – und haben selbstverständlich die Pflicht, das Interesse der Geschäftsleitung und des Unternehmens auch nach innen zu vertreten. Sie haben dafür zu sorgen, dass unangenehme Entscheidungen von Ihren Mitarbeitern akzeptiert werden und diese nicht in die Demotivation abdriften.« – Projektleiter: »So ist das also. Was Sie nicht sagen. Sie haben überhaupt keine Ahnung von der Stimmung im Betrieb! Die ist wegen der Geschäftslage, aber vor allem wegen der miesen Informationspolitik seitens der Geschäftsführung schon länger im Keller. Sie können froh sein, dass die Leute so loyal sind und ihre Arbeit mehrheitlich gern machen. Und jetzt betrügen Sie sie auch noch um diese Freude! – Ich(!) werde das Ende der letzten Hoffnung meinen Leuten gewiss nicht mitteilen. Das machen Sie gefälligst selbst!«

Mit diesem Appell verlassen wir das Wortgefecht. Führen Sie ihn, werte Leser, gemäß Ihren eigenen Erfahrungen gern zu Ende.

Die psychischen Mechanismen

Mit den »psychischen Mechanismen« (Friedrich Glasl) sind jene kognitven, affektiven und emotionalen Abläufe bezeichnet, die bewirken, dass der Konflikt die Steuerung übernimmt. In ihrer Wirkungsweise umfassen sie korrelativeVeränderungsprozesse im

- Fühlen,
- Wahrnehmen, Vorstellen, Denken,
- Wollen und
- Verhalten.

Die Ausprägung der Veränderungen im emotionalen, perzeptiven und kognitiven, motivationalen oder volitionalen sowie im behavioralen Erleben bestimmt, ob und inwieweit ein Konflikt eskaliert. Sie definiert die Richtung, in die sich der Konfliktverlauf entwickelt. Insofern ist es nützlich, einen Überblick über jene essenziellen Mechanismen zu haben, die verdeutlichen, wie Konflikte eskalieren, und wie es dazu kommt, dass Menschen unversehens in einen Konflikt hineinschlittern und schließlich schwerlich wieder hinausfinden.

Fühlen: Aus der Perspektive des Fühlens nimmt im Konflikterleben die eigene Empfindlichkeit zu. Die Kontrahenten achten auf Zwischentöne. Gleichzeitig streben sie danach, sich nicht verunsichern oder aus der Fassung bringen zu lassen. Allmählich entwickeln sich emotionale und kognitive Dissonanzen: Finden die Parteien zu Beginn aneinander sympathische Züge und äußern noch einiges Verständnis für deren Position und Sichtweise, schleichen sich in diese Gefühle und Einschätzungen allmählich negative ein. Dies verwirrt, erzeugt Ambivalenzen, innere Unordnung und beeinträchtigt die Handlungssicherheit.

Um die inneren Dissonanzen loszuwerden und innere Ordnung wieder herzustellen, beginnen die Beteiligten, zu polarisieren, schwarz-weiß oder binär zu codieren. Das Entweder–Oder schafft klare Verhältnisse, indem die angenehmen Gefühle für die eigene Partei reserviert, die unangenehmen für den Kontrahenten bereitgestellt werden.

Wahrnehmen, Vorstellen, Denken: Der Preis ist hoch: Die Beteiligten verlieren das Gefühl und den Blick für den anderen. Empathie geht verloren. Dieser Verlust hängt mit dem Zusammenspiel von Fühlen und Denken zu zusammen. Denn der gleiche Prozess findet im kognitiven Bereich statt. Die Parteien tendieren dazu, das eigene Wahrnehmen für wirklich und wahr zu halten. Diese Monopolstellung provoziert Wahrnehmungslücken und Wahrnehmungsverzerrungen. In der Folge entfernen sich die Parteien immer mehr voneinander, sodass sie jede zunehmend auf eigenen Vermutungen bauen. Der Realitätscheck wird vermieden. Vermutungen gelten als Fakten. Da dies beide Parteien tun, kapseln sie sich voreinander ab. Am Ende dieses Abkopplungsprozesses steht, dass jede Partei ein Bild von der anderen hat, das nicht den realen Verhältnissen entsprechen muss, und folglich Bilder oder geronnene Vorurteile von Personen aufeinander reagieren.

Im Zuge der emotionalen Erregung stellen sich die Wahrnehmungsfilter um, und mit ihnen das Vorstellen und Denken. Die Kontrahenten nehmen zunehmend selektiv wahr. Ihre »Antennen« empfangen vor allem das, was ihren Erwartungen und Vorstellungen von dem entpricht, was jede Partei dem Gegner zutraut oder nicht. Auf diese Weise verstärken sich negative Bilder und Vorurteile. In der dynamischen Logik der Selffulfilling Prophecy werden die Annahmen und Vorhersagen sukzessive bestätigt.

Mit der Zeit bildet sich ein »Röhrenblick« (Friedrich Glasl) aus: Die Wirklichkeit, die die Parteien wahrnehmen, nimmt an Komplexität und Differenziertheit ab, an Einfachheit und Einfältigkeit zu. Auch die mittel- und langfristigen Folgen des eigenen Tuns werden immer weniger überlegt und in das eigene Verhalten eingebaut.

Wollen: Die Einseitigkeit im Fühlen und Wahrnehmen sowie Denken wirkt sich darauf aus, was die Personen wollen. Die Vorstellungen sowohl vom Lösungsweg als auch vom Ziel selbst lassen immer weniger Spielraum und Varianz zu. Der Wille tendiert dazu, sich auf bestimmte Vorstellungen zu versteifen. Er beharrt darauf, ein Ziel ausschließlich auf dem und dem Weg zu verfolgen. Als Ziel oder Lösung kommt nur das und das in Frage. Der Wille verengt sich also, wird absolut, radikal und ultimativ.

Verhalten: Die Logik der Egozentrierung pflanzt sich im Repertoire der Verhaltensoptionen fort. Zum einen nimmt ihre Vielfalt ab. Zum anderen decken sich die Absichten immer weniger mit dem, was durch Worte und/oder Taten angezettelt wird. Der Konflikt ist im Anmarsch, die Kontrolle zu übernehmen. Denn: Worte und Taten rufen zunehmend Wirkungen hervor, die die Streitenden nicht beabsichtigen. Erkennen sie dies, ärgern sie sich über sich selbst – und bestrafen den anderen, weil der schuld an der eigenen Irrationalität sein muss.

Diese Projektion dient der eigenen Entlastung und dem Schutz des Selbstwertgefühls. Bemerken die Kontrahenten den Fauxpas nicht, interpretieren sie die aggressivere Gegenreaktion als verstärkte Feindschaft. Deshalb reagieren die Parteien mit Gegenangriffen massiverer Art. Es entstehen »dämonisierte Zonen« (Friedrich Glasl): Der Gegner wird durch mein Handeln zu Reaktionen veranlasst, deren Folgen er nicht wollte. Ich schlage mit geballter Kraft zurück und rufe damit meinerseits unbeabsichtigte Wirkungen hervor. Die jeweiligen Konsequenzen sind unleugbar. Trotzdem übernimmt keine Partei die Verantwortung für diese Dynamik. Damit berauben sie sich der Möglichkeit, diese Spirale und das Muster der Eskalation zu unterbrechen und das Steuerrad wieder zu übernehmen.

Die neun Eskalationsstufen

Das skizzierte Vier-Ebenen-Modell exponiert jene psychischen Mechanismen, die in einen neuen Konflikt führen: Neben dem »eigentlichen«, inhaltlich bestimmten Anlass, sorgt die Eskalation dafür, dass die Personen über den Konflikt selbst streiten: den Konflikt über den Konflikt haben.

Die neunstufige Eskalationsdynamik von Friedrich Glasl stellt heraus, was genau Verschärfung in welcher Phase der Auseinandersetzung meint. Sie differenziert einzelne Episoden, neun an der Zahl, und gruppiert sie in drei Phasen des konfliktuellen Geschehens. Jeder Stufenwechsel gleicht dem Überschreiten einer Schwelle, und jedes Überschreiten bezeichnet eine neue Qualität im Konflikt. Diese ist identisch mit Verschärfung, und diese wiederum indiziert, dass konstruktive Lösungen in wachsendem Maße in weite Ferne rücken.

Phase 1

1. Verhärtung
2. Debatte und Polemik
3. Taten statt Worte

Phase 2

4. Ansehen und
   Koalitionen
5. Gesichtsverlust
6. Drohungen

Phase 3

7. begrenzte Vernich-
   tungsschläge
8. Zersplitterung
   des Feindes
9. gemeinsam
   in den Abgrund

Win-win	Win-lose	Lose-lose

Die erste Phase weist drei Eskalationsstufen auf: Verhärtung, Debatte und Polemik, Taten statt Worte. Diese Phase befindet sich noch auf einem Win-win-Level.

Erste Stufe: Verhärtung: Typisch für diese erste Stufe ist, dass aus unterschiedlichen Interessen Standpunkte werden, die aufeinander prallen. Zeitweilige Ausrutscher bewirken Irritationen und Verunsicherung, sodass die Parteien sich gegeneinander zu verschließen beginnen. Vorbehalte nehmen zu, und die Kommunikation leidet unter der zunehmend einseitigen selektiven Filterung der Wahrnehmung. Es entsteht ein Bewusstsein der bestehenden Spannung. Noch herrscht die Überzeugung vor, die Spannung in gemeinsamen Gesprächen lösen zu können. Die Bereitschaft zur Kooperation ist noch stärker als das Rivalitätsdenken.

Zweite Stufe: Debatte und Polemik: Auf dieser zweiten Stufe werden die Gegensätze zunehmend durch Debattieren und Polemisieren ausgetragen. Polarisierungen und Schwarz-Weiß-Denken prägen die Auseinandersetzung. Entsprechend nimmt das wechselseitige Zuhören und Aufeinandereingehen stetig ab. Polemik bricht immer stärker durch. Es werden trickreiche verbale Taktiken gefahren. Argumente werden genutzt, um die eigene Überlegenheit zu sichern und um den anderen zu verunsichern. Zwischen Fakten werden kausale Verknüpfungen behauptet. Anspielungen, Seitenhiebe, vordergründige Höflichkeit – das alles sind Züge im Kampf um die eigene Überlegenheit. Allianzbildung setzt ein: Unter Einbeziehung von Dritten will man sich Anerkennung holen. Noch wechseln sich Haltungen der Kooperation und Konkurrenz ab. Es dominiert noch immer der Wunsch, durch Diskussion zur Lösung zu kommen.

Dritte Stufe: Taten statt Worte: Auf dieser dritten Stufe herrscht das Gefühl vor, dass das Miteinanderreden nichts mehr hilft, also müssen Taten beweisen, worum es geht. Es kommt zur Konfrontation. Diskrepanzen zwischen verbalen Aussagen und nonverbalem Verhalten nehmen zu. Pessimistische Erwartungen, die aus gewachsenem Misstrauen resultieren, bewirken, dass sich die Parteien zunehmend abgrenzen. Eine rivalistische Haltung dominiert.

Die Erfahrung zeigt, dass in dieser ersten Phase die Möglichkeit besteht, die Wende zum Konstruktiven zu bewerkstelligen, weil noch kein irreversibler Schaden angerichtet ist. Die anschließende Phase 2 durchläuft die Stufen: Ansehen oder Image und Koalitionen, Gesichtsverlust und Drohungen.

Stufe vier: Ansehen und Koalitionen: Vorurteile verdichten sich auf dieser Stufe zu Stereotypen und Klischees. Es werden Imagekampagnen initiiert und Gerüchte in die Welt gesetzt, die die Auseinandersetzung beherrschen. Dadurch manövrieren sich die Gegner in negative Rollen und bekämpfen diese. Der Prozess der Selffulfilling Prophecy wird eingeleitet durch die Fixierung auf einseitige und verzerrte Feindbilder, die durch neue Erfahrungen nicht mehr korrigiert werden. Es wird mit Mitteln des kalten Konflikts operiert: mit nicht nachweisbaren Böswilligkeiten. Das Koalieren der Konfliktparteien folgt der Intention, die eigenen Interessen und die eigene Position zu stärken. In der Erwartung, durch ein Bündnis die eigene Macht auszubauen oder zu untermauern, suchen sie nach Personen oder Gruppen, die diese Funktion erfüllen können.

Fünfte Stufe: Gesichtsverlust: Kränkungen und Beleidigungen werden als intendierte Anschläge auf den Kontrahenten interpretiert und nicht mehr als versehentliche Übergriffe. Die Parteien sind jetzt der Überzeugung, die destruktiven Motive des Feindes zu durchschauen. Deshalb wird die gemeinsame Geschichte rückwirkend neu geschrieben: Alle Erlebnisse werden jetzt »passend« ausgemalt. Die verwerflichen, feindseligen Absichten werden als von Beginn an vorhanden unterstellt. Das legitimiert rücksichtslose Attacken, deren Ziel der Gesichtsverlust des Gegners ist.

Sechste Stufe: Drohungen: Die Spirale von Drohung und Gegendrohung dreht sich immer schneller, die Parteien wollen einander durch Drohungen zum Nachgeben zwingen. Da Drohungen nur dann wirken, wenn der Gegner glaubt, dass der Drohende seine Ankündigung realisieren kann, muss der Drohende seine Entschlossenheit demonstrieren. Drohungen erzwingen Selbstbindungsaktivitäten. Sie erzeugen auch beim Drohenden Handlungszwang. Dadurch besteht die Gefahr, dass ihm die Zügel aus den Händen gleiten und eigene Initiativen unmöglich werden. Beide Parteien stehen unter enormer Anspannung. Dieser Stress wird durch ultimative Forderungen und Gegenforderungen laufend gesteigert.

In dieser zweiten Phase ist eine konstruktive Wende ohne externe Beratung oder Mediation erschwert. Ab der fünften Stufe ist eine solche Wende zwischen den beiden Parteilen kaum noch möglich. Zu viel Schaden ist angerichtet an den Selbstbildern, Selbstwertgefühl und Entfremdung beziehungsweise feindselige Beziehungsdefinition.

Die darauf folgende Phase 3 durchläuft die Eskalationsstufen: begrenzte Vernichtungsschläge, Zersplitterung des Feindes und gemeinsam in den Abgrund. Im privaten wie im betrieblichen Alltag ist die siebte Stufe noch relativ häufig zu finden, während achte und neunte Stufe nur selten auftreten.

Siebte Stufe: Begrenzte Vernichtungsschläge: Die Kontrahenten sind auf dieser Stufe der Überzeugung, dass es nichts mehr zu gewinnen gibt. Entscheidend ist für sie, ob der Verlust auf der gegnerischen Seite größer ist als der eigene. Der Schaden des anderen wird zum Anlass zur Freude. Drohungen werden in die Tat umgesetzt, begrenzte Zerstörungen sind als passende Antwort gemeint. Überproportionale Gegenschläge werden noch vermieden, weil man selbst überleben will.

Achte Stufe: Zersplitterung des Feindes: Die Kontrahenten visieren die Zersplitterung des feindlichen Systems an. Deshalb versuchen sie, vitale Systemfaktoren oder Organe zu zerstören und das System dadurch funktionsuntüchtig beziehungsweise unsteuerbar zu machen. Angestrebt wird die totale Zerstörung des Gegners durch Lahmlegen wichtiger Funktionen und begrenzt kalkulierte Anschläge, allerdings mit Inkaufnahme von Kollateralschäden.

Neunte Stufe: Gemeinsam in den Abgrund: Man sieht auf dieser letzten Stufe keinen akzeptablen Weg mehr zurück. Die Parteien gehen auf totale Konfrontation, deren einziges Ziel in der Vernichtung des Feindes besteht, auch zum Preis der Selbstvernichtung. »Rosenkrieg«.

> **Zusammenfassung**
>
> Das Stufenmodell zeigt idealtypisch auf, welche Phasen der Verschärfung mehr oder weniger allmählich durchstritten werden. Dabei geht es hin und her; nicht jeder Konflikt folgt geradlinig der Stufenfolge. Die Funktion des Modells der Eskalationslogik liegt darin, zu verdeutlichen, wodurch Konflikte heftig, scharf und unerbittlich werden. Es hilft, diagnostische Bemühungen in systematische Fragen zu kleiden, den Eskalationsgrad einzuschätzen und folglich Interventionen zu erwägen, die eine Wende zum Konstruktiven in Aussicht stellen.
> Meistens intensiviert sich ein Konflikt sukzessive. Ein Mindestmaß an Harmoniebedürfnis hemmt Menschen in der Regel, sofort mit der Tür ins Haus zu stürmen, aufs Ganze zu gehen und vielleicht Vertrauen auf Nimmerwiedersehen zu verabschieden.

Das folgende Beispiel auf den nächsten Seiten zeigt, wie schnell die schrittweise Verschärfung verlaufen und wie zwischen den Stufen hin- und hergesprungen werden kann.

Gute Beziehung – Was nun?

Martin Mohn (50 Jahre) und Tim Klar (43 Jahre) arbeiten seit vier Jahren zusammen. Herr Klar ist Herrn Mohn unterstellt. Zwischen ihnen hat sich ein freundschaftliches Verhältnis entwickelt.

Die Zusammenarbeit klappte bis vor etwa einem Jahr außergewöhnlich gut. Dann stellte Herr Mohn allerdings fest, dass Tim Klar die freundschaftliche Beziehung sozusagen ins Büro trug. Das zeigte sich beispielsweise darin, dass dieser die Aufträge, die er von Herrn Mohn erhielt, »endlos« diskutieren wollte; oder darin, dass er Hinweise auf mangelhafte Qualität auf die leichte Schulter nahm. Er spielte die Ernsthaftigkeit, mit der Herr Mohn seine Kritik vorbrachte, zunehmend mit dem Hinweis auf die Freundschaft herunter und veränderte sein Verhalten nicht.

Herr Mohn ist ratlos, wie er damit umgehen soll. Er sieht sich in der Verantwortung, die Aufgaben mit seinem Team im Dienst der Abteilung und der Firma sehr gut zu erledigen. Dazu gehört auch, dass Herr Klar seinen Beitrag leistet und nicht bevorzugt wird. Gleichzeitig will er die Freundschaft mit Herrn Klar nicht riskieren. Aus diesem Grund hat Herr Mohn seine Kritik bisher vorsichtig geäußert.

Heute treffen sich die beiden Herren im Büro von Martin Mohn, der sich nach dem Verlauf des Projekts erkundigt, das Tim Klar leitet. Hier der Dialog mit in Klammern gesetzten Bemerkungen zur Eskalation.

M: »Na, Tim, wie steht es denn mit dem Projekt?«

T: »Och, ganz gut.«

M: »Was heißt das? Seit ihr im Zeitplan?«

T: »Im Großen und Ganzen schon, ja. Es gibt einige Verzögerungen. Es geht um etwa dreieinhalb Wochen; aber das wird schon.«

M: »Wir können uns Verzögerungen dieses Mal nicht leisten. Darauf habe ich schon mehrmals hingewiesen. Wie wirst du die Zeit wieder einholen?«

T: »Ja, ja, ich weiß, dass es dieses Mal verdammt heikel ist, zeitlich zu überziehen. Aber ich kann es halt nicht ändern. Und was heißt schon ›einholen‹? – Der Fortschritt hängt nicht allein von mir ab! Erwarte von mir bitte keine Wunder!«

M: »Ich erwarte keine Wunder, sondern dass du deiner Verantwortung für das Projekt nachkommst, deinen Aufgaben sorgfältig nachgehst und dich an Vereinbarungen hältst!«

T: »He, würdest du bitte aufpassen, wie du mit mir redest! – Der Zeitplan kann nicht eingehalten werden, weil Störungen im Ablauf an den Schnittstellen aufgetreten sind und sich einige Entwickler übernommen haben. An den Verzögerungen kann auch dein Chefgetue nichts ändern.«

(Langsam schleicht sich die Beziehungsebene ein; Stufen 1 und 2.)

M: »Bleib bitte sachlich. Wir sind im Geschäft, und da trage ich nun mal die Verantwortung dafür, dass alles läuft. Ich bitte dich deshalb, mir bis morgen gegen Mittag, bis spätestens 14 Uhr, einen schriftlichen Bericht darüber zu geben, welche Störungen zu welchen Zeitverschiebungen führen.«

T: »Wie soll ich das denn machen?! –Übertreibe es nicht, ja? Es geht nur eines: Bericht schreiben oder schauen, dass es vorangeht. Was ist dem werten Chef denn lieber, hä?«

M: »Tim, ich brauche den Bericht bis morgen, weil ich der Geschäftsführung rapportieren muss.« (Versuch, auf Stufe 1 zu wechseln mit der Absicht, Einsicht bei Tim Klar zu erzeugen und damit Verständnis für die Forderung.)

T: »Dann verschiebe den Termin mit denen halt. Die können auch mal warten!« (Tim Klar reagiert auf das Befriedungsangebot nicht, sondern macht auf der zweiten Stufe weiter, mit Neigung zur dritten Stufe.)

M: »Nun gut. Du willst es offenkundig nicht anders. Auch wenn es mir schwerfällt: Ich habe mir deine saloppe Art jetzt lange genug gefallen lassen und dabei einige Rügen von oben kassiert. Bei diesem wichtigen Projekt habe ich keine Lust, wieder Kritik zu ernten und mit meiner Verantwortung nachlässig umzugehen, weil ich einer Person gegenüber generös bin. Ich stelle dir ein Ultimatum: Entweder ich habe den Bericht bis morgen spätestens um 14 Uhr oder ich entziehe dir die Leitung des Projekts dann mit sofortiger Wirkung!« (Wechsel von der ersten Stufe auf die fünfte und sechste Stufe: Drohung mit Gesichtsverlust.)

T: »Sag mal, du spinnst wohl! Was soll denn das Theater jetzt? Wir sind bisher immer gut miteinander klar gekommen. Außerdem sind wir Freunde!« (Versuch, wieder auf die erste Stufe zu wechseln, indem er an die Beziehung [Freundschaft] appelliert und so auf Milde hofft. Er mischt Sach- und Beziehungsebene, was beschwichtigen soll.) »Außerdem wüsste ich nicht, wen du da nehmen könntest. Also, was soll die Droherei? Was meinst du, wenn ich mit Dienst nach Vorschrift reagieren würde, hä?« (Sprung auf die sechste Stufe: Gegendrohung und Abtasten der Ernsthaftigkeit der Drohung von Martin Mohn.)

M: »Erstens habe ich sehr wohl eine Person im Auge. Und zweitens würde ich deine Streikerei mit Absetzung beantworten.«

T: »Du spinnst total! Wie würde es wirken, wenn du mich absetztest? Jeder weiß doch, dass wir befreundet sind. Ach, das könntest du dir vom Image gar nicht leisten. Verliere ich das Gesicht, verlierst du es auch!« (Beide verbleiben auf der sechsten Stufe mit Hinweis darauf, auf den Stufen 4 und 5 M: »Ich würde den Schaden besser überstehen als du. Ich kann dir nur raten, dich diesmal zusammenzureißen. Wenn nicht, kann ich dir nicht mehr helfen. Ich habe schließlich die Verantwortung und muss im Interesse der Firma handeln.« aktiv werden zu können. Zudem kommt hier die verbale Ankündigung, auf die siebte Stufe zu wechseln.)

(Einsicht, dass eine weitere Eskalation zur Realisierung der Drohung zwingt und damit die siebte Stufe gezündet wäre. Entschluss, dies nicht unnötig zu riskieren, weil damit auch die Freundschaft zerstört wäre. Deshalb erfolgt an dieser Stelle die Kurve hoch zu ersten Stufe mit dem Signal, eine gütliche Einigung zu probieren.)

Modelle und Konzepte im praktischen Umgehen mit interpersonellen Konflikten

Aus der Vielfalt möglicher Umgehensweisen heben die folgenden Ausführungen drei Konzepte hervor:

- Das erste Konzept differenziert fünf Strategien, die empirisch genutzt werden. Neben der Skizze der Vorgehensweisen relationiere ich jede Strategie in Bezug auf die Grundmotivation in der Gefühlsausrichtung und die Grundeinstellung in der Beziehungsorientierung. Die Funktion dieser Relationierung liegt in einem praktisch nützlichen Effekt. Je besser Personen die grundsätzlich wirkenden Motivationen und Beziehungsdefinitionen einschätzen können, desto empathischer können sie sich aufeinander einstellen (die Berechenbarkeit wächst), was zur Folge hat, dass sie den Konfliktverlauf bewusst(er) gestalten können und die Wahrscheinlichkeit zunimmt, eine tragfähige Lösung zu finden.
- Die zweite Perspektive rückt Konfliktarten in den Vordergrund und fragt nach den Schwerpunkten in der Konfliktbehandlung.
- Die dritte Perspektive bietet methodische Anregungen, sich im Konflikt zu verhalten.

Die erste Perspektive: Die fünf Strategien

Die fünf Strategien orientieren sich an zwei Perspektiven: dem Anliegen, primär oder tendenziell zuerst eigene Bedürfnisse zu befriedigen beziehungsweise primär oder tendenziell zuerst die Befriedigung der Bedürfnisse des Partners anzustreben (Mahlmann 1998).

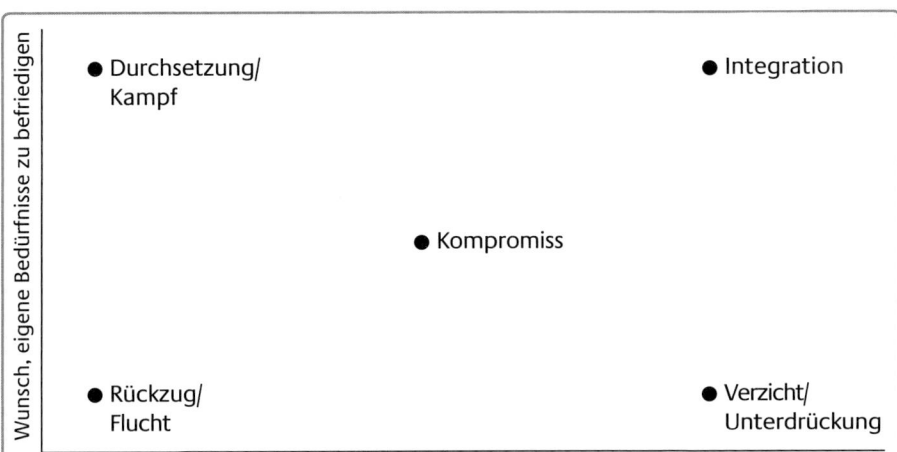

Rückzug oder Flucht: Die Parteien A und B haben einen Konflikt. A zieht sich zurück und verzichtet darauf, eigene Interessen zu verwirklichen. Inwiefern Partei B ihre Interressen entfalten kann, hängt davon ab, inwiefern B auf A angewiesen ist. Im Regelfall verlieren beide.

Aufschiebende Wirkung durch Flucht

Herr Martin Mohn und Tim Klar wissen beide um die Spannung in der Arbeitsbeziehung. Martin Mohn geht auf Tim Klar zu und möchte mit ihm einen Termin und Ort für eine offene Aussprache festlegen. Herrn Klar ist diese Aussicht unangenehm. Deshalb erwidert er: »Äh, tut mir leid. Aber ich habe meinen Planer nicht dabei und kann überhaupt nicht absehen, wann ich Zeit habe.« – Diese Flucht lässt eine gespannte Atmosphäre und einen frustrierten Martin Mohn zurück. Der »Vorteil« von Herrn Klar (Vermeidung der Konfrontation) ist kurzfristig; denn der Konflikt schwelt weiter und wird über kurz oder lang wieder an der Oberfläche auftauchen. Wie der Volksmund sagt: Aufgeschoben ist nicht aufgehoben.

Offenkundig bevorzugt Martin Mohn den kooperativen Umgang und wird sowohl vom Glauben an »Klären durch Gespräch« als auch von Hinwendung dazu motiviert, auf Tim Klar zuzugehen. Dieser hingegen scheint der Gefühlsausrichtung Abwendung näherzustehen und präferiert die individualistische Grundeinstellung. – In einer solchen Situation bedarf es großer Anstrengung, Geduld, Feingefühl und Gelassenheit, um trotz divergenter

Handlungstendenzen die Option auf einen gemeinsamen Weg mit einem gemeinsamen Ziel zu definieren und zu verfolgen.

Unterdrückung: Partei A ergibt sich und überlässt Partei das Feld. A gibt zwar die eigenen Wünsche, Interessen nicht explizit oder bewusst auf, tut indes im Konflikt so, da A sie unterdrückt. Daher »verliert« A. (Korrigiert Partei A ihre Zielvorstellung, verändert sich die Bewertung.) B wird, je nach Abhängigkeit von der Mitwirkungsnotwendigkeit von A, im günstigsten Fall gewinnen. Der Konflikt wird nicht bearbeitet oder manifest gemacht, sondern verdeckt oder – von A – geleugnet.

Unterdrückung kann helfen, aber nicht lösen

Nach der Abfuhr, die Herr Mohn erlitten hat, kann er sein Bedürfnis nach einem klärenden Gespräch unterdrücken. Das ist schmerzhaft und bindet psychische Energie. Intrapsychologisch wird dies mit Verdrängung, Ablenkung oder Sublimierung beantwortet. Herr Mohn könnte sein Bedürfnis strikt leugnen: »Ich will das gar nicht.« Ferner könnte er seinen Wunsch und den Konfliktanlass bagatellisieren: »Ich bin wohl zu empfindlich. Eigentlich ist alles in Ordnung. Außerdem gehört zu einem Manager die Fähigkeit, Spannung auszuhalten.« Er könnte Ablenkung suchen: »Am besten kümmere ich mich um meine anderen Mitarbeiter. Ich glaube, die habe ich ohnehin vernachlässigt.« Oder er kann sublimieren: »Ich sollte meine Kritik in ein offizielles Qualifikationsgespräch einflechten.«

Die in Rede stehende Strategie verlegt den interpersonellen Konflikt schwerpunktmäßig ins Innere. Dazu tendieren insbesondere Nähe suchende Menschen, die aufgrund ihres Konsensbedürfnisses der kooperativen Einstellung anhängen.

Kampf oder Durchsetzung: Hier stehen das eigene Interesse und das Ziel im Vordergrund. Zu ihrer Durchsetzung werden offene Angriffe oder versteckte Attacken gefahren. Am Ende gibt es einen Verlierer und einen Gewinner. (Der Sieg kann allerdings trügerisch sein. Denn kurzfristig trägt der Sieger zwar die Durchsetzung seiner Bedürfnisse als Trophäe vom Schlachtfeld. Als Preis muss er die Zerstörung der Beziehung in Kauf nehmen und damit rechnen, dass der Verlierer auf seine Gelegenheit lauert, es ihm heimzuzahlen.)

Machtausübung kann eine Chance sein

Martin Mohn könnte sich mit der Abfuhr von Tim Klar nicht zufrieden geben und auf Kampf umstellen. Als »kalter Krieg« geführt, könnte er beispielsweise ein Mitarbeitergespräch ansetzen und so Herrn Klar dazu zwingen, mit ihm zu reden. Er könnte sich auch entschließen, den Konflikt »heiß« auszutragen und sich durchzusetzen, indem er seinem Mitarbeiter mit Abmahnung droht und ihn mittels eines Ultimatums erpresst.

Im Rahmen seiner Zielsetzung, nämlich eine Aussprache mit Tim Klar zu führen, sind die Chancen mit der Kampfstrategie gering. Die Kampfstrategie wird vor allem von Personen bevorzugt, deren Gefühlsausrichtung Gegenwendung und deren Grundeinstellung rivalisierend ist – oder Verzweiflung als Ultima Ratio begriffen wird.

Kompromiss: Kompromiss ist der Versuch, beidseitig »ein wenig zu gewinnen«, was logisch und praktisch bedeutet, gleichzeitig »ein wenig zu verlieren«. Die Parteien treffen sich in der viel zitierten »Mitte«, die nichts anderes symbolisiert als eine beidseitig akzeptierte tragfähige Lösung. Die Mitte symbolisiert die Bereitschaft, von der Realisierung eigener Interessen Abstriche zu machen. Der Kern eines guten Kompromisses besteht darin, dass beide Seiten ihre Kerninteressen verwirklicht finden.

Aufeinanderzugehen ermöglicht ein tragfähiges Ergebnis

Im Fall des Kompromisses liegt es auf der Hand, dass sowohl Martin Mohn als auch Tim Klar grundsätzlich bereit sein müssen, aufeinander zuzugehen. Es kann sein, dass es Herrn Mohn gelingt, diese Konzilianz in Tim Klar zu wecken, indem er ihm anbietet, sich abends auf ein Glas Wein zu treffen. Dadurch wäre der Aussprache der förmliche und strenge Charakter genommen. Das Bedrohungspotenzial wäre entschärft.

Durchaus möglich ist ferner, dass Herr Klar die Notwendigkeit einer Aussprache einsieht und von sich aus einen Termin nennt. Dieser Termin läge wahrscheinlich in der Zukunft (in ein bis zwei Wochen), weil Herr Klar einer Scheu oder Abneigung (Es-Impulse, Unlustprinzip), vielleicht auch seinem schlechten Gewissen über seine defizitäre Arbeitsleistung (Über-Ich-Impuls) Rechnung tragen muss. Herr Mohn könnte dies akzeptieren, weil sein Wunsch erfüllt wird, wenn auch nicht sofort.

Weiteres Beispiel: Im April ist es an diesem Tag außergewöhnlich warm. Beim Meeting des Projektteams schlägt ein Mitglied vor, das Meeting für einen Eis-Essen-Aufenthalt im Freien zu unterbrechen und noch einen Spaziergang am Fluss dranzuhängen. Die Leiterin verneint mit Hinweis auf die Dringlichkeit, im Projekt bestimmte Etappen noch an diesem Tage zu absolvieren. Der Kollege knurrt den Verweis, so einen Tag gebe es im April und noch dazu nach diesem düsteren und langen Winter ganz bestimmt nur ein einziges Mal! Nach einigem Hin und Her einigen sich alle auf ein Sowohl-als-Auch: Das Meeting findet bei Espresso und Eis statt, und nach getaner Arbeit gibt es noch einen ausgedehnten Spaziergang am Fluss mit Einkehr im Biergarten.

Die Kompromissstrategie wählen vorzugsweise Personen mit kooperativ ausgerichteter Einstellung. Tendieren sie zudem zu Hinwendung, stehen die Vorzeichen für nachhaltige Lösungen insofern gut, als Empathie als zusätzlicher Türöffner wirken kann. Von individualistisch Orientierten wird die Kompromissstrategie von Fall zu Fall, je nach Interessenlage, angewandt. Da sie primär auf sich selbst gerichtet sind und ihre Bedürfnisse ins Zentrum stellen, fallen Kompromisse prinzipiell »wackeliger« aus. Das Risiko des Konfliktpartners besteht darin, »über den Tisch gezogen« oder »eingeseift« zu werden und sich auf einen Kompromiss einzulassen, der sich im Nachhinein als faul entpuppt – und den Konflikt zeitlich verlagert, aber nicht löst.

Integration: Die Integration steht unter dem Stern, Synergie und Synthese zu realisieren. Die Kontrahenten sind gleichermaßen bestrebt, Verständnis für die Interessen und Motive des anderen zu entwickeln. Sie suchen gemeinsam nach Wegen und Lösungsoptionen, die es erlauben, dass beide Interessenlagen zum Tragen kommen. Partei A bezieht alle Aspekte von B in ihre Überlegungen ein und umgekehrt. So wächst die Wahrscheinlichkeit, dass beide gewinnen. Dieses Verfahren eröffnet neue Lösungen, an die niemand vorher gedacht hat. Das Spektrum des Möglichen wird neu entdeckt. (Hier empfiehlt sich besonders das Harvard-Verhandlungskonzept, s. S. 197 ff.)

Das Optimum realisieren

Martin Mohn und Tim Klar würden in diesem Fall den Weg zum Ziel machen. Denn eine integrative Strategie impliziert das Offenlegen aller Karten, also bereits die von Herrn Mohn angestrebte Aussprache, an der sich beide mit dem Vertrauen darauf beteiligen, dass beide eine optimale Lösung für beide erzielen wollen.

Es ist selbstredend, dass die Integration besonders kooperativen und zuwendungsgesteuerten Personen liegt; denn neben kollegialen Normen ist ihnen Empatie ein Anliegen. Kooperative Einstellung in Kombination mit der individualistischen Beziehungsorientierung erschwert die Durchführung der integrativen Strategie. Denn die Gewichtsverlagerung der normalen Ich-Bezogenheit auf eine Du-Bezogenheit muss gezielt, bewusst und unter höchster Aufmerksamkeit geleistet werden. Ähnlich verhält es sich bei der Konstellation Abwendung und Kooperation. Bei Gegenwendung im Verbund mit Rivalismus erscheint die Integration als Option gar nicht erst am Horizont.

Die zweite Perspektive: Konfliktarten

Eine weitere Strategie kann sich die erwähnte Differenzierung in Konfliktarten zunutze machen. Die Beispiele knüpfen an die im Abschnitt »Welche unterschiedlichen Konfliktarten gibt es?« (s. S. 162) skizzierten Konfliktarten und dort gezeichneten Fallvignetten an.

Interessenkonflikt: Der konfliktlösungsstrategische Akzent liegt darauf, die im Spiel befindlichen Wünsche, Ziele, Befürchtungen offenzulegen. Die wechselseitige Kenntnis ermöglicht, dass die Parteien einander verstehen und das Verhalten nachvollziehen können. Der Verstehensprozess wird gefördert, wenn zusätzlich das Warum und Wozu, also Begründung und Ziel formuliert werden, da sie die Einbettung der Motive und Interessen in einen Zusammenhang liefern. Dies kann dazu führen, dass alle neu denken.

Funktionsbedingt gegenläufige Interessen

Produktionschef und Verkaufschefin erläutern mit ihren entgegengesetzten Interessen einander, in welchem Pflicht- und Zielzusammenhang ihre Interessen stehen. Sie fördern das wechselseitige Verstehen, wenn sie dabei zwei Argumentations- oder Fragelogiken nutzen: »Ich brauche möglichst viel von …, um …« und: »Wenn ich das nicht habe, dann passiert …« Beispielsweise argumentiert der Produktionschef: »Ich brauche möglichst viele Aufträge, die den standardisierten Abläufen entsprechen, weil ich sonst weniger externe Aufträge bearbeiten kann. Diese benötige ich, um die Produktion auszulasten und mit dem erwirtschafteten Überschuss der Forschungs- und Entwicklungsabteilung unter die Arme zu greifen …«

Ziel- und Beurteilungskonflikt: Da Ziele Ergebnisse von Beurteilungsprozessen sind, gehören Ziele und Beurteilung zusammen. Im ersten Schritt geht es darum, die Wahrscheinlichkeit zu erhöhen, dass die Kontrahenten nachvollziehen können, welches Ziel verfolgt wird. Es empfiehlt sich, die Vernetzung der eigenen Ziele mit weiteren Zielen und denen anderer Personen, Abteilungen, Bereiche, Hierarchieebenen darzustellen. Dies hat neben der Mitteilung den Effekt, dass beiläufig eine Zielüberprüfung stattfindet. (Diese kann auch systematisch betrieben werden.) Alle Ziele werden in den übergeordneten gemeinsamen Kontext eingegliedert. Ihr Stellenwert wird überprüft. Der Prozess kann mit Fragen beginnen wie:

- Wer verfolgt welche Ziele?
- Welche Funktion haben sie im übergeordneten Zielsystem des Konfliktumfeldes?

Gegebenenfalls kommt es zu Ziel- oder Präferenzkorrekturen.

In einer weiteren Möglichkeit, sich zu einigen, führt die Aufmerksamkeit vom Ziel weg und zum Weg hin. Die zu diskutierenden Fragen lauten hier:

- Welche Wege könnte ich noch beschreiten, um zum Ziel zu gelangen?
- Welche sind möglich und denkbar, welche davon realistisch?

So besteht eine gute Chance, einen gleichwertigen Ersatz für den Weg zu finden, den bisher jede Partei bevorzugt.

Funktionale Äquivalente suchen

Vielleicht entdeckt die Verkauflsleiterin, dass ihr Ziel »Kundenzufriedenheit« nicht nur über das Erfüllen von Sonderwünschen erreichbar ist. Dies könnte ebenso geschehen durch den Ausbau von Serviceleistungen, der verfeinerten Kundenbetreuung oder einer verbesserten Kundeninformation über Veranstaltungen (Events).

Rollenkonflikt: Rollenkonflikte äußern sich typischerweise als innere Konflikte. Sie erzeugen einen inneren Handlungszwang, der auf der sozialen Bühne geleistet werden muss. Vorerst ist der Entscheidungsprozess ein innerer Vorgang. Aus diesen Gründen empfehlen sich die im Abschnitt »Person im Fokus« (s. S. 129) aufgeführten Vorgehensweisen. Zusätzlich sei betont, dass Rollenkonflikte im Geschäftsleben in beiden thematischen Dimensionen gesondert behandelt werden sollten: Nämlich in der privaten oder persönlichen und in der beruflichen. In beiden Dimensionen geht es darum, Motiv-, Ziel- und Wirkungszusammenhänge innerhalb der Dimensionen und gegebenenfalls übergreifend zu beleuchten.

Kollegen und Freunde

Die Verkaufschefin überlegt gesondert, welche Relevanz ihre Freundschaft mit dem Produktionschef für ihr Leben und welche Funktionen sie als Verkaufschefin hat. Dann betrachtet sie die möglichen Auswirkungen ihrer Entscheidungen im Beruf beziehungsweise im Privatleben. Schließlich wägt sie ab, was für sie wichtiger und bedeutsamer ist. (Das Gleiche kann selbstredend auch der Produktionschef tun.)

Strukturkonflikt: Das Augenmerk liegt auf organisatorischen und strukturellen Maßnahmen sowie der Frage, welche Veränderungen zur Konfliktlösung beitragen. (Rollenkonflikte sind ebenfalls strukturell bedingt. Da sie aber primär als innere Konflikte spürbar werden, tauchen sie in der Rubrik Strukturkonflikt an dieser Stelle nicht auf.)

Strukturkonflikt entschärfen

Vor allem in Matrixorganisationen kommt es immer wieder zu der konfliktschwangeren Frage, wer berechtigt ist, die Mitarbeitergespräche zu führen. Normalerweise liegt diese Zuständigkeit beim Linienvorgesetzten. Doch der kennt die zu Beurteilenden oft kaum, wenn sie vorzugsweise in Projekten arbeiten. Daher fordern Projektleiter die Befugnis der Qualifikation ein. Die Prozedur der Mitarbeitergespräche und Qualifikationen könnte dahingehend verändert werden, dass in erster Linie die Projektleiter die Gespräche führen. Die Ergebnisse samt ihrer Empfehlungen für Qualifikationen und Förderung leiten sie dem Linienvorgesetzten zu, der um seine Eindrücke ergänzt. Dies bildet die Basis für das Mitarbeitergespräch, das der Linienvorgesetzte führt. Praktikabel ist ferner eine zu dritt geführte Gesprächspraxis. Die Mitsprache der Projektleiter ist dabei auf die Projektmitarbeit beschränkt.

Beziehungskonflikt: Da die Beziehung zur Sprache kommt, verlaufen diese Auseinandersetzungen in vielen Fällen sehr emotional. Intensive Gefühle drängen nach außen oder werden – »Strategie Pokerface« – nach innen geleitet. Am Beginn der Konfliktbehandlung sollten die Partner einander Raum geben, Gefühle der Betroffenheit zu äußern. Diese Offenbarung wird möglich, wenn die Beteiligten keine Furcht haben, dadurch alles Porzellan zu zerschlagen.

Gefühlsregungen zu zeigen ist (auch) eine Frage des Vertrauens. Die viel beschworene Selbstkontrolle oder Selbstbeherrschung kaschiert oder ignoriert, dass verborgen gehaltene negative Emotionen wie Enttäuschung, Ärger die weitere Interaktion färben und eine gute Lösung erschweren. Sie erweisen sich als Hindernis auf dem Weg zu einer konstruktiven Bearbeitung des Konflikts.

Das für diesen Offenbarungsschritt nötige Vertrauen zeigt sich vor allem anderen darin, dass die Akteure einander jene Souveränität zubilligen, die sie befähigt, in einer solchen Aussprache nicht jedes Wort auf die Goldwaage zu legen, sondern den Zweck in den Vordergrund stellen: über das Aussprechen emotionaler Betroffenheit Kenntnisse zu erlangen, die helfen, den Konflikt konstruktiv zu behandeln. Ob dies leicht oder weniger leicht fällt, hängt zum einen ab von der personalen Souveränität, zum anderen von der Qualität der Beziehung vor dem Konflikt. Erlebten die Kontrahenten die Beziehung als belastbar, können sie rascher offen miteinander umgehen, als wenn sie sie als brüchig erfuhren. In der ersten Ausprägung liegt die Befürchtung, heftige Gefühle könnten dauernden Schaden anrichten, eher fern, in der zweiten erhält sie Nahrung.

Auf der rationalen Ebene sollten die Akteure zunächst klären, wann (in welchen Situationskonstellationen) es warum zu Reibereien kommt. Ziel ist wieder, wechselseitiges Verstehen und damit Nachvollziehbarkeit herzustellen. Dies gelingt am ehesten, wenn die Akteure einander Feedback dazu geben, in welcher der konfliktrelevanten Kontexte sie einander wie wahrgenommen haben, wo sie aus welchen Gründen und mit welchen Intentionen welchen Veränderungs- und folglich Handlungsbedarf sehen. Am Schluss dieser Analyse überlegen sie, wie sie ihre Erkenntnisse konfliktlösend oder -reduzierend realisieren können.

Wertkonflikte: Insofern in Wertkonflikten stets Überzeugungen und damit emotional unterlegte Orientierungen eine wesentliche Rolle spielen, kann es vernünftigerweise nicht darum gehen, als (einzige) Lösung einen inhaltlichen Konsens anzustreben. Der Konflikt kann entschärft werden, wenn die Parteien Toleranz entfalten beziehungsweise ein Arrangement finden, das alle Beteiligten einhalten können. Entweder die Akteure finden Überlappungen, sodass sie inhaltlich weiterkommen, oder sie kommen darin überein, dass sie nicht übereinstimmen – und worin nicht. Das agree to disagree trägt nur dann, wenn dieser Konsens nicht nur formal bleibt, sondern inhaltlich bestimmt wird, indem die Parteien konkretisieren, worin sie uneinig bleiben und welche Auswirkungen dies in ihrer (Arbeits-)Beziehung wahrscheinlich haben wird. Idealerweise folgt dem eine Übereinkunft dazu, wie sie mit den Divergenzen umgehen möchten.

Glaubenssätze im Team

Der Teamchef vertritt den Glaubenssatz, im Team müsse Harmonie herrschen. Deshalb müsse jede zwischenmenschliche Dissonanz »ausdiskutiert« werden (behaviorale Auswirkungen). Ein Teammitglied hält das für unnötig, weil es Zeitverschwendung sei (Glaubenssatz: Im Beruf haben Gefühle nichts zu suchen, es zählen nur Arbeitsleistungen.). Daher klinkt es sich bei Beziehungskonflikten aus (behaviorale Auswirkung).

Das Arrangement könnte heißen: Bei zwischenmenschlichen Reibungen, die die Leistung beeinträchtigen und daher der Effektivität schaden, bezieht das Teammitglied ebenso wie die anderen Stellung. Es engagiert sich also in Zukunft aktiv im Klärungsprozess mit.

Die dritte Perspektive: Methodische Anregungen

Eingedenk der zahlreichen Abhandlungen, die sich mit Fragen der Moderation und Gesprächsführung in schwierigen und konflikthaften Situationen befassen, beschränkt sich der Überblick auf essenzielle Aspekte – zur Erinnerung oder als Einstieg.

Aspekte der Moderation im Konflikt: Moderatoren in Konfliktsituationen kommt primär die Aufgabe zu, konsensuelle und strittige Kernpunkte herauszuschälen. Diese Aufgabe wird zwar häufig von Dritten ausgefüllt. Da dieses Buch erklärtermaßen Optionen aufzeigt, die die Konfliktparteien grundsätzlich selbst haben, nimmt das Modell der zwei Hüte einen bevorzugten Platz in der Übersicht ein.

Das Modell der zwei Hüte ist anspruchsvoll, denn es fordert von den Parteien, dass sie sowohl Partei als auch Überpartei, nämlich Moderator, sind und in diesen Rollen wechseln – je nachdem, was die Auseinandersetzung verlangt. Den Nutzen dieser Rollendifferenzierung mit ihren verschiedenen Befugnissen können die Beteiligten realisieren, wenn sie darauf achten, in welcher Rolle sie in welcher Phase des Streits fungieren. Argumentieren sie auf der inhaltlichen Ebene, agieren sie als Partei. Gehen sie in die Metaebene und betrachten, wie sie miteinander streiten oder fassen sie das bisher Erreichte, Diskutierte, Infragestehende zusammen, um den Prozess zu steuern, wechseln sie in die Moderatorenebene.

Diesen Wechsel müssen sie deklarieren, damit insbesondere die direktive Befugnis des Moderators von allen akzeptiert wird: »In meiner Funktion als Partei plädiere ich für …« Beziehungsweise: »Wenn ich jetzt in die Beobachterperspektive wechsle, fällt mir auf …«

Moderative Interventionen stehen in dem Zieldreieck Verstehen und Nachvollziehbarkeit herzustellen, Verbindendes und Trennendes zu identifizieren, um einen Boden zu bereiten, auf dem die Konfliktparteien friedvoll miteinander umgehen und kreative Wege hin auf eine tragfähige Lösung einschlagen können.

Moderationsdesign

In der Praxis hat sich diese Etappenfolge in der Bearbeitung bewährt:

- Jede Partei notiert gemeinsame und strittige Kernpunkte für sich. Am besten benutzen Sie dazu Moderationskarten, um sie später für alle lesbar veröffentlichen zu können.
- Die beschriebenen Karten werden an eine Pinnwand geheftet.
- Dabei werden die Notate kurz erläutert.
- Die andere Partei hört nur zu. Lediglich Verständnisfragen sind gestattet.
- Gemeinsam werden die Karten nach Themen gruppiert. (Clustern)
- Gemeinsam wird eine Rangfolge definiert, nach der die Anliegen diskutiert werden.
- Um den Lösungsprozess einzuleiten, kann eine der vielen Kreativitätstechnik angewandt werden. Kreativitätstechniken erleichtern es, über den eigenen Gartenzaun hinauszusehen. Außerdem können sie Spaß machen – und Lachen fördert bekannterweise sowohl den Einfallsreichtum als auch die Sympathie und folglich häufig den Einigungsprozess.
- Nach der Bewertung der Ideen, Anliegen und Intentionen muss für jeden ersichtlich sein, worauf sich die Kontrahenten geeinigt haben, was strittig geblieben ist und wer konkret innerhalb welchen Zeitraums was tun wird.

Aspekte der Gesprächsführung im Konflikt

Das Harvard Konzept

»Getting to Yes«, eine Übereinkunft erzielen, wie der Titel des in Deutschland unter »Das Harvard-Konzept« erschienenen Buches lautet, inzwischen ein Klassiker, ist Ziel einer jeden Verhandlung (Fisher/Brown 1989; Fischer/Ury/Patton 2000). Da jeder Konflikt Verhandlungscharakter hat, eignen sich spezielle Gesichtspunkte dieses Verfahrens für Konfliktsituationen.

Das Harvard-Konzept stellt das sach- oder themenbezogene Verhandeln im Rahmen der Win-win-Haltung in den Mittelpunkt. Es ist eine Strategie, mit deren Hilfe alle Beteiligten Nutzen aus den Verhandlungen ziehen Die wesentlichen Aspekte, die zur Integration oder zu einem guten Kompromiss führen, sind:

- Sach- und Beziehungsfragen voneinander getrennt behandeln
- eigene Interessen und die des Konfliktpartners mitteilen, kennenlernen und wechselseitig verstehen
- das Bemühen verstärken, gute Optionen zu entwickeln, um definierte Ziele zu erreichen, Lösungen zu finden
- gemeinsame Spielregeln vereinbaren und einhalten

Sach- und Beziehungsfragen voneinander getrennt behandeln: Sobald Akteure einen Konflikt thematisieren oder austragen, verhandeln sie und stellen eine Beziehung zueinander her. Das äußert sich in Empfindungen von Sympathie und Antipathie, von Über-, Unterlegenheit, Gleichwertigkeit beziehungsweise Rangunterschieden und dergleichen. Über diese Dimension im Hinblick auf die Art, wie die Beziehung von den Akteuren definiert (zum Beispiel hierarchisch) und gefühlt (Sympathie, Antipathie) wird, sollen sich die Parteien verständigen, weil die Beziehungsdefinition sowohl die Art maßgeblich mitbestimmt, wie die Akeure miteinander kommunizieren, als auch die Bereitschaft, die Anliegen des Partners überhaupt verstehen zu wollen. Entsprechend der Wechselwirkung von Aktion und Reaktion provoziert die eigene Haltung bestimmte Haltungen beim anderen. Eigene Handlungen rufen wiederum gewisse Handlungen beim Gegenüber hervor. Wenn diese Kausalität auch nicht deterministisch ist – sie ist empirisch häufig und typisch, wie die Modelle von Friedrich Glasl ebenfalls bestätigen. Insofern können Akteure die Wahrscheinlichkeit einer konstruktiven Verhandlung bereits über die persönliche Beziehungsdefinition steigern oder minimieren.

Auch wenn es analytisch und (fast) unmöglich zu bewerkstelligen scheint: Die Beziehungsebene sollten die Kontrahenten möglichst von der Sachdimension abkoppeln (Rollendifferenzierung): »Ich spreche jetzt nicht als dein Freund, sondern als dein Chef.«

Eigene Interessen und die des Konfliktpartners mitteilen, kennenlernen und wechselseitig verstehen: Zentral für das Harvard-Konzept ist zudem, dass Interessen von Positionen getrennt werden. Warum? Ich erkläre es so: Interessen gehören zu den Bedürfnissen, Anliegen, Motiven und Motivationen, dem motivationalen und intentionalen Kreis. Positionen sind »Stand-Punkte«, Punkte, auf denen man steht. Um zum Standort oder Standpunkt zu gelangen, muss man einen Weg gegangen sein, zumindest einige Schrit-

Modelle und Konzepte

Teil 03

te. Exakt auf diese kommt es an. Der Standpunkt ist das Ergebnis vorangegangener Schritte (Erfahrungen, Erlebnisse, Gedanken et cetera).

Wenn dies alles geklärt ist, dann können die Konfliktpartner eher die Postitionen des anderen verstehen.

Das Bemühen verstärken, gute Optionen zu entwickeln, um definierte Ziele zu erreichen und Lösungen zu finden: Nicht das Ergebnis zählt in Winwin-Verhandlungen, sondern es zählen das Bedürfnis, der Wunsch und die Wege zum Ziel. Deshalb verlassen Akteure ihren Standort, spazieren in der offenen Motivumgebung zu ihren Anliegen und von dort in Richtung Wunscherfüllung. Und dieser Ort kann durchaus ganz woanders liegen als der ursprüngliche.

Das Harvard-Konzept sieht vier Etappen vor:

- **Etappe 1: Analyse:** Die Kontrahenten versuchen, die Beziehungs- und Sachaspekte des Konflikts herauszukristallieren. Sie tauschen Vorstellungen und Ziele, Wünsche und Interessen aus, sortieren sie und behandeln sie getrennt.
- **Etappe 2: Planung:** Sie entwickeln Handlungsalternativen.
- **Etappe 3: Diskussion:** Sie bemühen sich, unter Anwendung fairer Spielregeln und im Bewusstsein der gegenseitigen Abhängigkeit eine integrative Lösung zu finden.
- **Etappe 4: Durchführung:** Die Vereinbarung wird umgesetzt.

Es kommt darauf an, das Feilschen um Positionen (und Im-Recht-Sein-Wollen) aufzugeben und stattdessen Bedürfnisse und Motivationen (Beweggründe) zum Gegenstand der Auseinandersetzung zu machen. Es geht nun darum, dass sich alle verstärkt darum bemühen, tragfähige und machbare Wege zu finden, um zu einer Lösung zu kommen.

Eine modernisierte, der Ursprungsmethode folgende und mit Komponenten aus den Theorien von Friedrich Glasl erweiterte Variante schlägt Wolfgang Schmidt vor (2014, S. 22 f.).

Insbesondere das Vier-Etappen-Modell (Die vier Ebenen der Konfliktentstehung) (s. S. 173) und das Modell der neunstufigen Eskalation (s. S. 179 ff.) werden via Fragen eingebaut in die Differenzierung zwischen Emotionalität/ Beziehung und Rationalität/Sache oder Thematik. Diese vier Fragformulierungen ergänze ich um den Zusammenhang von Grundhaltung, Wahrnehmen/Deuten, Bereitschaft und Handeln. Die folgenden Frageformulierungen sind Vorschläge und zeigen die Logik und Richtung der Frageintention.

Kategorien für die Analyse

Fragen und Anmerkungen zur Analyse rationaler, sachlicher Aspekte

- **Thema, Sache, Sachziele:** Welche Definitionen kursieren zwischen den Parteien? Sind sie für alle Beteiligten formuliert, sodass diese sie kennen? Welche Sachziele sind formuliert und bekannt gemacht?
- **Akteure und ihre Vernetzung:** Wer sind die direkt beteiligten Parteien? In welcher Beziehung stehen sie zueinander? (zum Beispiel Abhängigkeiten qua Hierarchie) Gibt es weitere Parteien im Hintergrund, zum Beispiel Verbündete, graue Eminenzen, Einflusspersonen, auch solche, die zwar nicht explizit in Erscheinung treten, auf die aber dennoch hin agiert wird und die insofern auf die Akteure einwirken?
- **Konfliktdynamik und -phase:** Nach Glasl und in Bezug auf die vier Ebenen der Konfliktentstehung stellen sich diese Fragen: Auf welcher Ebene befinden sich die Parteien? Die ersten beiden Ebenen sind Dissonanzen in der Sache, dann in der Beziehung. Schließlich gibt es den Konflikt über den Konflikt. Es geht um (veränderte) Problemdefinitionen. Auf der vierten Ebene »Konflikt über Konfliktlösung« stehen entsprechend divergierende Lösungsideen im Zentrum. Wie wird die Geschichte des Konflikts beschrieben? Haben die Parteien innerhalb des Konfliktgeschehens bereits »Points of no Return« erlebt – wenn ja, welche und wann?
- **Aktuelle Situation:** Wie beschreiben die Parteien den aktuellen Stand des Konflikts? Wie beschreiben sie ihr aktuelles Arrangement mit dem Konflikt?

Fragen und Anmerkungen zur Analyse von Emotionen und Beziehungsaspekten

- **Beziehungen im Konflikt:** Wie beschreiben die Konfliktparteien ihre (persönlichen) Beziehungen und die Geschichte der Beziehungen zueinander? Welche Beziehungsbotschaften werden vorzüglich gesendet? Zum Beispiel Vertrauen oder Misstrauen? Achtung oder Verachtung oder Missachtung? Überlegenheit oder Unterlegenheit? Welche Haltungen zueinander dominieren? Inwiefern wird von wem aus welchen Gründen angestrebt, die Beziehungsebene zu harmonisieren?
- **Konflikthaltung:** Wie formulieren die Parteien das persönliche Konfliktverhältnis, die Grundhaltung zu Konflikt als solchem? Welche Funktionen, Nutzen, Schaden schreiben sie Konflikten generell zu? Welche Erfahrungen mit Konflikt wirken bei den Akteuren besonders auf die Grundhaltung und das Bestreben, wie das konkrete Konfliktgeschehen behandelt werden soll?

- **Die eigene Konfliktpartei:** Wie verorten sich die Akteure als Konfliktpartner selbst? Welche Beiträge zum Geschehen schreiben sie sich selbst zu, welche nicht?
- **Die andere Konfliktpartei:** Welche angenehmen, erfreulichen, guten Eigenschaften schreiben die Parteien einander zu? Welche Vorbehalte kursieren wechselseitig und auf welcher Grundlage? Welche Indizien gibt es dafür? Worüber haben die Parteien wie in welchen Kontexten, wann und mit welchen Resultaten und praktischen Folgen bereits gesprochen?

Fragen und Anmerkungen zur Analyse Lösungsvorstellungen
- **Lösungsvorstellungen:** Welche Lösungsmöglichkeiten kursieren? Mit welchen offenkundigen, nachhaltigen beziehungsweise latenten Folgen? Wie sähe eine tragfähige Lösung aus? Was wünschen sich die Parteien voneinander, um eine tragfähige Lösung erarbeiten zu können? Welche möglichen Verbündeten gibt es? Wer sind die Einflusspersonen oder -gruppen im Hintergrund? Was wäre der Fall, wenn der Konflikt tragfähig gelöst wäre? Wolfgang Schmidt: Was müssten Parteien ändern, um der je anderen Partei mit Humor begegnen zu können? Was bräuchte es, um eine Tragödie in eine Komödie zu verwandeln?

Gemeinsame Spielregeln vereinbaren und einhalten: Auf welche Spielregeln im Umgang können sich die Parteien einigen? Welche Regeln sollen für den methodischen oder moderativen Teil der Auseinandersetzung gelten? Welche Normen sollen in der Art und Weise, wie die Parteien miteinander kommunizieren und interagieren gelten? Welchen Nutzen haben die Parteien, die Regeln einzuhalten? Was soll bei Verstoß gegen vereinbarte Regeln geschehen?

Im Anschluss finden Sie erprobte Modelle, die sich für eine Gesprächs- und Debatten- oder Streitkultur eignen, um die Wahrscheinlichkeit zu erhöhen, konstruktiv zu streiten und gemeinsam zu einer von allen akzeptierten und getragenen Lösung zu gelangen.

Das Konzept der Ich-Botschaften und des aktiven Zuhörens

Der Humanistischen Psychologie verdanken wir das Konzept der Ich-Botschaften und das des aktiven Zuhörens.

Ich-Botschaften: Eine Ich-Botschaft empfiehlt sich, wenn ein Akteur den Wunsch hat, ein anderer möge für ihn etwas ändern. Eine Ich-Botschaft hilft, den anderen für das eigene Anliegen zu öffnen und empathische Gefühle in ihm auszulösen. In diesem Sinn erleichtert sie den Zugang zur inneren Bereitschaft des Gegenübers. Mithilfe einer Ich-Botoschaft – aufgrund ihrer Struktur – lassen sich leichter Gefühle und Ansichten formulieren, von denen der Sender vermutet, dass sie dem Gegenüber nicht gefallen oder ihn gar verletzen könnten. Aus diesen Gründen, so die Hoffnung, erhöht die Ich-Botschaft die Wahrscheinlichkeit, Gehör für eigene Anliegen zu erhalten.

Die Ich-Botschaft leistet dies durch einen Dreischritt:

- Der Sender beschreibt jene Verhaltensaspekte, die er beim anderen wahrnimmt beziehungsweise wahrgenommen hat in der Ich-Form. (Beschreiben statt interpretieren und beurteilen.)
- Der Verhaltensbeschreibung folgt das Benennen der wahrscheinlichen bis faktischen Folgen, die die Verhaltensweisen für den Sender nachweislich haben.
- Der Sender formuliert jene Gefühle, die angesichts der Konsequenzen die benannten Verhaltensweisen in ihm auslösen.

Diese Reihenfolge gilt als ideal, weil der Gesprächspartner zu Beginn nicht mit einem Urteil erschreckt wird (»Mit der Tür ins Haus fallen«), sondern sukzessive nachvollziehen kann, warum der Wunsch nach Veränderung geäußert wird.

Sie verzetteln sich!

Mitarbeiter M. trifft bei Meetings meistens zu spät ein. Im Grunde ist er ein arbeitsamer Mensch, der alle möglichen Aufträge übernimmt, aber leider keinen davon richtig zu Ende führt. Beides strapaziert inzwischen die Nerven seines Chefs. Der Vorgesetzte könnte auf den Mitarbeiter zum Beispiel zugehen, indem er sagt: »Herr M., es ist nett, dass Sie so viele Arbeiten übernehmen. Aber erstens führen Sie nichts davon richtig zu Ende, zweitens kommen Sie zu Sitzungen dauernd zu spät, sodass wir ständig wegen Ihnen aufgehalten werden. So geht das natürlich nicht!«

Wie wirken diese Aussagen auf Sie, werte Leserin, werter Leser? Wie würden Sie reagieren, wenn Sie so angesprochen würden? – Wahrscheinlich fühlt sich Herr M. angegriffen und bloßgestellt, in seinem Bemühen verkannt, unverstanden und zudem ungerecht behandelt. Vielleicht bekommt er Schuldgefühle oder er reagiert mit Trotz und würde am liebsten seinem Chef »mal die Meinung geigen«. Er ist in seinem Selbstwertgefühl verletzt, Frustration oder Aggression oder – im Gegenteil – Resignation im Gefolge. Eine denkbar schlechte Startposition für eine konstruktive Konfliktbehandlung.

Bitte nicht alles annehmen!

Der Vorgesetzte kann aber auch eine Ich-Botschaft formulieren: »Herr M., ich sehe, dass Sie häufig 20 bis 30 Minuten zu spät in unsere Sitzungen kommen. Da ich auf Ihre Informationen angewiesen bin, hindert das mich und die Gruppe daran, im vorgesehenen Zeitrahmen die Tagesordnungspunkte abzuarbeiten. Außerdem habe ich bemerkt, dass von den Aufträgen, die Sie freundlicherweise annehmen, nicht alle bis zum Schluss bearbeitet sind. Das ist problematisch für mich. Denn als Leiter der Abteilung bin ich verantwortlich für die Erledigung der Aufträge. Ich gestehe freimütig, dass mich das ärgert.«

Auch wenn die Formulierung künstlich klingt – Sie können sie gern in die gesprochene Sprache übersetzen –, die Reihenfolge hat einen Effekt: Sie erzeugt einen Unterschied in der Wirkung der Botschaft. Auf das Beispiel bezogen: Der Mitarbeiter wird weniger verletzt reagieren, weil er die Konsequenzen seines Tuns als folgerichtige Kette und als persönliche Belastung anderer verstehen kann. Dadurch, dass er außerdem die Abhängigkeit seines Chefs von seinem Verhalten nachvollziehen kann, werden vor allem kognitive und nicht affektive Prozesse aktiviert. Das heißt, die Einsicht in die Notwendigkeit, das eigene Verhalten zu verändern, wird sich eher einstellen als in der ersten Dialogvariante.

Ich-Botschaften fördern zum einen die Einsicht in ein Problem (Konfliktanlass), das eine Person anderen macht, und zum anderen lebt die innere Bereitschaft beim Kritisierten auf, sich dem Konflikt zu stellen.

Aktives Zuhören: Das aktive Zuhören unterscheidet sich vom aktivierenden (Hanspeter Reiter 2003) oder reaktiven Zuhören. Der reaktiv Zuhörende verfolgt aufmerksam, was der Partner wie kommuniziert. Das Konzept des Rapports oder Pacings im NLP als Einstellung zum anderen kommt dem nahe. Reaktiv Zuhörende konzentrieren sich auf den Partner, schenken ihm volle Aufmerksamkeit. Sie sind insofern aktiv, als sie sich nicht mit eigenen Gedanken und Einwänden befassen, sondern sich mental, sensual und kognitiv dem Gegenüber zuneigen. Dies erfolgt in dem Bestreben, den Sinn und die Bedeutung zu verstehen, auch zu empfinden, die der Kontrahent transportieren möchte. Sie fokussieren dessen Gedanken- und Gefühlswelt und unterbrechen den anderen nur dann, wenn sie etwas nicht nachvollziehen können. Sie aktivieren den Partner durch diese nonverbale Geste der Aufmerksamkeit und nähren den Boden für eine von Vertrauen getragene Konfliktbehandlung. Reaktives Zuhören beabsichtigt,

- dem Partner freundliche Aufmerksamkeit zu signalisieren,
- den Partner zu verstehen (und Missverständnissen vorzubeugen) und
- Vertrauen zu schaffen.

Reaktives Zuhören fordert:

- volle Aufmerksamkeit für den Partner
- innere Bereitschaft, ihn ausreden zu lassen
- Beschränkung der eigenen Kommentare auf Signale des interessierten Zuhörens, auf nonverbale (mimische, gestische) Zeichen und paralinguistische Laute wie »Aha«, »Hm«, »Oh«

Das Konzept des aktiven und aktivierenden Zuhörens geht über das reaktive Zuhören insofern hinaus, als es eine Methode der humanistisch-psychotherapeutischen Gesprächsführung ist, die beide Seiten zum Reden ermuntert. Die Akteure gestalten das Gespräch, indem sie nonverbal und paralinguistisch sowie verbal und gegebenenfalls handelnd das Gehörte kommentieren. Dies tun sie, indem sie mindestens zwei Ebenen jedes Gesprächs getrennt betrachten: die sachliche und die emotionale.

Auf der sachlichen Ebene hören sie die inhaltlichen, sachlichen Aussagen und Anliegen. Aktives Zuhören konzentriert sich hier auf das Paraphrasieren. Auf der Ebene der Beziehung hören die Akteure vor allem die emotionalen Anliegen. Aktives Zuhören meint hier, Gefühle in Worte zu fassen, die man beim Gegenüber heraushört oder anders erfasst – als Vermutung und

Eventualität formuliert. Das Konzept reserviert dafür den Terminus Verbalisieren von Gefühlen.

Paraphrasieren bedeutet: In eigenen Worten den sachlichen Gehalt der Nachricht reformulieren. Die Hauptfunktion liegt darin, zu überprüfen, ob sich der Partner korrekt verstanden fühlt, um Missverständnisse auf der Inhaltsebene zu vermeiden. Gleichzeitig erhält der Partner das Signal, dass er ernst genommen wird. Mit dieser psychologischen Wirkung fungiert Paraphrasieren als eine Vertrauen bildende Maßnahme. (Bitte nicht als Nachäffen missverstehen, sondern als selektiv geübte Intervention, um gezielt mitzuteilen, dass Sie sich dem Gegenüber widmen.)

Verbalisieren von Gefühlen bedeutet, dass die Akteure diejenigen Gefühle, die sie beim Partner heraushören, in Worte kleiden – als Frage oder Vermutung deklariert. Die Funktion des Verbalisierens liegt in der Ermutigung, Gefühle zu äußern. Das schließt das »Luftablassen«, also die Ventilfunktion, ebenfalls mit ein. In dem Zulassen auch intensiver Gefühle demonstrieren die Kontrahenten, auch die emotionale Seite des Konflikterlebens beachten zu wollen. Dadurch öffnen sie sich einander und weiten den Raum möglicher Lösungen.

Gefühlsreaktionen aufnehmen

Kollege: »Mir wird ganz mulmig, wenn ich daran denke, dass ich den Kunden Kiebig anrufen muss!«

Kollegin: »Der Kiebig muss sehr unangenehm sein, wenn Sie Befürchtungen haben, ihn anzurufen.«

Kunde: »Wenn sich diese Fehler in der Zusendung häufen, bin ich längstens Ihr Kunde gewesen!«

Beraterin: »Ich begreife, dass Sie die Missgeschicke in einzelnen Zusendungen sehr aufregen. Schließlich entstehen Ihnen dadurch Unannehmlichkeiten. Aber wollen Sie wirklich deshalb unsere langjährige gute Beziehung kündigen?«

Das Paraphrasieren konzentriert sich auf den sachlichen Gehalt einer Aussage, das Verbalisieren auf den emotionalen.

Das Konzept der vier Ohren und der fünften Dimension

In Konfliktsituationen genügt es selten, nur auf die zwei populären Dimensionen der Kommunikation zu achten: die sachliche und emotionale. Friedemann Schulz von Thun ergänzt in seinem Vier-Ohren-Modell die zwei Ebenen um die appellative und authentische. Oswald Neuberger, Augsburger Organisationspsychologe, setzt eine weitere hinzu: die Dimension der Selbstverstärkung oder Selbstprogrammierung.

Zur Erinnerung in aller Kürze: Die vier Ohren symbolisieren, dass Menschen nicht nur explizite Botschaften hören, sondern auch »zwischen« den Worten, also Tonalität und andere nonverbale Botschaften. Diese impliziten Inhalte weichen aufgrund ihrer Deutungs- und Vermutungsqualität voneinander individuell ab. Konfliktkommunikation wird umso mehr erschwert, als die Deutungen auseinanderdriften.

Die vier Hörschwerpunkte der vier Ohren erläutere ich nun an einem einfachen Beispiel.

Vier Ohren hören in einem Gespräch

Zwei Kollegen sind bemüht, ihren Konflikt konstruktiv anzugehen. Mitten in der Aussprache ruft der eine aus: »Puh, wir müssen dringend mal lüften!«

- **Sachlich:** In der sachlichen Dimension hören Menschen das Faktische, das verbal Ausgedrückte, das Wörtliche. Das Sachohr ist spezialisiert auf das Was. Im Beispiel wäre das der Hinweis auf verbrauchte Luft oder die Notwendigkeit frischer Luftzufuhr.
- **Appellativ:** In der appellativen Dimension fordert eine Person eine (oder mehrere) andere zu etwas auf, mehr oder weniger klar und deutlich. Die Frage lautet: Um welchen Appell geht es? Im Beispiel könnte der Kollege den anderen dazu auffordern, das Fenster zu öffnen.
- **Authentisch:** In der authentischen Dimension teilt eine Person gewollt oder ungewollt etwas über sich selbst mit. Meist ist es der Empfänger, der überlegt: Was will er oder sie mir sagen? Die Selbstoffenbarung, wie Friedemann Schulz von Thun dieses Ohr nennt, obliegt in der Regel der Interpretation des Partners. Im Beispiel etwa: »Mein werter Kollege scheint erschöpft zu sein.« Oder: »Mein Kollege weiß im Moment wohl nicht weiter und braucht eine kurze Ablenkung.« Oder: »Mein Kollege fühlt sich vielleicht überfordert.«
- **Beziehung:** In der Beziehungsdimension kommunzieren Personen das Wie: Wie oder als was oder als wen sie einander wahrnehmen, worin sie die Funktion des anderen sehen. Auch in dieser Zwischen-den-Worten-Dimension dominiert die –

in der Regel emotionale – Interpretation: »Der meint wohl, er könnte mich zu seinem Dienstboten machen?! Soll er doch selbst für frische Luft sorgen!« Vermutete Beziehungsbotschaften, das zeigt dieses Beispiel, werden häufig vermengt mit vermeintlichen Botschaften auf der Ebene des Selbst (Selbstkonzept, Selbstoffenbarung) und des Appells. Diese Verflechtung birgt im Konfliktfall explosive Energie, wenn die Kontrahenten weniger auf Verbindendes und Synergetisches als auf Trennendes geeicht sind.

Das Modell ruft in der Konfliktkommunikation dazu auf, mit all diesen Ohren zu hören, also sensibel und aufmerksam zu sein: in Bezug auf den Partner als auch sich selbst. Denn die persönlichen Deutungen werden als Fakten behandelt und entscheiden über das eigene Anschlussverhalten und damit über den Grad der Konstruktivität.

Schweigen und reaktives Deuten

Kollegin B zu Kollegin A: »Ich habe das Gefühl, dass du mir gram bist. Aber ich komme einfach nicht darauf, was ich getan haben könnte! Lass uns doch bitte darüber sprechen.« Kollegin A reagiert auf die Bitte mit Schweigen. Aus der Sicht von B:

- **Sachaspekt:** »Sie sagt nichts. Ich bekomme keine Information.« B kann nun Mutmaßungen anstellen. Je nachdem, welche Richtung sie wählt, trägt die Mutmaßung zu einer Eskalation bei oder nicht. Etwa: »Ha, sie ist einfach sauer auf mich und kann nicht einmal angeben, warum!« (eskalierend) Oder: »Entweder ist ihr nicht klar, was ich ihr angetan habe, oder sie möchte momentan nicht darüber sprechen.« (deeskalierend)
- **Appellaspekt:** »Sie sagt zwar nichts, aber vielleicht braucht sie einfach ihre Ruhe. Ich sollte warten.« (deeskalierend) Oder: »Sie ist offenbar dermaßen bockig, dass sie nicht einmal mitteilen kann, was ich anders machen soll!« (eskalierend)
- **Authentischer Aspekt/Selbstoffenbarung:** »Vielleicht soll ihr Schweigen bedeuten, dass ich sie mit dem Thema nicht behelligen soll. Vielleicht will sie mir sagen, dass es mich nichts angeht, weil es nichts mit mir zu tun hat?« (deeskalierend) »Sie ist einfach nur eingeschnappt; habe sie wohl bei ihrer Würde erwischt!« (eskalierend)
- **Beziehungsaspekt:** »Sie scheint dermaßen verärgert zu sein, dass ich ihr nicht einmal wert bin, darüber informiert zu werden, was los ist!« (eskalierend) »Momentan scheine ich nicht der richtige Gesprächspartner für sie zu sein.« (deeskalierend)

Die fünfte Dimension, die der Selbstverstärkung, beruht auf der Annahme, dass jede Aussage eine Einsage ist. Jede verbale und nonverbale Äußerung wirkt auf den Äußernden zurück, ebenso wie er auf die Aktionen oder Reaktionen seines Gegenüber reagiert. In Konfliktsituationen erleben Kontrahenten oft, dass Ton, Stimmlage und Lautstärke des Redens in die Höhe gehen, dass aggressiver, lauter gesprochen oder gar geschrien wird. Das Erheben der Stimme wirkt nicht nur auf den Partner, der vielleicht erschrickt und sich zurückzieht oder ebenfalls lauter und konfrontativ wird, sondern auch auf den Sprechenden: Er spornt sich selbst an. Die Rückwirkung eigener Kommunikationsweise auf sich selbst ist unvermeidbar.

Indes können Kontrahenten die Qualität der Rückkopplung bemerken und dank Reflexion die persönliche Reaktion lenken. Wenn Kontrahent A etwa lospoltert »Ja, nun sagen Sie doch endlich etwas dazu!« und in sich steigende Verärgerung bemerkt, kann er sich dabei ertappen und zu Geduld, zu Reframing oder anderen beruhigenden Reaktionen anhalten, um eine Eskalation aufzufangen.

Das Konzept der Transaktionsanalyse

Auch in Bezug auf die Transaktionsarten im Kontext Konfliktbehandlung mag eine knappe Skizze zur Auffrischung genügen, um die Logik des Vorgehens zu illustrieren. Im Konfliktfall kann das Erkennen der beteiligten Ich-Bereiche im Sinn eines Anhaltspunkts helfen, sich besser auf den anderen einzustellen, an seinen Beitrag anzuschließen, um somit, und sei es zunächst nur auf der atmosphärischen Seite, die Chance zu eröffnen, in konstruktives Fahrwasser zu gelangen.

Parallele oder komplementäre Transaktion: Sie zeichnet sich dadurch aus, dass der angesprochene Ich-Bereich antwortet. Im harmonischen Fall reagiert der Gesprächspartner wie erwünscht oder erwartet. Etwa: Chefin: »Wann, meinen Sie, können Sie den Artikel fertig haben?« – Mitarbeiter: »Ich schätze, in zwei Tagen.«

Zum Konflikt kommt es dann, wenn zwar der angepeilte Ich-Bereich antwortet, formal also Harmonie herrscht, allerdings anders als erwünscht und folglich auf der inhaltlichen Ebenen kontrovers. Kollege: »Meine Güte, war unsere werte Chefin heute in Fahrt!« Angepeilt wird ein gemeinsames

Schimpfen oder Lustigmachen (kritisches Eltern-Ich oder natürliches Kindheits-Ich). Jedoch die Kollegin: »Sie hatte verdammt noch mal recht damit, einige von uns zu kritisieren!« (kritisches Eltern-Ich)

Gekreuzte Transaktion: Hier antwortet der angesprochene Ich-Bereich nicht beziehungsweise anders als erwartet.

Kreuzungen provozieren Unfälle

Chefin: »Wann, meinen Sie, können Sie den Artikel denn fertig haben?« – Mitarbeiter: »Ich schätze, in zwei Tagen.« – Chefin: »Wie bitte?! So einen kleinen Artikel – dafür brauchen Sie zwei Tage?!« – Mitarbeiter: »Na, hören Sie mal: Ich habe noch andere Sachen zu tun! Wenn es Ihnen nicht schnell genug geht, können Sie ihn selbst schreiben!«

Kollege: »Sag mal, wie hast du eigentlich den Konflikt mit dem Kunden geklärt? – Ich stecke nämlich in einer ähnlichen Situation. Könntest du mir dabei helfen, eine Gesprächsstrategie zu basteln?« – Kollegin: »Meine Güte! Jetzt bist du schon seit Jahren in diesem Job und kannst so kleine Konflikte nicht selbst regeln? Ich habe jedenfalls in der nächsten Zeit keine Zeit, mit dir darüber zu diskutieren!«

Verdeckte Transaktion: Die verdeckte Transaktion sendet eine mehrdeutige Nachricht. Der Empfänger weiß nicht genau, was der Sender will: Will er eine sachliche Botschaft senden, oder meint er das vermeintlich Sachliche unsachlich, zum Beispiel ironisch, sarkastisch? Häufig münden verdeckte Transaktionen in Konflikte.

Der Sender einer verdeckten Transaktion sendet in Konfliktsituationen meistens bewusst mehrdeutig. Die Logik der verdeckten Transaktion besteht darin, sich ein Hintertürchen offen zu lassen. Dieses Hintertürchen braucht er, da er seine Botschaft verkleidet senden will. Dies gilt insbesondere dann, wenn sie als Angriff gemeint ist. Wenn der Partner auf die Untertöne reagiert und sich attackiert fühlt (und eben nicht auf den sachlichen Gehalt der Botschaft hört), der Sender aber keinen offenen Konflikt riskieren will, kann er sich herausreden: »Wie kommen Sie denn darauf? So war es nicht gemeint. Ich wollte nur ...« Er kann sich auf einen anderen, den sachlichen oder rein scherzhaften Gehalt und damit auf eine andere Bedeutung als diejenige berufen, die der Empfänger verstanden hat.

Ironie, Sarkasmus, verdeckte Drohungen oder Mahnungen, aber auch Komik und Kabarett bedienen sich der Logik der verdeckten Transaktion.

Das Konzept des systemischen beziehungsweise zirkulären Fragens

Dank NLP, Kurzeit-Therapie und Coaching nach Steve de Shazer gehört das zirkuläre Fragen zum Standard auch in Konfliktsituationen. Zwar wird es meist von Dritten, etwa Therapeuten, Beratern, Coaches praktiziert, aber auch die Kontrahenten selbst können es anwenden. Pointiert gesprochen, wird es eingesetzt, um durch wechselnden Blick auf Person, Beziehungen, Handlungen und Dynamik in Beziehungen/Systemen Klärungen von Anliegen, Absichten und Ziel(vorstellungen) vorzunehmen sowie dazu, Lösungen zu finden, die für alle Kontrahenten akzeptabel sind. Daher sind die Ergebnisse nachhaltig, ohne in Begriffen von Schuld zu denken, sondern es wird in der Ideenwelt von Funktionalität und Utilität agiert. Die folgenden zentralen Formeln haben exemplarischen Charakter und heben die Logik des Gedankens hervor.

- Auf einer Skala von 0 bis 10: Wie sehr engagiere ich mich/engagiert sich der andere/engagieren wir uns für eine gute Lösung? Und woran bemerken wir diesen Grad des Engagements? Wer müsste was tun, um vom anderen den Wert 9 zugeschrieben zu erhalten?

Herausfinden, was und wer den Kontrahenten besonders wichtig ist:
- Was möchte ich/der andere als optimales beziehungsweise minimales Ergebnis erzielen?
- Woran merkt unser gemeinsamer Chef, dass wir im Konflikt vorankommen?
- Was muss zuallererst von wem von uns beiden geändert werden, damit wir am Ende des Tunnels Licht sehen, einen Ausweg auf dem Weg zur Lösung?
- Woran werden andere Leute, beispielsweise im Kollegenkreis oder in anderen Teams, mit denen wir arbeiten, bemerken, dass die Dinge besser zwischen uns geworden sind? Wie werden sie über uns reden?
- Angenommen, wir schaffen es, einen kleinen/mittleren/großen Schritt zur Lösung zu machen: Was wäre dann anders? Wer wird die erste Person sein, die bemerkt, dass wir das geschafft haben?

Der letzte Punkt entspricht der Wunderfrage im Sinn der Zielfindung, der Lösungsfindung und Lösungstrance: Was wäre, wenn wir beide uns morgen früh im Kaffeeraum begegnen und unser Konflikt komplett aufgelöst wäre? Er ist einfach weg. Woran merken wir das wohl? Woran merken wir in unserer Zusammenarbeit, in dem, was und wie wir übereinander denken, dass der Konflikt weg ist? – Und dann könnten wir schauen, was dazu geführt haben kann, was wir getan und unterlassen haben, dass der Konflikt verschwunden ist.

Resümee

Bereits die hier vorgestellten Optionen in der Gesprächsführung und der Methodik eignen sich, um Klärung und Zielfindung empathisch und sachlich zugleich zu praktizieren und zusätzlich Eskalationen entweder zu vermeiden oder frühestzeitig zu erkennen und gegenzuwirken. Eine Garantie auf eine zufriedenstellende Lösung gibt es nicht. Aber es gibt ein buntes Repertoire an Optionen, aus dem Kontrahenten schöpfen können, begonnen mit der inneren Haltung, getragen von kritischer Selbstreflexion und wohlwollender Gelassenheit dem anderen und seinem Anliegen gegenüber und begleitet von Maßnahmen, die geeignet sind, Konsens, einen Kompromiss oder ein Arrangement im Dissens zu finden.

Gruppe im Fokus

Soziale Konflikte benötigen mindestens drei Personen/Parteien. Dann bilden sie eine Gruppe. Folglich können gruppendynamische Phänomene als zusätzliche analytische Kategorie (zusätzlich zu intra- und interpersonell) ins Konfliktgeschehen eingespeist werden. In einer Gruppengröße ab drei Personen, der Triade, werden interaktionale Phänomene und Prozesse möglich, die es in der Zweierkonstellation nicht gibt und die als Emergenzphänomene beschrieben werden können. Dazu gehört Koalitionsbildung als Instrument von Einflussnahme und Kontrolle.

Definition sozialer Konflikt

Ein sozialer Konflikt liegt vor, wenn
- mindestens drei Parteien (Personen, Gruppen) interagieren und
- die Parteien glauben, dass ein Handlungszusammenhang und damit eine wechselseitige Abhängigkeit vorliegen.
- Mindestens eine Partei erlebt dabei Unvereinbarkeiten oder Unverträglichkeiten im Denken und Wahrnehmen, im Fühlen und Wollen und/oder im Handeln.
- Sie wird so in der Realisierung ihrer Absicht beeinträchtigt.

Ein sozialer Konflikt wurzelt in der wahrgenommenen Unvereinbarkeit oder Unverträglichkeit der Handlungstendenzen oder Ziele dreier oder mehr Akteure.

Die ab Seite 177 ff. erläuterten Veränderungen in den psychischen Mechanismen beeinflussen auch das Gruppengeschehen – wie alles andere, das intrapsychisch und interpersonell im Konflikt wirkt. Allerdings nehmen Kompliziertheit und Komplexität zu, weil sich die Anzahl der Akteure erhöht und folglich die Anzahl der »Spiele«, die in den Relationen beobachtbar sind. Die Überschaubarkeit nimmt nicht nur ab, sie ist – zumal aus systemischer Sicht – unmöglich. Auch dieses Kapitel beschränkt sich auf wesentliche Aspekte in Genese, Diagnose, Behandlung im Rahmen von Konfliktfähigkeit und Konfliktperformanz.

Erkennungszeichen sozialer Konflikte

Konflikte in einem sozialen Umfeld, etwa im Team, kündigen sich an. Die Sensibilität oder Frühwarnantennen sind bei Menschen indes verschieden ausgebildet. Während der eine bereits dann Störungen oder Spannungen erkennt, wenn sie sich erst nonverbal zeigen (und der Konflikt noch latent ist), reagiert der andere erst dann, wenn das Konfliktäre explizit benannt wird (wenn der Konflikt manifest ist). Daher lohnt es sich, aufzudecken, anhand welcher Anzeichen Sie einen sozialen Konflikt wahrnehmen.

> **Übung: Indizien sozialer Konflikte**
>
> Bevor Sie weiterlesen, bitte ich Sie, zu notieren, welche Anzeichen Ihrer Erfahrung nach für die Ankündigung von Konflikten sprechen.
>
> _____
>
> _____
>
> _____
>
> _____
>
> _____
>
> _____
>
> _____

Vermutlich haben Sie Signale notiert, die sich weitgehend mit den Indizien von intrapsychischen und interpersonellen Konflikten decken. Diesen sind gruppenspezifische Anzeichen hinzuzufügen. Etwa diese:

- Grüppchenbildung (Allianzen, Fraktionen)
- »Wir versus Ihr«, »Ich versus Ihr« oder Spaltung in Freund versus Feind
- wechselseitiges Herabsetzen von Leistungen, Verhalten, Argumenten
- Mauern gegen Aktionen, Entscheidungen, Initiativen, sobald die eigene Subgruppe in der Minderzahl ist
- mangelnde Bereitschaft, in die gleiche Richtung zu gehen: Man findet immer ein Haar in der Suppe.
- Vertrauensschwund
- knisternde Atmosphäre
- strategische und hochselektive Kommunikationsflüsse: Wechselseitige Informationen erfolgen häppchenweise, interessengeleitet und parteilich (politisch).
- Der Koordinationsaufwand in Gruppen nimmt zu.

Diese Aufzählung von Indizien ist selbstverständlich nicht erschöpfend, sondern definiert empirisch charakteristische Anzeichen für das Vorliegen sozialer Konflikte. Der folgende Abschnitt benennt typische Konfliktarten in sozialen Kontexten.

Typische soziale Konfliktarten

In Gruppen sind alle jene inneren und zwischenmenschlichen Anlässe und Konfliktarten anzutreffen, die bereits genannt sind. Besonders häufig entzünden sich soziale Konflikte an Aspekten der Beziehung, der Beurteilung, der Verteilung sowie an Zielvorstellungen und Sinnfragen. Die folgenden Beispiele zeigen die Unterschiede auf.

Kleine Typologie von Konfliktarten

Beziehungskonflikt

In einem Team von sechs Personen streiten sich zwei Mitglieder bei jeder Gelegenheit. Sie unterbrechen einander in Redebeiträgen und suchen jeweils für die eigene Position Beistand von anderen. Eine Konfliktanalyse ergibt: Bei beiden stimmt »die Chemie« nicht. Jeder fühlt sich durch die »arrogante Art« des Kontrahenten provoziert.

Dieser Zwist auf der Beziehungsebene pflanzt sich fort und mündet in einen Beurteilungs- beziehungsweise Bewertungskonflikt.

Beurteilungskonflikt

In einer Teamdiskussion steht die Entscheidung an, ob die Geschäftsleitung von einer Panne im Projekt unterrichtet werden soll. Über das Ziel sind sich alle einig: nämlich die Panne so schnell wie möglich so zu beheben, als sei sie nie passiert. Über den Weg dahin besteht Uneinigkeit. Teammitglied A plädiert dafür, die Geschäftsleitung zu unterrichten, da man diese eventuell für die Reparatur noch einschalten müsse, um Ressourcen zu erhalten. Der Kontrahent votiert dagegen, weil er auf die kreative Kraft der Selbstorganisation der Gruppe baut. Beide haben Anhänger gefunden. Der Konflikt erhält eine kollektive Dynamik und kann in andere Konflikte, zum Beispiel Beziehungskonflikte, münden.

Verteilungskonflikt

Die beiden Teamkollegen wissen, dass die Projektleitung wechseln soll, da die jetzige Leiterin befördert wird. Sie buhlen um die Nachfolge und benutzen die Teammeetings dazu, sich jeweils selbst (auf Kosten des Kontrahenten) als besonders geeignet zu profilieren. Deshalb inszenieren sie polemische Schlagabtausche (Fokus Beziehungsebene) und betonen Beurteilungsdifferenzen (Fokus Sachebene).

Ziel- und Sinnkonflikt

Zieldefinitionen hängen mit Sinnentscheidungen zusammen. Der Teamkollege, der die Geschäftsleitung einschalten möchte, sieht keinen guten Sinn in Vertuschung. Außerdem denkt er praktisch: Sollten zusätzliche Ressourcen benötigt werden, muss die Geschäftsleitung ohnehin informiert werden. Beide Ziele gehören für ihn in den Sinnkomplex, professionell und weiterführend arbeiten zu wollen, auch zugunsten des Unternehmens. Sinnfragen sind immer auch Wertfragen. Der Kontrahent singt dagegen das Hohelied auf das fraktale Unternehmen, in dem kleine Einheiten selbstorganisiert, agil und in eigener Verantwortung ihre Aufgaben erledigen.

Typologien abstrahieren von der konkreten Wirklichkeit. Ihr Nutzen liegt darin, das Denken zu präzisieren und dadurch analytisch schärfer Zusammenhänge so zerlegen zu können, dass es einfacher wird, einen Konflikt konstruktiv zu behandeln.

Entstehungsbedingungen sozialer Konflikte

Die Überlegungen zu den inneren und interpersonellen Konflikten sollten insofern stets mitlaufen, als sie gleichsam der Nährboden sind, um soziale Konflikte entstehen zu lassen. Denn in Gruppen agieren einzelne Persönlichkeiten mit ihren Wünschen und Befürchtungen, ihren persönlichen Zielen und Ambitionen, und sie interagieren mit anderen.

Diese engen Zusammenhänge werden deutlich in den anschließenden knappen Ausführungen zur Bedeutung der Gruppe für den Einzelnen, zu Mustern gruppendynamischer Abläufe und mit beiden Aspekten verknüpften Konfliktquellen und -anlässen.

Die Bedeutung der Gruppe für den Einzelnen: Menschen suchen als soziale Wesen Zugehörigkeit in Gruppen. Die sozialpsychologische Forschung zeigt die Verflochtenheit von Gruppenzugehörigkeit und Identität oder Selbstbild. Menschen stellen bewusst und nicht bewusst soziale Vergleiche an und bewerten anhand impliziter und expliziter Feedbackprozesse, wie sie im jeweiligen Vergleich abschneiden. Wird die Diskrepanz als unangemessen empfunden, wächst das Konfliktpotenzial.

Neben der Zugehörigkeit suchen Menschen in der Gruppe nach Vertrautheit. Dies fällt in kurzzeitig arbeitenden Projektgruppen (Kollaboration) sowie in virtuellen Teams immer schwerer, sodass Betroffene häufig den Mangel an Vertrautheit und folglich den Mangel an Kommunikation, (Verhaltens-)Sicherheit, Eingespieltsein sowie Vorhersehbarkeit beklagen. Dieses empfundene Defizit labilisiert psychisch, sodass auch hier die Gemüter schneller erhitzen oder erkalten als in einer Umgebung, die vertraute Routinen und längerfristiges Beisammensein bietet.

Eng mit Zugehörigkeit und Vertrautheit hängt das Bedürfnis nach Bestätigung, positiver Verstärkung, Anerkennung – heute vor allem »Wertschätzung« genannt – zusammen. Wertschätzungszeichen sind geeignet, Konflikte zu vermeiden, das Risiko von Konflikten zu dämpfen, weil Menschen, die sich wertgeschätzt fühlen, mental und emotional großmütig sind, sprich: den Haloeffekt im Positiven wirken lassen. Daraus folgt, dass sich Konfliktgründe häufen müssen, um das Streitpotenzial zu aktivieren. Wertschätzung geht ferner mit einer hohen Bereitschaft an Anpassung, Flexibilität und Kompromisshaltung einher. Denn keiner gibt gern eine als angenehm empfundene und von Disstress entlastende Harmonie auf. Welche Verhaltensweisen als adäquates Anschlussverhalten gedeutet werden, hängt von den Gruppenmitgliedern und von situativen Variablen ab.

Konflikt um Anerkennung

Ein Teammitglied, Frau L., sucht in der Gruppe Bestätigung ihres Könnens. Sie entdeckt aber, dass sie im sozialen Vergleich ihr Selbstbild als kompetente Kraft nicht bestätigt findet. Folglich fühlt sie sich deplaziert, allein und minderwertig. Eine innere Spannung und ein innerer Konflikt (Annäherungs-Vermeidungs-Konflikt) bauen sich auf. Sie kann ihrem Impuls, das Team zu verlassen, aber nicht nachgeben, weil sie von ihrem Chef »hinbeordert« wurde und fachlich nicht ersetzbar ist. Sie möchte indes verhindern, dass die Teamkolleginnen und -kollegen ihre Anspannung und Unsicherheit bemerken. Daher entschließt sie sich, sich besonders »ins Zeug zu legen«, um sich der Gruppe zugehörig und von ihr respektiert zu fühlen.
Da sich diese Anstrengung aber von ihrem Minderwertigkeitsgefühl her nährt, tendiert sie zur Überkompensation. Sie engagiert sich weit mehr als sie anderen und als diese es für angemessen halten. Ihre Bemühungen werden von den anderen als Übereifer oder als Anbiederei interpretiert. Frau Ls Ziel ist somit (zunächst) nicht erreicht. Zudem setzt sie sich der Gefahr aus, eine Außenseiter- oder Sündenbockrolle im Team zugeschrieben zu bekommen.

Die Einschatzung der eigenen Fähigkeiten, Verdienste, Leistungen, Meinungen und so weiter verläuft stets in Relation zu anderen Personen und/oder Gruppen. Auch deren Perspektiven (Einstellungen, Ambitionen und dergleichen) müssen in Betracht gezogen werden, um sozial akzeptiert agieren zu können. Das gilt im Konflikt noch stärker: Die Kontrahenten haben einander stetig im Auge, messen ihre Kräfte und stellen ihre Aktionen darauf ab.

Bezogen auf die Frage nach den Konfliktquellen sind folgende Erkenntnisse behaltenswert: Je wichtiger einzelnen Gruppenmitgliedern der soziale Vergleich ist, desto intensiver fallen die Anstrengungen aus, das um die vermutete Fremderwartung bereicherte subjektive Anspruchsniveau zu erfüllen.

Dies kann zu überkompensatorischem Verhalten führen, das von den anderen Gruppenmitgliedern negativ gedeutet und beantwortet wird.

Selbstbeurteilung ist notwendigerweise an Vergleiche mit anderen gebunden. Diese anderen können virtuelle, fantasierte, imaginierte, echte Personen oder Gruppen sein oder innere Ambitionen und Messlatten. Funktion ist, das Selbstwertgefühl zu steigern beziehungsweise auf einem angenehmen Level zu halten. Auch in dieser Einschätzung werden Menschen unbewusst fremdgeleitet. Etwa beeinflusst die physische Gegenwart von Menschen die Selbsteinschätzung stärker als nur virtuelle Präsenz und dies insbesondere dann, wenn diese anderen ein gering ausgeprägtes Selbstwertgefühl haben. Ist die imposante, souveräne Person, beispielsweise ein Vorgesetzter, im Team physisch anwesend, fällt die Selbsteinschätzung von selbstsicheren Personen, nochmals gesteigert bei selbstunsicheren Personen, geringer aus, als handle es sich um eine weniger beeindruckende Vorgesetztenpersönlichkeit.

Daraus folgt für die Praxis: Teamdemokratie mit ihren Werten von Gleichwertigkeit, Gleichrangigkeit, Egalität enthält nolens volens eine Konfliktquelle, die sich realisiert, wenn der beeinflussende Faktor von Respektpersonen nicht bedacht wird.

Implikationen bedenken

Legt eine respektierte Führungskraft Wert darauf, dass das Team selbstständig arbeitet, sollte sie sich in der aktiven Mitarbeit beziehungsweise in ihren Interventionen zurückhalten. Tut sie das nicht, sind Konflikte in der Gruppe zu erwarten. Denn das Risiko steigt, dass die Teammitglieder sich zu Handlangern degradiert fühlen und beginnen, sich entsprechend zu verhalten. Eigene Initiativen werden immer mehr unterdrückt. Dies richtet mittelfristig irreversible Schäden an. Die Führungskraft wird mit operativen Verpflichtungen und Verantwortung überladen (und fragt sich, wozu sie die Gruppe eigentlich braucht). Die Gruppeneffektivität wiederum hängt am Tropf der Leistung des Chefs und sinkt gegen Null, weil die Teammitglieder sich überflüssig vorkommen. Das Team implodiert.

Soziale Vergleichsprozesse haben Auswirkungen auf den Gruppenprozess. Mitglieder streben sowohl die hervorgehobene Bewertung spezifischer Persönlichkeitsmerkmale als auch des Selbstwertgefühls und Selbstbildes an und verhalten sich entsprechend. Daran entzünden sich kompetitive, im Konfliktfall rivalisierende Handlungen.

Die Konfliktwahrscheinlichkeit steigt, sobald sportliche Konkurrenz in Gegnerschaft oder Feindseligkeit umschlägt. Diese Konfliktquelle wird besonders dann akut, wenn Vergleichsbedingungen für ein Gruppenmitglied ungünstig sind. Schneidet es bei den Vergleichen schlecht ab, unternimmt es vieles, um vor sich selbst und vor anderen das erwünschte Niveau des Selbstwertgefühls halten zu können. Es beginnt,

- Vergleichssituationen auszuweichen,
- Vergleichsergebnisse zu ignorieren und
- sie zu eigenen Gunsten zu fälschen beziehungsweise verzerren.
- Für das schlechte Abschneiden werden Entschuldigungen und Rechtfertigungen vorgebracht und
- Vertuschungsmanöver inszeniert.

Zusammenfassung

- Menschen, hier: Gruppenmitglieder streben danach, ihr positives Selbstwertgefühl zu erhalten.
- Sie tun dies über soziale Vergleichsprozesse. Mit ihrer Hilfe versuchen sie, in sozial akzeptierter Weise Gleichwertigkeit oder Überlegenheit zu demonstrieren.
- Da soziale Vergleichsprozesse die Gefahr in sich bergen, Unfrieden in der Gruppe zu stiften, Kohäsion und Effektivität zu gefährden, entwickeln Gruppen Normen und Praktiken sozialer Einflussnahme. Diese sollen die destruktiven Folgen eindämmen.
- Selbstbeurteilung über soziale Vergleichsprozesse gilt als intrapsychisch unvermeidlicher Prozess. Daher sollten Begleitphänomene als fixer Bestandteil jeder Gruppe und ihrer Dynamik betrachtet werden: Vergleiche finden statt, und die Aufgabe liegt darin, die Rahmenbedingungen und Incentives so zu gestalten, dass Rivalismen ausgeklammert sind.

Soziale Vergleichsprozesse in Gruppen erzeugen Konfliktquellen, die sich an dem Auseinanderklaffen von Selbst- und Fremdbild beziehungsweise -erwartung und an Rivalismen entzünden.

Literaturtipps

Einen guten Überblick über Aspekte der Teambildung und Möglichkeiten, das Bilden, Entwickeln und Funktionieren in Teams zu stärken, gibt das Dossier von managerSeminare, Heft 142, 2010.

Martin Gerber und Heinz Gruner widmen sich in »Flow Teams – Selbstorganisation in Arbeitsgruppen« vor allem jenen Bedingungen und Möglichkeiten, leistungsstarke Teams zu etablieren, in denen alle Mitglieder hochmotiviert arbeiten (in: Die Orientierung 108, 1999).

Korinna Bauer und Friedrich W. Hesse führen in ihrem Aufsatz »Von Kopf zu Kopf« aus, welche neuropsychologischen Vorgänge in effektiver Teamarbeit wirken und wie Wissensvermittlung wirksam initiiert werden kann (in: Gehirn & Geist 2006, S. 34–39).

Wer alles auf einen Blick haben möchte, greife zum Handbuch »Alles über Gruppen«, das von Cornelia Edding und Karl Schattenhofer herausgegeben wird (2015).

Gruppendynamische Muster

Keine Gruppe fällt »fertig« vom Himmel. Gruppen sind immer dynamische Systeme. Voraussetzungen, Rahmenbedingungen, personelle Zusammensetzung und das Zusammenspiel können sich jederzeit ändern. Eine Gruppe befindet sich in einem permanenten Prozess der Entwicklung. Empirische und experimentelle Forschung heben hervor, dass jede Gruppe – in unterschiedlichen Ausprägungen – gewisse Prozesse durchläuft, bestimmte Strukturen aufbaut und spezifische Funktionen braucht, um leistungsfähig zu sein und zu bleiben. Jede dieser Phasen, Strukturen und Funktionen beherbergt Möglichkeiten des Konflikts. Im Folgenden führe ich die für das Thema Konflikt wesentlichen Aspekte an (Tuckman 1965, S. 348–399; Neuberger 2006, S. 288 ff.):

- Gruppenbildung
- Machtausübung
- Normenentwicklung und Konformität
- Eskalationsdynamik

Gruppenbildung: Ein Teambuildingprozess durchläuft ein fünfphasiges Entwicklungsschema. Dieses Modell realisiert seinen praktischen Nutzen im

Konfliktfall darin, dass es analytische Anhaltspunkte für gezielte Fragen und Steuerungsinterventionen bietet. Insbesondere, aber keinesfalls ausschließlich, kann ein Beobachter, Moderator oder Leiter systematisch einschätzen, ob sich die Teammitglieder so weit gefunden haben, dass sie hohe Leistungsanforderungen erfüllen können. Teammitglieder erkennen zum Beispiel Indizien dafür, aus welchen Gründen sich das Team in Reibereien aufzehrt. Oder die Akteure bekommen Antworten darauf, warum die interne Koordination nicht klappt.

Das fünfphasige Modell der Gruppenbildung nach Bruce W. Tuckman durchläuft die folgenden Entwicklungsstadien.

- **Phase 1: Orientierung:** Die Gruppe konstituiert sich. Die neuen Kolleginnen und Kollegen kennen sich nicht oder kaum. Es gibt noch keine Rollen- und Funktions- sowie Führungsstrukturen, noch keine definierten Abläufe. Es überwiegen mehrdeutige und Probehandlungen: Man probiert Verhaltensweisen aus, um die Wirkung auf ihre Akzeptanz hin zu testen. Die Teammitglieder bemühen sich, dem Selbstbild, das außerhalb des Teams gepflegt wurde, Geltung zu verschaffen und vertraute Strukturen zu etablieren. Insgesamt ist das Verhalten noch unkoordiniert. Regelungen, Pläne, Aufgabenzuteilungen sind noch provisorisch. – Diese Phase wird auch »Forming« genannt.
- **Phase 2: Konflikt:** Das erste vorsichtige Ab- und Herantasten wird jetzt abgelöst durch Profilierungs- und Machtrangeleien. Es kommt zu Meinungsverschiedenheiten bezüglich Befugnisse, Vorgehensweisen, Teamplaying-Verhalten. Auseinandersetzungen um Status, Kompetenzen und Rollen provozieren Fraktionsbildung, Polarisierung und wechselnde Allianzen. Der Umgang miteinander und das Klima werden als emotional, fragil, gar explosiv empfunden. – Diese Phase wird auch »Storming« genannt.
- **Phase 3: Integration:** Dieser für alle Beteiligten anstrengenden Phase folgt die Bemühung um Integration. Im Verlauf der turbulenten Auseinandersetzungen schälen sich Gemeinsamkeiten und Sympathien heraus. Konflikte werden sukzessive beigelegt, Opposition reduziert. Widerstand macht Unterstützung und Kooperation Platz. Um mehr Sicherheit und die Voraussetzungen für einen kooperativen Teamgeist zu schaffen, erarbeiten die Teammitglieder Gruppennormen oder Spielregeln, die für jedes Mitglied gelten. Mit dieser Übereinstimmung ist die Voraussetzung

für effektives Zusammenarbeiten gelegt. – Diese Phase wird auch »Norming« genannt.

- **Phase 4: Leistung:** Spannungen sind weitestgehend gelöst, der Verhaltenskanon ist definiert, Rollen sind ausdifferenziert und Aufgaben verteilt. Die Gruppenstrukturen sind etabliert, und das Team hat sich als funktionsfähige soziale Einheit konstituiert. Konstruktives und zielorientiertes Arbeiten ist jetzt möglich. Ihm wird der Hauptanteil der Energie gewidmet. Aufkommende Probleme oder Konflikte werden kooperativ behandelt. – Diese Phase wird auch »Performing« genannt.
- **Phase 5: Stabilisierung:** Aufgrund der Zufriedenheit der Mitglieder mit der Gruppe und dem Status in ihr sind sie an Veränderungen nicht sonderlich interessiert. »Never change a winning team«, lautet die Devise. Daher dominiert das Bestreben, den Zustand insofern zu zementieren, als Unruhe und negative Veränderungen vermieden werden.

Diese fünf Phasen beanspruchen in der Praxis unterschiedlich viel Zeit und laufen auch nicht notwendig als lineares Geschehen ab. Da sich die Bedingungen, unter denen eine Gruppe arbeitet, genauso ändern können wie ihre personelle Besetzung, kann es immer wieder zu neuen Durchläufen kommen und einzelne Phasen können wiederholt durchlebt werden.

Aus gruppendynamischer Sicht sind zwei Konfliktquellen offenkundig:

- Als erste Konfliktquelle sind Divergenzen zwischen Erwartungen der Teammitglieder und den Charakteristika der gerade laufende Teamphase zu nennen. Sind sich Akteure nicht darüber einig, in welcher Phase mit den ihnen inhärenten Charakteristika sie sich befinden, driften Erwartungen und Verhalten auseinander, und damit wächst das Konfliktpotenzial, weil Verhaltensweisen wechselseitig als unangemessen bewertet werden. Wenn beispielsweise ein Akteur meint, noch in der Stormingphase zu verweilen und eine Grundsatzdiskussion führen will über Regeln, während andere meinen, sie hätten nun genug debattiert und seien in der Performingphase, wachsen Missverständnisse und kommt es zum Streit.
- Eine zweite Konfliktquelle ist in der Praxis ebenfalls verbreitet: Die Gruppe nimmt sich zu wenig Zeit, insbesondere die Stadien eins bis drei zu durchlaufen, sondern verlangt von sich sofortige Höchstleistung. Da folglich die Basis für ein eingespieltes Miteinander fehlt oder labil ist,

wird das Arbeiten immer wieder durch Klärungsbedarf unterbrochen. Dies mündet in Rangeleien und befördert eine konfliktschwangere Atmosphäre.

Das sorgfältige Beachten des Bedarfs einer Gruppe anhand des Phasenmodells hilft, die Konfliktwahrscheinlichkeit zu reduzieren. Denn es ermöglicht sowohl den Einzelnen, ihre Ambitionen und Interessen zu vertreten, als auch der Gruppe, das Miteinander auf der Grundlage beachteter individueller Präferenzen tragfähig zu gestalten.

Literaturtipp

In seinem Buch »Teamkonflikte erkennen und lösen. Zwischen Emotionen und Sachzwängen« (2012) thematisiert Franz Will das »Emotionsmanagement«, verarbeitet das Riemann-Thomann-Modell, geht auf Aspekte der Gesprächsführung ein und behandelt typische Teamsituationen.

In alldem spielen mikropolitische Aspekte eine Rolle. Oswald Neuberger schildert in seinem Buch »Mikropolitik« (2006) akribisch, wie mikropolitische Interessen und Aktionen auf der individuellen und kollektiven Seite sichtbar werden. Neben den produktiven Auswirkungen können sich bestimmte mikropolitische Strategien von Einzelnen wie von Fraktionen in Konflikten entladen. Etwa die Strategie des »Erst machen, dann fragen«, also Freiräume nutzen. In Gruppenkonflikten müssen stets subjektive, intrapsychische Konfliktanlässe mitgedacht werden, um sie konstruktiv behandeln zu können.

Machtausübung: Egal, ob sogenannt demokratisch oder nach dem Modell des agilen Projektmanagements gearbeitet wird: Macht spielt immer eine Rolle, informelle wie formelle. Macht ist eine spezielle Form der sozialen Einflussnahme und eine wirkungsvolle Strategie, Interessen durchzusetzen. So nimmt es nicht wunder, dass Machtausübung Konflikte provoziert. Vom Machtinhaber wird angenommen, dass er über Mittel und Möglichkeiten verfügt, andere dazu zu bewegen, seine Interessen auch gegen deren Willen durchzusetzen. Machtausübung setzt voraus, dass sie von den anderen anerkannt wird. Dies trifft auf formelle Macht zu, etwa Befugnisse von Linienvorgesetzten. Als effektiv durchsetzungsfähig gilt in der Praxis besonders informelle Macht, da in diesem Fall einer Person nicht qua Position, sondern qua personaler Wirkung (Ausstrahlung, Charisma, Wissen und Können, Autorität) Macht zugeschrieben wird.

Konfliktpozenzial beherbergen beide Formen, da sie mit impliziten und expliziten Erwartungen verknüpft sind, die erfüllt werden müssen. Die Konfliktwahrscheinlichkeit wächst, sobald die Entlastungsfunktion für jene, die einer Person Macht zuerkennen, unerfüllt bleibt – oder sich eine Gegenmacht aufbaut.

Vertrauen und Macht

Eine Projektleiterin wird vom Team aufgefordert, bei der Geschäftsführung unbedingt eine Budgeterhöhung durchzusetzen. Misslingt ihr das, kann es in der Gruppe zum Konflikt kommen, weil die enttäuschten Mitglieder die Durchsetzung grundsätzlich für möglich gehalten haben und deshalb ein mangelndes Durchsetzungsvermögen als »schwach« bewerten. Oft überträgt sich diese Bewertung auf das Zutrauen, die Funktion »Leitung« überhaupt zu verdienen. Neben ihrer Leistungsfähigkeit ziehen die Mitglieder zudem die Legitimation der Führungsfunktion der Projektleiterin in Zweifel.

Ein Teammitglied ist bekannt dafür, bei Konflikten erfolgreich zu schlichten. Ihm wird im Rahmen der Rolle »Schlichter« Macht zugeschrieben. Inzwischen wird ganz selbstverständlich erwartet, dass ihm das Schlichten immer gelingt. Diese Machtzuschreibung hat im Verlauf der Zusammenarbeit dazu geführt, dass andere Teammitglieder nicht einmal den Versuch unternehmen, Streitende auseinanderzubringen. Da sie die Macht zur Schlichtung und damit die Verantwortung an den Schlichter »delegiert« haben, ertönt im Konfliktfall reflexartig der Ruf nach ihm. Ein personeller Wechsel führt dazu, dass eine weitere Person die Position des Mediators beansprucht. Mit diesem Neuzugang bekommt der Schlichter Gegenmacht zu spüren, weil das neue Teammitglied bestrebt ist, sich als mindestens genauso gut zu profilieren.

Zudem entzünden sich Konflikte in Gruppen typischerweise an Handlungen, die von den Gruppenmitgliedern als willkürlich empfunden werden. Besonders übel wird es Vorgesetzten vor allem genommen, wenn sie durchregieren, etwa trotz andersartiger Abmachung einem Teammitglied die Moderation spontan wegnehmen.

Nachvollziehbarkeit und Machterleben

Die Führungskraft eröffnet der Mitarbeiterin, sie solle beim eintägigen Teamworkshop die Moderation übernehmen. Nach zwei Stunden Workshop nimmt ihr die Chefin die Leitung ohne Ankündigung und ohne Begründung aus der Hand. – Die Mitarbeiterin empfindet das als willkürliche, sachlich nicht nachvollziehbare und nicht verabredete Maßnahme. Sie sieht sich desavouiert, in ihrem Handlungsspielraum eingeengt und in ihrer Kompetenz beschnitten. Dies wiederum beschädigt ihr Selbstbild. Wenn sie couragiert ist, kann sie sofort Maßnahmen der Gegenmacht einleiten und ihre Chefin vor Publikum darauf hinweisen, dass sie die getroffene Vereinbarung missachtet. Die Chefin wird dies als Kampfansage interpretieren und mit hoher Wahrscheinlichkeit ebenfalls zur Kampfstrategie greifen. – Die Mitarbeiterin kann aber auch eine Kompromissstrategie fahren, indem sie sie unter vier Augen darauf anspricht und mit ihr vereinbart, was zu tun ist, um a) ihr professionelles Gesicht als Moderatorin der Gruppe wiederherzustellen und b) solche spontanen Interventionen zukünftig zu verhindern.

Normentwicklung und Konformität: Jede neu geformte Gruppe ist gefordert, implizite oder explizite Normen zu erkennen, zu entwickeln und zu befolgen. Unter dem Titel von »Spielregeln« benennen sie Richtlinien, wie individuelle Beiträge und Interessen gewichtet und koordiniert werden; was verboten und erlaubt, erwünscht und unerwünscht ist. Normen legen Leitplanken für das Verhalten in Form eines Verhaltenskodexes, der die Zusammenarbeit auf der Sach-, Methoden- und Beziehungsebene regelt und vertrauensvolles Kooperieren ermöglicht.

Zusätzlich entstehen durch den gemeinsamen Bezugrahmen neue Wahrnehmungs- und Bewertungsfilter sowie Bewertungsmaßstäbe, die zumeist als unbewusste Beurteilungs- und Meinungsnormen verinnertlicht werden.

Normen und Bewertungen

Bisher erlebte ein Teil der Teammitglieder, dass ihre Einzelleistungen im Vordergrund der Beurteilung standen. Deshalb fixieren sie sich zu Beginn der Teamarbeit darauf, ihre Individualbeiträge perfekt zu machen. Die neue Kollektivnorm »Es zählt in erster Linie das Teamresultat« fordert von ihnen, ihre Einzelleistungen sowie deren Stellenwert neu zu bewerten, sie in das Leistungsnetzwerk der Gruppe einzuordnen und stärker als bisher andere im Team unterstützen. Der Fokus verlagert sich auf Synergie und damit von der perfekten Eigenarbeit und auf die Gruppenarbeit.

Die Frage, wann Konformität erzwungen wird, entscheidet die Zielausrichtung der Gruppe. Gruppendruck und das bekannte Groupthink entfalten besonders in Situationen ihre Wirkung, in denen die Zielerreichung infrage steht oder individuelle Furcht vor Abweichung in Anpassung mündet. In beiden Kontexten steht das Bewahren von Konsens oder Harmonie hoch im Kurs, sodass Devianz als Störung und diese als unerwünscht behandelt wird. Die Wahrscheinlichkeit einer Verhaltensänderung eines abweichenden Teammitglieds wächst mit der Bedeutung, die das Mitglied der Druckmaßnahme beimisst. Unter welchen Bedingungen Teammitglieder bereit sind, sich dem Konformitätsdruck zu beugen, hängt entscheidend von der Einschätzung ab, welche Sanktionen tatsächlich ausgeübt werden können und welche Konsequenzen sie für den Betroffenen hätten.

In dieser Konstellation liegen zwei Konfliktquellen nahe: die vorhandene oder nicht vorhandene Sanktionsmacht und die Reaktion der Sanktionierten.

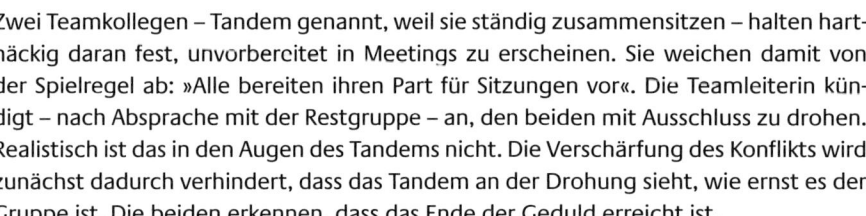

Sanktionen

Zwei Teamkollegen – Tandem genannt, weil sie ständig zusammensitzen – halten hartnäckig daran fest, unvorbereitet in Meetings zu erscheinen. Sie weichen damit von der Spielregel ab: »Alle bereiten ihren Part für Sitzungen vor«. Die Teamleiterin kündigt – nach Absprache mit der Restgruppe – an, den beiden mit Ausschluss zu drohen. Realistisch ist das in den Augen des Tandems nicht. Die Verschärfung des Konflikts wird zunächst dadurch verhindert, dass das Tandem an der Drohung sieht, wie ernst es der Gruppe ist. Die beiden erkennen, dass das Ende der Geduld erreicht ist.

Selbstverständlich finden sich bei detaillierter Betrachtung weitere Anlässe für Konflikte, etwa Entscheidungsfindung, Kontrollprozesse innerhalb der Gruppe und sämtliche Aspekte, die intra- und interpersonelle Konflikte begünstigen. Die bisherige Skizze nennt besonders brisante Konfliktquellen, denen in der Praxis zuweilen zu wenig Bedeutung beigemessen wird.

Resümee

Zusammenfassend lassen sich als wesentliche Gründe für Gruppenkonflikte festhalten:
- Fehleinschätzung der Motive für Verhaltensweisen
- unverträgliche Maßstäbe bei sozialen Vergleichsprozessen, die zu divergenten Selbst- und Fremdeinschätzungen führen

- Aufeinanderprallen unterschiedlicher bis unverträglicher Grundmotivationen im Verhalten und in Verhandlungsstilen
- Beantwortung von Konformitätsansinnen mit Gegenmachtbestrebungen
- mangelnde Berücksichtigung der Forming-, Storming-, Normingphase in der Gruppenentwicklung
- unangemessene Ausübung der Führungsfunktion (Referenz: Teamerwartungen).
- Ausübungsweise sozialer Macht, sodass Gegenmachtbestrebungen provoziert werden
- mangelnde Übereinkunft bei Gruppennormen und Spielregeln
- Anwendung unverträglicher Kriterien bei Gruppenentscheidungen
- Anwendung inadäquater Kontrolltechniken

Eskalationsdynamik: Die in den Abschnitten zu intra- und interpersonellen Konflikten skizzierten Prozesse der Konfliktverschärfung wirken auch in der Gruppe: Grundsätzlich nimmt mindestens ein Akteur Unvereinbarkeiten oder Unverträglichkeiten in Handlungen oder Zielen wahr. Jeder soziale Konflikt berührt Sach- und Beziehungsfragen und erhält zusätzlich Nahrung aus subjektiven Anliegen, Einstellungen, Wertüberzeugungen und Bedürfnissen. Diese Konfliktdimensionen bedingen sich wechselseitig und initiieren Eskalation.

Ob und inwiefern der Konfliktverlauf eine Eigendynamik entwickelt, hängt zunächst davon ab, ob die Kontrahenten die Situation als kompetitiv, rivalisierend oder kooperativ einschätzen. Die kooperative Orientierung verfolgt die Logik des Win-Win: Die Zielerreichung korreliert positiv, das heißt, der Erfolg der einen Seite hängt von dem der anderen ab. Der Konflikt wird als gemeinsam zu lösendes Problem behandelt. Die rivalisierende Orientierung produziert Sieger und Verlierer. Bei ihm wird der Gewinn der einen auf Kosten der anderen Seite erzielt (Win-lose-Prinzip). Der Konflikt wird als Kampfsituation inszeniert.

Wird der Konflikt als kompetitiver oder rivalisierender Prozess gestaltet, tendiert der Konflikt dazu, sich auszubreiten und von den Akteuren Besitz zu ergreifen: Er entzieht sich zunehmend der Steuerung. Parallel dazu nimmt die Fixierung auf Machtstrategien zu. Verständigungsversuche und Empathie nehmen ab, Misstrauen und Argwohn dagegen zu. Die feindselige Haltung schärft die Aufmerksamkeit für Gegensätze und stutzt die Antennen für die Wahrnehmung von Gemeinsamkeiten und möglichen Kompromissen.

Kompetitive, rivalisierende und individualistische Verhaltensausrichtungen verstärken Gegensätzlichkeiten beziehungsweise verhindern eine kooperative Behandlung kollektiver Konflikte. Dominieren sie, ist die Wahrscheinlichkeit durchaus groß, dass die Eskalation in die dritte Phase wächst. In einer solchen Konstellation beschleunigen folgende Verhaltensweisen das Entstehen der »Wir–Ihr«-Logik oder »Freund–Feind«-Logik in Wahrnehmen und Denken, Fühlen und Handeln, und damit wird die Eskalation immer wahrscheinlicher.

- Eigene Ideen, Interessen und Vorschläge werden höher gewichtet und als legitimer angesehen als die der Kontrahenten.
- Die Anliegen der Kontrahenten werden minder bewertet oder ihre Berechtigung verworfen.
- Der Triumpf über den Gegner wird zum eigenständigen Ziel. Kompromissbereitschaft wird in der eigenen Gruppe als Verrat und in der Gegner-Gruppe als Schwäche gedeutet.
- Fortschritte werden eher blockiert als protegiert, sobald sie Abstriche von eigenen Zielen erahnen lassen.
- Interventionen Dritter sind nur dann willkommen, wenn sie uneingeschränkt die eigene Sicht unterstützen.

Verstärken sich die Prozesse der Polarisierung, steigen Anspannung, Handlungsdruck und Zugzwang. Dies entlädt sich schließlich darin, dass die Schwelle zur nächsten Eskalationsstufe überschritten wird. Es folgen Taten statt Worte, Imageschädigungen, Gesichtsverluste und Drohgebärden. An dieser sechsten Eskalationsstufe angelangt, bringt jeder weitere Schritt eine Annäherung an die Zerstörung, der alle zum Opfer fallen: die Gruppe zerfällt, löst sich auf.

Optionen, soziale Konflikte konstruktiv zu nutzen

Die folgenden Anregungen setzen auf die Ausführungen zu intra- und interpersonellen Konflikten auf. Da Konflikte in Gruppen schnell unübersichtlich werden, ist eine von Friedrich Glasl (1993, S. 83 ff., 321 ff.) entworfene pragmatische Systematik der Konfliktbehandlung hilfreich. Es ist ein Raster zur Diagnose und Konfliktbehandlung. Es besteht aus den folgenden vier Fragekategorien:

- **Konfliktinhalte:** Um was geht es?
- **Konfliktverlauf:** Wie beschreiben die Parteien den aktuellen Stand und wie die Geschichte des Konflikts?
- **Konfliktparteien:** Wer streitet, und in welcher Beziehung stehen die Kontrahenten?
- **Grundeinstellung zum Konflikt:** Wie begegnen die Parteien dem Konflikt grundsätzlich? Zu welchen Verhaltensweisen sind sie bereit, um den weiteren Verlauf des Konflikts mitzugestalten? Wie definieren sie das Ende des Konflikts? Was sind sie dafür zu tun bereit?

Im Folgenden nenne ich pro Fragekategorie die Hauptfragen, die mit ihnen verbundenen Ziele und gebe Anregungen, wie Kontrahenten methodisch vorgehen können.

Konfliktinhalte: Die Hauptfrage lautet hier: Um was geht es?
Folgende weitere Fragen spielen eine Rolle:

- Welche Konfliktpunkte formulieren die Akteure?
- Wo gibt es Gemeinsamkeiten, Überschneidungen? Trennendes, Gegensätzliches, Unvereinbares? Berührungs- oder Anknüpfungspunkte?
- Wo sehen die Akteure die Akzente in den Konflikten? Welche Konfliktarten sehen sie vertreten?
- Welche Aspekte werden wie gewichtet, priorisiert und in der Vernetzung mit anderen Zielen, Fakten, Randbedingungen eingeordnet?

Als Ziele lassen sich festhalten:

- Herstellen grundsätzlicher Akzeptanz und Bereitschaft zu Kooperation
- wechselseitiges Kennenlernen und Verstehen der Konfliktinhalte
- Empathie herstellen: akzeptieren der Konfliktinhalte und der Subjektivität der Konfliktpunkte; Distanz gewinnen in Bezug auf die eigene Fixierung; Einnehmen der Perspektive der Kontrahenten, Bereitschaft zum Sichtwechsel

- Einigung auf das, was als Konfliktpunkt definiert und behandelt werden soll und in welcher inhaltlichen Gewichtung und Rangfolge

---

Methode: Aufnehmen (Inventarisieren) der Konfliktinhalte

Entwerfen einer Konfliktlandschaft

- Jeder Einzelne beziehungsweise jedes Bündnis (Subgruppe, Fraktion) notiert auf Kärtchen, was aus der eigenen Sicht Konfliktpunkte sind und heftet sie an die Pinnwand.
- Jede Partei erklärt, inwiefern etwas ein Konfliktpunkt ist, welcher Konfliktart er zugeschrieben wird. Ausschließlich Verständnisfragen werden erörtert.
- Jede Partei fasst die von den Kontrahenten formulierten Konfliktpunkte zusammen.
- Jede Partei nennt beziehungsweise notiert die Konfliktpunkte der anderen, mit denen sie übereinstimmt und nicht übereinstimmt.

Clusterbildung und Formulierung einer Konkretisierungstreppe

- Gemeinsam werden die einzelnen Kärtchen mit ihren Punkten nach a) Problemfeldern und b) Oberthemen gruppiert und anschließend konkretisiert. Die leitenden Fragen lauten: Was bedeutet das konkret? Worin zeigt sich ... genau? Was muss konkret getan werden, damit ...?
- Die Parteien einigen sich auf Gewichtungen und Prioritäten in der Bearbeitung, indem sie beispielsweise Punkte vergeben: Jede Person hat eine gewisse Anzahl Klebepunkte, die sie auf die Konfliktcluster nach ihrem Belieben verteilt. Wenn es für sie beispielsweise nur einen Punkt gibt, der den Konflikt ihres Erachtens ausmacht, dann kann sie diesem Punkt sämtliche Klebepunkte geben. Oder: Die Gewichtung wird in einer offenen Diskussion erarbeitet und das Fazit visuell festgehalten.

Konfliktverlauf: Die Hauptfrage lautet hier: Wie beschreiben die Parteien den aktuellen Stand und die Geschichte des Konflikts?

Folgende weitere Fragen spielen eine Rolle:

- Wie beschreiben die Parteien den aktuellen Stand des Konflikts?
- Welche Geschichte erzählen die Kontrahenten, die zum Status quo geführt hat?
- Welche Eskalationsstufe ist nach den Meinungen der Kontrahenten erreicht?
- Worin sehen sie die Ursachen beziehungsweise Anlässe für den Konflikt?

- Welche Ereignisse und Verhaltensweisen bewerten sie als »kritisch«, »entscheidend«, »maßgeblich« für den Konfliktverlauf?
- Worin sehen sie Wendepunkte in der Konflikterzählung, die eskalierend gewirkt haben?

Als Ziele lassen sich festhalten:

- Vertiefen des wechselseitigen Verständnisses (Verstehens)
- Erfahren, wie der Status quo von den Kontrahenten erlebt wird
- Kennenlernen der subjektiven Sicht, was den Konflikt veranlasst, fortgeschrieben und intensiviert hat
- Möglichkeiten finden, die Erzählung der Konfliktgeschichte für alle akzeptierbar zu formulieren
- Möglichkeit erarbeiten, durch bewusstes Wahrnehmen der eigenen und fremden Perspektive, sich gegen eskalierend wirkende Mechanismen zu immunisieren oder ihre Macht zumindest zu verringern
- Gewahrwerden, dass die Parteien den weiteren Verlauf und die Konfliktlösung gezielt beeinflussen können

Methode: Aufnehmen der einzelnen Perpektiven und Wertungen.

- Jede Partei notiert auf Kärtchen sowohl ihre Sicht des Status quo als auch ihre subjektive Geschichte des Konflikts mit den bedeutsamen Ereignissen.
- Bei der Präsentation wird das Notierte erläutert. Dabei gilt: Gefühle auszusprechen, ist erlaubt, ja geboten! Wieder sind ausschließlich Verständnisfragen gestattet.
- Als Folgerungen aus dem Austausch der Wahrnehmungen, Empfindungen und Bewertungen vereinbaren die Kontrahenten Spielregeln, die ab sofort im Umgang miteinander gelten.

Konfliktparteien: Die Hauptfrage lautet hier: Wer streitet, und in welcher Beziehung stehen die Kontrahenten?
Folgende weitere Fragen spielen eine Rolle:

- Wer sind die Parteien (Einzelne gegen Einzelne, Einzelne gegen Fraktionen, Fraktionen gegeneinander)?
- Wer sind die direkten Beteiligten, die Schlüssel- oder Kernpersonen beziehungsweise -gruppen?

- Wer sind Betroffene oder indirekt Beteiligte (Einflusspersonen, -gruppen)?
- Welche Beziehung haben die Parteien zueinander: formell/informell? In welchen Abhängigkeitsbeziehungen stehen sie?
- Welche Forderungen formulieren die Parteien aufgrund der Beziehungen und Abhängigkeitsverhältnisse? Wie werden die Forderungen begründet? Welche Forderungen werden anerkannt, welche nicht?

Als Ziele lassen sich festhalten:

- Erringen eines vertieften Einblicks in die Qualität und Bedingungen der Beziehungskonstellation als Komponente der Konfliktlandschaft
- Identifizieren von Hauptakteuren, indirekt beeinflussenden und beeinflussten Personen/Gruppen
- Herausarbeiten der wahrgenommenen (Beziehungs-)Determinanten und Handlungen, die den Konfliktverlauf mitbestimmen
- Einblick in und Verstehen von Forderungen und deren Begründung
- Offenlegen, welche Forderungen auf positive und welche auf negative Resonanz stoßen

---

Methode: Inventarisieren der Sichtweisen der Beziehung und Forderungen

Schriftliche Version
- Jede Partei notiert auf Kärtchen, wen sie für Hauptakteure, für maßgeblich beeinflussende Akteure und für Betroffene hält.
- Die Parteien notieren – wieder voneinander getrennt – in Stichwörtern, wie sie die Abhängigkeitsbeziehungen sehen.
- Die Parteien stellen einander die Sichtweisen vor und diskutieren sie.
- Die Parteien notieren – wieder jede für sich –, welche Forderungen sie an die Kontrahenten stellen und wie sie sie legitimieren.
- Die Kontrahenten stellen einander die Stichwörter vor (wie bei der vorhergehenden Methode).
- Sie notieren oder markieren, welche Forderungen sie akzeptieren, welche nicht und warum – ohne vorher miteinander darüber zu diskutieren.
- Sie diskutiertieren die Annahme beziehungsweise Ablehnung.
- Gemeinsam überprüfen die Kontrahenten, inwiefern die Antworten auf Frage Um was geht es? noch Gültigkeit besitzen (Feedbackschlaufe).

Grundeinstellung zum Konflikt: Hier lauten die Hauptfragen: Wie begegnen die Parteien dem Konflikt grundsätzlich? Wie definieren sie das Ende des Konflikts? Was sind sie dafür zu tun bereit?

Folgende weitere Fragen spielen eine Rolle:

- Wie beurteilen die Parteien die Gesamtsituation? Halten sie die Konfrontation für unvermeidlich und den Konsens für unmöglich? Halten sie ihn für unvermeidbar, aber fruchtbar und Konsens für möglich? Oder eher für vermeidbar, aber den Konsens für unmöglich? Oder für vermeidbar und Konsens für möglich?
- Worin sehen die einzelnen Parteien die grundsätzlichen Ursachen für den Konflikt?
- Welchen Nutzen und welche Vorteile verbuchen die Parteien vom bisherigen Verlauf des Konflikts?
- Welche Vorteile und welchen Nutzen erhoffen sie sich von der Auseinandersetzung?
- Wie beurteilen sie den dafür nötigen Einsatz?
- Welche strategischen Überlegungen leiten ihr weiteres Verhalten?
- Welche Vorschläge haben die Parteien, den Konfliktverlauf effektiver zu steuern?
- Was haben sie bis dato unternommen? Was haben sie noch nicht versucht? Was wäre einen Versuch wert?
- Zu welchen Konzessionen sind sie bereit? Welche Maximal-, welche Minimalziele formulieren sie?
- Wie beschreiben die Parteien, wann und unter welchen Bedingungen sie den Konflikt als beendet betrachten?

Als Ziele lassen sich festhalten:

- Abklären von Zielrichtung, Vorgehen und Vorstellungen der Lösung sowie der Beendigung des Konflikts
- Kennenlernen der prinzipiellen Einstellung zum Konflikt und damit die
- Möglichkeit, Verhalten und Sichtweisen nachvollziehen und sich darauf bewusst einstellen und Missverständnisse eindämmen zu können
- Bewusstmachen und Kennenlernen der Funktionen, die der Konflikt für die Beteiligten hat
- Austausch über Hoffnungen und Erwartungen an den weiteren Verlauf
- Offenlegen der Handlungsbereitschaften und
- Offenlegen der Maximal- und Minimalziele sowie der Vorstellungen über die Beendigung des Konflikts
- wiederholte Chance, die Ziele zu überprüfen

Methode: Einleiten konstruktiver Maßnahmen zur Beendigung des Konflikts

- Diskussion über die Grundeinstellungen zum Konflikt, warum er aufgebrochen ist und welche Chancen aus welchen Gründen bestehen, dass er ein tragfähiges Ende findet oder nicht. Über Möglichkeiten sinnieren, warum eine kooperative Strategie ein gutes Ende herbeiführen könnte und welche Vorteile die Parteien davon hätten.
- Jede Partei notiert auf Kärtchen, welchen Nutzen der Konflikt bisher für sie hatte; inwiefern sie diesen Nutzen, diese Vorteile braucht; auf welchen anderen Wegen sie sich vorstellen kann, diese Vorteile ebenfalls zu erzielen; welche Hoffnungen und Erwartungen sie mit der weiteren Entwicklung verbindet; welche Initiativen sie starten wird oder würde, um den weiteren Verlauf konstruktiv zu beeinflussen; welche Vorschläge sie hat, um den weiteren Gang des Konflikts effektiver zu gestalten; anhand welcher Kriterien oder Bedingungen sie den Konflikt für beendet betrachtet.
- Die Parteien stellen ihre Ideen vor. Wieder sind zunächst nur Verständnisfragen erlaubt.
- Gemeinsam erarbeiten die Parteien, worin sie übereinstimmen; worin sie nicht übereinstimmen, aber Kompromissmöglichkeiten sehen; worin sie nicht übereinstimmen und keine Einigungsmöglichkeiten sehen.
- Die Parteien konzentrieren ihre Aufmerksamkeit darauf, worin sie übereinstimmen sowie darauf, worin sie nicht übereinstimmen, aber Kompromismöglichkeiten sehen. Dann einigen sie sich auf Schwerpunkte für das weitere Vorgehen

sowie auf Lösungsmöglichkeiten. Die Parteien vereinbaren konkrete Maßnahmen und legen fest, wann und wie deren Einhaltung kontrolliert wird.

- Die aufgelisteten Konfliktinhalte, die Punkte betreffen, zu denen die Parteien keine Einigungsmöglichkeiten sehen, bleiben als Pendenzen bestehen. Die Parteien vereinbaren, sie nach einem definierten Zeitraum gemeinsam zu bearbeiten.

Hinweis zur Nutzung dieser diagnostischen und therapeutischen Fragen: Das Raster – und nicht etwa Rezept – soll anregen, orientieren und koordinieren: Es soll dabei assistieren, den Blick auf wesentliche und bedeutsame Gesichtspunkte in einem Konflikt zu lenken und die Aufmerksamkeit aller Akteure dirigieren, um die Wahrscheinlichkeit zu erhöhen, dass ein gemeinsames Verständnis vorherrscht. Im konkreten Einzelfall müssen die Beteiligten jeweils neu entscheiden, welche Fragen sie in der Analyse, Diagnose und Behandlung des Konflikts weiterbringen.

Allgemeine Empfehlungen

Zunächst lässt sich festhalten, dass ein gravierender Konflikt nicht innerhalb eines Meetings lösbar ist. Jeder (intensive) Konflikt setzt Emotionen frei. Heftige Gefühle brauchen Raum: Zeit *und* Geduld *und* Verständnis *und* Toleranz, um sich der konstruktiven Seite des Fühlens, Denkens und Wollens wieder zu öffnen.

Zeit, Geduld, Verständnis und Toleranz zu gewähren offenbart einen souveränen Umgang und bereitet den Nährboden für Vertrauen und Zutrauen. Vertrauen in die Empathiebereitschaft sowie den konstruktiven Lösungswillen der Kontrahenten und Zutrauen zu deren Fähigkeit, die je fremde (gegnerische) Perspektive zumindest einmal in einer Art Rollentausch auszuprobieren. Gefühle zu benennen, erfordert in der betrieblichen Alltagswelt noch immer Überwindung. Soweit die Mitteilung über Emotionen den Kontrahenten hilft, nachzuvollziehen, inwiefern der Konflikt einen selbst belastet, enttäuscht, traurig, wütend, hilflos oder kämpferisch macht, ist sie funktional sinnvoll und weiterführend.

Sodann: Bei einem tiefgreifenden Konflikt sollten die Intervalle, in denen sich die Konfliktparteien treffen, nicht zu lange auseinander liegen. Die Parteien sollten sich trotz vorhandener Arbeitsüberlastung einmal wöchentlich für einige Stunden ungestört zusammensetzen, solange der Konflikt als erheblich belastend erlebt wird und nachweislich die Leistungsperformance der Einzelnen und des Teams beeinträchtigt. Jeder sollte bedenken, dass unbehandelte Konflikte in der Latenz wirken und der Preis der Verdrängung, Verleugnung oder des »So-tun-als-ob-nichts-Wäre« hoch ist.

Wollen die Konfliktpartner konzentriert an einem Konflikt arbeiten, ist es klug, sich für ein Wochenende oder auch zwei außerhalb der Firma zu treffen. (Selbst wenn der Konflikt an diesen »Auszeiten« nicht gelöst werden kann: Eine Initialzündung ist erfolgt. Sie erleichtert den weiteren Fortgang auf jeden Fall.)

Schließlich: Obwohl der Aufwand groß und müßig erscheint, ist dringend zu empfehlen, die wichtigsten Schritte, Streitpunkte, Fortschritte und andere Stichworte schriftlich und/oder via Fotoprotokoll festzuhalten und bei jedem Meeting präsent zu haben, um damit weiterzuarbeiten.

Diese Verschriftlichungen und Verbildlichungen erfüllen zum einen die erwähnten praktischen Funktionen. Zu ihnen gehört zum anderen der moderationsbezogene Vorteil, dass Visualisierung die Gesprächsführung (gerade dann, wenn es keinen definierten Moderator gibt) erleichtert. Ferner demonstrieren sie: Jeder wird ernst genommen. Und als Letztes sei erwähnt, dass anhand der Visualisierungen die Fortschritte jederzeit einsehbar, nachvollziehbar und überprüfbar sind. Das bewahrt davor, bei jedem Meeting wieder bei Adam und Eva zu beginnen und darüber zu debattieren, wieso das Paradies zur Hölle mutiert ist.

Außerdem führen Visualisierungen der individuellen und kollektiven Bemühungen und der Aufarbeitung der Geschichte der Konfliktbehandlung psychologische Geschenke im Gepäck. Sie symbolisieren die Gemeinsamkeit in der Anstrengung. Sie zeigen Kooperation, Fortschritte und Teilerfolge – und das macht stolz und stärkt nicht nur den Glauben an die Selbstwirksamkeit, sondern auch das Zugehörigkeits- oder Gemeinschaftsgefühl. Und wenn einige der Kontrahenten ihren Humor nicht ganz verloren haben, entlockt die eine oder andere lustige Zeichnung (Bilder statt Worte!) dem Betrachter in der Erinnerung einer Situation gar ein Lächeln.

Neuere Realitäten und Sensibilitäten

- Generationen Y und Z
- Milieudiversität und Konfliktbehandlung
- Konfliktscheu vermindern
- Sozialer Konstruktionismus: gemeinsames Herstellen von Tatsachen
- Embodiment: sensorisches, affektives Kommunizieren
- Sprachbilder: den Sog von Metaphern nutzen

↗ 04

Generationen Y und Z

Auftreten, Erkennen und Behandeln von Konflikten sind mit dem persönlichen Lebensumfeld und dessen spezifischen kulturellen Eigenheiten ebenso verwoben wie mit der persönlichen Einstellung. Insofern haben jene Werte und Normen Einfluss auf die Bereitschaft, Konflikte zu identifizieren und mit ihnen umzugehen, die im jeweiligen Milieu, in dem sich Menschen besonders intensiv bewegen, gelebt werden. Dazu gehören nicht nur die kommunikativen Charakteristika, sondern auch Kanäle und Medien, die dem Austausch mit anderen dienen sowie der Modus ihrer Nutzung. In der Welt der digital Affinen und Digital Natives hat dies, wie sich zeigen wird, veränderte Sensibilität, Wahrnehmungsusancen und semantische Besetzung sowie Erscheinungsformen von und Umgehensweisen mit Konflikten im Gefolge.

Übung: Einladung Begriffe assoziieren

Notieren Sie, was Ihnen im Rahmen der Thematik »souveräne und konstruktive Konfliktbehandlung« einfällt, wenn Sie folgende Begriffe lesen und – vermutlich – Personen und Situationen damit verbinden. Hier die Begriffe:

- Work-Life-Balance

- Sinn in der Arbeit finden

- Selbstentfaltung

- Selbstoptimierung

- digitales und mobiles Kommunizieren

- geschätzte/gefühlte Lebensrelevanz des Smartphones

- künstliche Intelligenz und Emotional Computing

- algorithmisch und datenbasierte Geräte und Dienste in Beruf und Alltag

---

Nachdem Sie sich Ihre Assoziationen notiert haben, lesen Sie bitte die Erörterungen auf den folgenden Seiten. Wenn Sie mögen, ergänzen Sie Ihre Notizen – und zwar nach Maßgabe dessen, was Sie als bedeutsam für Ihren Tätigkeitsbereich halten.

Nach mehr als einem Jahrzehnt der Hymnen auf die genialischen Fähigkeiten der Alterskohorte ab 1980 verbreitet sich inzwischen Ernüchterung. Und dies zu beiderseitigem Vorteil. Denn für Unternehmen werden die weißen Flecken auf der Kompetenzlandkarte sichtbar, sodass sie und willige Ypsiloner gezielt daran arbeiten können. Auf einige essenzielle Korrekturen gehe ich kurz ein, da diese Bezüge im Hinblick auf die Frage nach Konfliktverständnis, -kompetenz und -performanz naheliegen. Zuweilen formuliere ich sehr zugespitzt, um den jeweiligen Aspekt herauszuschälen.

Als Mythen werden unter anderem herausgestellt:

- das angeblich hohe Niveau der Ausbildung
- das kosmopolitische vorurteilsfreie Denken und Verhalten
- die uneigennützige Gemeinschafts- und Sharingorientierung
- die primäre Wert- und Sinnorientierung im Vergleich zu den Vorgänger-kohorten

---

Literaturtipps

Informationen dazu finden Sie beispielsweise bei Christian Scholz in seinem Buch »Generation Z. Wie sie tickt, was sie verändert und warum sie uns alle ansteckt« (2014) und im Artikel »Sind Millennials doch gar nicht so anders? (2015 S. 9;). Auch Constantin Gillies geht in seinem Beitrag »Auffällig. Unauffällig. Gen Y« (2015, S. 71–72) darauf ein.

Selbstbewusstsein und Egozentrierung: Kein Mythos ist das gezeigte Selbstbewusstsein, das sich allerdings in bemerkenswerter Weise Fremdzuschreibungen verdankt (Anerkennungsinflation durch Eltern & Co., mediale Lobeshymnen, das Pathos des Fachkräftemangels, der Hype um Start-ups). Als normal gilt die Verknüpfung dieses Selbstwertgefühls mit Forderungen an Unternehmen nach Sicherheit des Arbeitsplatzes, Selbstverwirklichungschancen, Work-Life-Balance, psycho-physisch-sozialem Wohlergehen, gutem Gehalt und Betriebsklima.

Untersuchungen und Empirie vermitteln seit Jahren den Eindruck, dass Ypsiloner charakteristischerweise vor allem um sich selbst kreisen (allen Anzeichen nach setzt sich das in der Generation Z fort). Diese Egozentrierung wird mit dem histrionischen Persönlichkeitstypus in Verbindung gebracht und vorzugsweise durch die Sozialisation durch Helikopter- und Curling-Eltern, die Trophy Kids erzeugen, erklärt (Bergmann/Hüther 2010, S. 34 ff.; Kraus 2013, S. 67–164; Mahlmann 2012, S. 11 ff. und 173 ff.).

Mit diesen Begriffen werden sozialisatorische Besonderheiten bezeichnet. Helikopter-Eltern schwirren permanent über dem Zögling und sorgen dafür, dass er stets geschützt und umsorgt ist. Curling-Eltern wedeln im Vorfeld sämtliche möglichen Hindernisse auf dem Weg fort, den der Sprössling nimmt, sodass dieser glatt und elegant dahingleitet. Beide Elterntypen behüten total: vorgeburtlich, nachgeburtlich und während des Heranwach-

Neuere Realitäten und Sensibilitäten

sens via Webcams und anderen Überwachungsgeräten, ergänzt um Navigationssoftware sowie mit Kontrollanrufen via Smartphone. Trophy Kids sind die gleichsam folgerichtige Frucht: Kinder, Jugendliche, junge Erwachsene, die als Prinzessinnen und Prinzen behandelt werden, lernen dieses Selbstkonzept und damit auch, sich entsprechend zu verhalten – einschließlich der Schattenseiten. Denn auch Erziehung verfährt dialektisch. Trophy Kids mögen vor Selbstbewusstsein nach außen strotzen – resilient sind sie nicht. Die kleinste Störung, die sie ohne Hilfe bewältigen sollen, und schon ist die Katastrophe da. Das Risiko, dass sie verzweifelt und ratlos davor stehen, gar – narzisstische Kränkung – daran zerbrechen, ist hoch. Ergo: Wo keine oder kaum Resilienz vorhanden ist, fehlen auch konstruktive Konfliktkompetenz und -performanz (Baumann 2014, S. 20; S. 113–115; Oldekop 2014, S. 82–85).

Die Ich-Bezogenheit erhält einen weiteren Drive durch egozentriertes Utilitätsdenken. Nützlichkeit für einen selbst und damit die Antwort auf die Frage: Was bringt mir das? stehen im Zentrum. Diese erste aller Fragen begleitet im Beruf das Akzeptieren einer Aufgabe, eines Auftrags und entscheidet maßgeblich, ob und inwiefern sich jemand auf einen Konflikt einlässt. Von konstruktivem Verhalten ist noch nicht die Rede. Denn das fällt egozentrierten Personen aus inzwischen oft wiederholten Gründen sehr schwer.

Literaturtipp

In Längsschnittuntersuchungen zeigt Heiko Weckmüller, Professor für Ökonomie und Management, in seinem Buch »Exzellenz im Personalmanagement« (2013), dass Work-Life-Balance eine große Rolle spielt und das Engagement beschränkt. Freizeitorientierung und materialistische beziehungsweise extrinsische Belohnungen gewinnen an Gewicht. Er stellt fest, dass die Bedeutung intrinsischer Werte rückläufig ist und altruistische Motive bei der Generation Y eher schwach ausgeprägt sind.

Risikobereitschaft und Bildungsniveau: In diesem Kontext fällt zusätzlich ins Gewicht, dass eine ausgedehnte Risikobereitschaft nicht zu den Charakteristika dieser Alterskohorte gehört. Im Gegenteil: Befragungen zeigen, dass viele Personen dieser Alterskohorte risikoaversiv und konfliktscheu sind, sich an Opportunitäten halten und in diesem Sinn agil-opportunistisch unter dem Vorzeichen der Harmoniepräferenz handeln.

Das gleichsame Hineingleiten in Adolszenz und Erwachsenenstadium verbündet sich mit bildungspolitischen Entwicklungen, die das Senken des

Niveaus und die Inflation guter und sehr guter Noten im Gepäck haben –
nachgewiesen für Österreich und die Bundesrepublik Deutschland.

Literaturtipps

Während Arno Frank sich in seinem Buch »Meute mit Meinung« (2013) mit den intellektuellen Auswirkungen im Rahmen digitaler Vernetzung, sozialer Plattformen
befasst, setzen sich der Pädagoge Roland Mugerauer in »Kompetenzen als Bildung?«
(2012) und der Philosoph Konrad Paul Liessmann in »Geisterstunde« (2014) höchst
kritisch mit dem bildungspolitischen Begriff der Kompetenz auseinander und zeigen
unter Einbeziehung ministerieller Protokolle und Vorschriften, wie dieser Begriff in
der Landschaft der Bildungsinstitutionen maßgeblichen Anteil am Niedergang des
Bildungsniveaus beteiligt ist.
Aufmerksame Leser überregionaler Zeitungen (vor allem die Frankfurter Allgemeine
Zeitung und Frankfurter Allgemeine Sonntagszeitung, zuweilen auch Die Zeit) können in den Jahren ab 2014 mindestens einen Artikel in der Woche dazu lesen.

Entertainmentisierung: Sozialisatorisch prägende Einflüsse gehen – zumal
mit den ab 2000 Geborenen (Generation Z) – zudem aus von Gamingvarian-
ten on- und offline, mit und ohne Konsole. Man kann ohne Übertreibung von
einer Entertainmentisierung sprechen. Zusammen mit einer zunehmenden
Erleichterung (gar Auslagerung) kognitiv anspruchsvoller Tätigkeiten durch
Nutzung informationstechnologischer Programme und Geräte bleiben Auswirkungen auf Kompetenzen im Rahmen von Autonomie, Souveränität und
Resilienz nicht aus. Dass nicht nur Konzentration und Disziplin, sondern
auch Selbstorganisation, -kontrolle und Eigenverantwortung in Mitleiden-
schaft gezogen beziehungsweise als kollektiv zu verrichtende Tätigkeiten
verstanden werden, hat sich bereits herumgesprochen. Originalton: »Wir
haben nicht gelernt, diszipliniert zu sein und hart für Dinge zu arbeiten,
die wir erreichen wollen. Wenn A nicht erreichbar war, haben wir uns für
die Alternative B entschieden« (Klöckner 2014, online: http://www.huffing-
tonpost.de/2014/04/15/generation-y-debatte_n_5151212.html).

Medialisierung: Für Fragen nach Konfliktkompetenz und -performanz geht
die Entwicklung der Medialisierung interpersoneller Kontakte und intrapersoneller Belange einher mit einem wachsenden Verlust, Konflikte persönlich und direkt austragen zu wollen und zu können (sie trauen sich dies
häufig gar nicht zu). Davon berichtet Sherry Turkle eindrucksvoll in ihren

Büchern. Sie forscht seit gut drei Jahrzehnten zu Auswirkungen von Robotik und Digital-Omnipräsenz auf Nutzer und das Zusammenleben von Menschen (zum Beispiel: Turkle 2012, Teil 1 und 2; Weber 2012, S. 20).

Direkte Kontakte: Wo es kognitiv anstrengend werden könnte, übernehmen andere Leute in Chats, Foren und in der Community das (Weiter-)Denken. Denken wird kollektiv verteilt. Emotional fordernde Situationen, so Sherry Turkle, werden vermieden. Beispielsweise wird das Telefonieren aufgegeben zugunsten der SMS. Die Befragten gaben freimütig zu, lieber via SMS zu kommunizieren als mündlich, weil sie Furcht vor der Konfrontation mit Gefühlen und Forderungen des Gegenübers hätten sowie es verunsichernd empfänden, umgehend reagieren zu müssen.

Empathie: Eine der Konsequenzen, die Sherry Turkle hervorhebt und die inzwischen vielfach beklagt wird, gilt der Empathie, einer Bereitschaft, die die konstruktive Konfliktbehandlung zumindest entscheidend erleichtern kann. Empathie als Bereitschaft und Fertigkeit, an dem Denken und/oder Fühlen des Partners teilzunehmen, sich ihm in einem Moment vollends zu widmen, aus seiner Perspektive die Welt zu betrachten (versuchen) – Empathie als Bedingung der Möglichkeit, ein Reframing wenigstens versuchsweise vorzunehmen, verflüchtigt sich zusehens. Folglich verblassen auch Bereitschaft, Kompetenz und Fertigkeit, Konflikte konstruktiv auszutragen. Denn das, was im direkten persönlichen Kontakt verloren geht, wird virtuell nicht aufgeholt (zum Beispiel Lembke/Leipner 2015, S. 41 ff. und 105 ff.).

Auswirkungen von Konfliktscheu

Die Neigung, Konflikte zu vermeiden, dominiert. Das manifestiert sich sowohl in der direkten Beobachtung von Menschen als auch andernorts, etwa in Angeboten der Weiterbildung, beispielsweise in der Rhetorik des »wertschätzenden Kommunizierens«, und auch die Forderung nach Inklusion als Abwesenheit von Unterscheidungen und Unterschieden in allen gesellschaftlichen Bereichen gehört dazu. Zudem prägt die mediale Selbstverstärkungsspirale auf sozialen Plattformen, die das Denken, Fühlen, Handeln engführt (Tunneleffekt) und ein Effekt des Bedürfnisses nach Konsens und Affirmation ist.

Dieses gesamte semantische Feld der Samtpfötchen suggeriert Egalität. Sie kaschiert Unterschiede, löscht sie indes nicht. Das Absehen von Unterschieden gilt zwar heute als chic und moralisch, politisch-pragmatisch geboten und wird mit Verve eingeklagt, prominent etwa auf dem Themengebiet Gender. Dabei erliegen die Verfechter mehreren Irrtümern. Eine der Täuschungen ist, dass mit dem Verbannen von Unterschieden in der Sprache Unterschiede in der gelebten Wirklichkeit beseitigt werden. Tatsächlich existieren sie weiter, wie etwa Sonderpädagogen in inklusiven Bildungseinrichtungen verdeutlichen. Oder in Unternehmen wird durch das Weglassen von akademischen Titeln oder formellen Kennzeichen von Macht-, Einfluss-, Entscheidungsautorität Gleichheit vorgegaukelt. Das rhetorische Eliminieren von Differenzen, Diskriminierung, Distinktion ist keinesfalls gleichbedeutend mit dem Verschwinden von Unterschieden, Exklusion, Vorurteilen, Klischees, verbaler Drastik im Denken. Auch wenn die Intention psychologisierten Sprechens darin bestehen mag, Anliegen und Tatsachen unmissverständlich zu formulieren, soll dies doch in einer besonders empathischen Weise geschehen. Und dieses Postulat führt charakteristischerweise zu Formulierungen, die das Direkte scheuen und das Indirekte, eher vorsichtige bis psychotherapeutisierte Verbalisieren, begünstigen.

Konfliktfördernd ist in diesem Kontext wesentlich eine Kluft: die zwischen Gewünschtem und Gelebtem, zwischen Ideal oder Utopie und Realität. Dieser Hiatus erzeugt bei jenen, die ihn bemerken – nämlich am schlechtem Gewissen ob des Kotaus vor eigenen Ansprüchen – innerlich Spannung, die wiederum Reizbarkeit erhöht, Belastbarkeit senkt und anspannende Ambivalenztoleranz vermehrt einfordert. Wer ständig vor sich selbst auf der Hut sein muss, wird psychische Entlastung in Parteilichkeit (Reduktion kognitiver, emotionaler Dissonanz), Projektion (Zuschreibung des Unerwünschten auf andere Personen) und Sublimierung (Verwandlung des Unerwünschten in sozial akzeptierte Attitüde, Verhaltensweisen) suchen. Das schließt Rationalisierungsanstrengungen ebenso ein wie das gegenwärtig verbreitete Pathos des gerecht-guten Kommunizierens. All dies bereitet den Nährboden für intrapersonelle Konflikte.

Gleichzeitig wächst das Risiko, interpersonelle Konflikte zu provozieren. Das resultiert zum einen aus den genannten Gründen der inneren Ambivalenz und den damit verwobenen Folgen für kognitive und emotionale Belastbarkeit: Man reagiert schneller gereizt, wenn man ständig ausbalancieren muss, was zwar entgegen der persönlichen Neigung ist, indes in sozial akzeptierter Weise geäußert werden soll. Zum anderen baut sich Konfliktpotenzial sprachlich auf: Da im semantisch-moralischen Umfeld des Gerechten Sprechens, des inkludierenden Sprechens und Handelns, des Egalitären schlechthin, direktes, gar imperatives Sprechen mit autoritativer Tonalität und Bedeutung untersagt ist und stattdessen ein eher psychotherapeutisierter Gesprächsmodus gefordert wird (empathisch, einfühlsam), besteht das hohe Risiko darin, dass – wie es ein Geschäftsführer formulierte – die Sprache »verwässert«. Wo verwässert wird, verlieren Konturen ihre Erkennbarkeit, was wiederum Mehrdeutigkeit erzeugt und folglich das Potenzial von Missverständnissen und Konflikten erhöht.

Eine weitere bemerkenswerte Entwicklung, die die neueren Realitäten und Sensibilitäten hervorbringt, ist die bereits in den 1970er-Jahren einsetzende Emotionalisierung und Psychologisierung des Berufs- und Alltagslebens (ausführlich Mahlmann 2012). Eine Ausgeburt ist die heute inflationäre Verwendung und Forderung der bereits zitierten »Wertschätzung«. Die Fordernden verbinden mit diesem Wort sowohl emotionale Zuwendung als auch die berühmte (nirgendwo ausbuchstabierte) »Augenhöhe«, die ihrerseits auf Gleichwertigkeit und Gleichheit verweist und ein partnerschaftliches und empathisches Umgehen miteinander mit sich trägt.

Der Bezug der genannten Tendenzen und Charakteristika zu Konflikt liegt in zwei initialen Fragen:

- Wie können Menschen, die aufgrund ihrer Selbstbezüglichkeit, ihrer hedonistischen, gesinnungsethischen Orientierung sowie einem ausgeprägten Konsensbedürfnis in konstruktiver Weise konfliktwillig sein?
- Welche Art von Konfliktkompetenz beziehungsweise Konfliktperformanz haben Sie gelernt?

Belastbare Antworten können bisher mangels systematischer und breiter Datenlage zwar nicht als gesichert ausfallen. Immerhin indes bieten – wie gezeigt – empirische wie psychologische und sozialisationstheoretische Betrachtungen Hinweise. Konfliktwilligkeit oder Konfliktaffirmation (»In jedem Konflikt liegt eine Chance – ergreifen wir sie!«) haben einem Bemühen um höfliche Hartnäckigkeit in der Vertretung und Verteidigung eigener Interessen ebenso Platz gemacht wie einem emotionalisierenden Sprechen, das vor allem anderen auf das »Recht« des subjektiven Wollens und Tuns verweist. Außerdem werden sie ersetzt durch Vermeiden und Ausweichen und – scheinbar gegensätzlich – einen elanvollen Rigorismus. Letzterer ist die Geburt einer individualistischen Sichtweise: »Was mir guttut, muss ich tun. Ich bin für mein Wohlergehen zuständig und deshalb kann ich da keine Kompromisse machen. Ich sorge für mich.«

Dieser Habitus leitet zur Frage zwei. Hier kommt die als antiquiert geltende Tugend der Geduld ins Spiel, die zwar in Selbstbeschreibungen als eine Eigenheit deklariert wird, über die man nicht verfügt. In einer Epoche, in der Geschwindigkeit zu einem selbstständigen Wert geadelt ist, wird von »Geduld« nicht als einer sozial unverzichtbaren, souveränen Leistung gesprochen, sondern als einem Relikt der Old School. Mit dem Zugeständnis, »wenig Geduld« zu haben, wird denn auch kokettiert. Gleichzeitig wird sie verlangt, sobald es darum geht, eigene Bedürfnisse saturieren zu können. Egozentrierung und Verwöhnerziehung gehen eine Verbindung ein und münden in einen Verhaltensmodus, in dem Betroffene von Höflichkeit bis Empathie abrupt umschalten auf Schnippigkeit und Imperative nach dem Motto: »Ich habe es im Guten versucht. Wenn du/ihr das nicht willst/wollt, dann eben nicht. Ich ziehe es durch!«

Das sich hier verbergende Konfliktpotenzial ist nicht zu unterschätzen. Aus meiner Beratungs- und Monitoringpraxis dazu ein Beispiel.

Falle Konsenskultur

Die knapp neun Personen umfassende Untergruppe im Gesamtteam der Forschungs- und Entwicklungsabteilung, allesamt Programmierer und Informatiker im Alter von Mitte bis Ende 20, pflegte das, was sich im Zuge des Monitorings als poröse Konsenskultur zeigen sollte. Die Selbstbeschreibung lautete zu Beginn: »Wir sind ein Team, das Spaß miteinander hat und in dem jeder sagen kann, was er will. Wir sind ein Team von Experten, die verantwortungsvoll und ergebnisorientiert arbeiten.« Diese zwei Beschreibungen transportieren auf der Beziehungsebene die Meinung, es werde eine vertrauensvolle offene Kommunikation gepflegt. Auf der Arbeitsebene herrscht die Auffassung vor, professionell im umfassenden Sinn zu sein.

Im Verlauf der gemeinsamen Arbeit über einen längeren Zeitraum stellte sich indes heraus: Die seit mehreren Jahren zusammenarbeitenden Personen wussten sehr wenig voneinander (was beklagt wurde) und brauchten anonymisierte(!) Verfahren, um einander »offen und ehrlich« Feedback zu geben und Vertrauen in Zuverlässigkeit aufzubauen. Auf der Arbeitsebene zeigte sich, dass entgegen der behaupteten Professionalität die meisten Personen an anderen kritisierten, Termine »nie« einzuhalten und sich »zu verzetteln, weil er an seinem Lieblingsprojekt, das keiner hier braucht, herumbastelt«.

Es bedurfte zahl- und variantenreicher Vorarbeit, bis sich die Personen durch Kritik nicht persönlich getroffen fühlten und beleidigt schmollend zurückzogen oder die Betroffenen aufhörten, einander mit Vorwürfen zu begegnen, sondern in der Lage waren, anzunehmen und zu reflektieren, was von dem Feedback eine persönliche Lernaufgabe werden sollte.

Eine weitere Konfliktquelle handeln sich all jene Angestellten ein, die die Beziehung zu beruflicher Arbeit als emotionale und existenzialphilosophische Beziehung begreifen und inszenieren. Berufs- oder Tätigkeitswahl wird mit der Notwendigkeit belastet, Lebenssinn zu stiften, und wandelt sich von einer sachlichen Austauschbeziehung zur »Herzensangelegenheit«, wie Head Hunter Clarke Murphy es ausdrückt (2014, S. 25). Auch seine Erfahrungen finden die Begründung in der Verbindung der Arbeitswahl mit Ansprüchen von Lebenssinn und Selbstverwirklichung. Eine der Konsequenzen liegt in der Vermischung von sachlich-fachlichem und persönlichem Feedback. Denn wenn die Devise lautet »Ich bin, was ich tue, ganz und gar!« sind Tätigkeit, Rolle und Persönlichkeit eins. Diese Identifikation verändert die Anforderungen an Kommunikation und Interaktion grundlegend von einer nüchternen Austauschkommunikation zu einer emotionalisierten, auf Ganzheitlichkeit ausgerichteten und insofern quasi psychotherapeutischen Interaktion. Dass dies mit programmatischen Konflikten verbunden ist, leuchtet ein. Denn Sensibilität und Erwartung (emotional bedient und wertschätzend behandelt zu werden) und Bereitschaft und/oder Fertigkeit dazu auf der Seite des Gegenübers (ob Führung oder nicht), klaffen in der Praxis auseinander.

Das betrifft auch die Erwartung, dass die Antwort auf die Frage nach Sinn(haftigkeit) des eigenen Tuns im Unternehmen auf Führende übertragen wird. Diese sollen für individuell einleuchtenden und tragfähigen Sinn sorgen – pro Mitarbeiter und jeden Tag. Diese Konfliktquelle sprudelt fröhlich und versiegt erst, wenn alle Beteiligten sich für Sinnhaftigkeit verantwortlich fühlen und diese nicht als philosophisches Unterfangen, sondern als pragmatisches »Projekt« innerhalb des Unternehmen behandeln. Noch indes ist die Diskrepanz eine brisante und häufig besprochene Konfliktquelle. Erst allmählich setzt sich die Erkenntnis (auch in Beraterkreisen) durch, dass nicht Unternehmen und Führungspersonen allein dafür zuständig und verantwortlich sind. So etwa im Führungskonzept »Holacracy« (Robertson 2016).

Neuere Sensibilitäten – dieser Ausdruck repräsentiert ein charakteristisches Anspruchsparadigma, das sich unter anderem auf die erwähnte egalisierende und quasi-therapeutisierende Gesprächs- und Verhaltenskultur bezieht. Das gilt selbstredend auch für das Arbeiten in Gruppen, ob virtuell oder real, ob statisch oder agil.

Insbesondere jüngere Angestellte befördern die verbreitete Euphorie von Teamarbeit, Kooperation und Kollaboration und fordern vehement »Mitsprache« und »Mitentscheidung« ein. Gleichzeitig wiegen die Selbstauskünfte und erhobenen Daten schwer, die zeigen, dass sie wenig ambitioniert sind, Verantwortung für Entscheidungen zu übernehmen. Konsequenterweise ist der Ehrgeiz, eine Führungsfunktion zu bekleiden, wenig ausgeprägt (Giersberg 2014, S. 9; Grossarth/Löhr/Pennekamp 2014, S. 19; Klöckner 2014: http://www.huffingtonpost.de/2014/04/15/generation-y-debatte_n_5151212.html). Der Ruf nach »Demokratisierung« von Unternehmensführung konnotiert das partizipative Momentum. Von den Proklamierern unbeleuchtet bleibt das Moment des »decision making«, und als Konfliktrisiko wird erlebt, Entscheidungen gegen den Mainstream, gegen die Teammeinung durchsetzen zu müssen.

Konfliktscheue und Konfliktvermeider reißen sich daher nicht um Führungsaufgaben. Denn erstens drohen innere Konflikte, die sich an dem Spagat entzünden: Harmonie im Team versus Notwendigkeit, auch gegen den Teamwillen oder den Willen Einzelner entscheiden zu müssen. Zweitens fehlt es typischerweise schlicht an Werkzeugen, einen Konflikt offen anzusprechen und konstruktiv auszutragen. Das Team wird lieber als Diskussionsforum genutzt – mit der Chance, nichts allein entscheiden zu müssen und sich im sozialen Kokon einrichten zu können. Inmitten einer Gruppe, deren Personen sich einerseits Expertise zuschreiben, andererseits sich vor der Zuschreibung von Handlungen und Entscheidungen mit dem Risiko des Konflikts drücken, gibt es viel Prokrastination und Diskussion, die zu Streit auswachsen, sobald der Druck nicht mehr wegdiskutiert werden kann und direktiv entschieden werden muss.

Forderungen nach Offenheit, Transparenz, Fairness beziehungsweise Gemeinschaftsgefühl finden in der direkten, persönlichen Konfrontation ihre Grenze. Empirische Daten und Alltagserfahrungen in Unternehmen legen nahe, dass auch jüngere Angestellte mit hartnäckigen Voreingenommenheiten, Vorurteilen, Einstellungen und Attitüden aufeinander zugehen. Statt im Zweifel eine Konfrontation zu riskieren, wird äußere Harmonie gepflegt..

Das Gegenteil erweist sich im Rahmen der Anonymität. Plakativ und mit wachsender Dramatik belegen dies Schimpf-, Rufmordkampagnen, Shitstorms und andere anonym verbreitete Weisen, einem anderen Menschen oder Gruppen Schaden zuzufügen. Auch im Intranet von Unternehmen gibt es Fälle von Mobbing, Bossing, Beleidigungen und Ähnliches. Offenheit im Sinn der Durchsichtigkeit (Transparenz) wird zwar einerseits gefordert, andererseits als sozialer Druck erlebt, der befangen macht und gefangen hält. Der beschworene Teamgeist verwechselt Teamarbeitsfähigkeit (Teamperformance) und Kollegialität mit (zwangsweise) opportunistischem Verhalten, dem Anpassen an die Meinung der Mehrheit; Group Think ist eines der Symptome. Diese Verwechslung pflanzt sich fort, ist expansiv. Heute schließt die Rede von der Offenheit eines Menschen seine Bereitschaft ein, »die ganze Person«, »den ganzen Menschen« »authentisch einzubringen«. Wer sich dazu nicht bereit erklärt, gilt als nicht teamfähig und »komisch«, weckt Misstrauen durch Reserviertheit; und das Bestehen auf einer Privatsphäre wird als unerwünschte Devianz betrachtet und verurteilt. Jeder muss jederzeit alles von sich preisgeben wollen oder es tun. Im Roman von David Eggers wird ein Abweichler in den Tod getrieben durch die Tyrannei der Transparenz; und der Philosoph Byung Xhul Han hat die Gefahren und Verluste durch das Transparenzdiktat beschrieben (Eggers 2013; Han 2012).

Hier zeigt sich, dass Konflikte, die als sozial erscheinen, von inneren Überzeugungen, Glaubenssätzen, Attitüden ausgehen und von dort verzweigen. Folglich müssen Konflikte, die sich an den genannten Themen (Transparenz und Ähnlichem) entzünden, sowohl als intrapsychisch als auch als sozial bedingt behandelt werden. In beiden Fällen stellt sich die Frage, inwiefern die Kluft zwischen Anspruch und Leistung, Wunsch und Wirklichkeit begriffen wird und ob sie belassen, überbrückt oder aufgelöst werden kann und soll.

Da der Unterschied der Generation Y zu ihren Vorgängerinnen vor allem entwicklungspsychologisch und weniger generationssoziologisch sowie mit Blick auf den Zugang zu und die Verwendung der (digitalen, mobilen) Technik und ihren Gadgets erklärt werden muss, schrumpfen die Differenzen auf das Niveau von Akzentverlagerung, nicht aber Grundsatzdifferenz (Gillies 2015, S. 71–72).

Generation Z, Generation Game oder Smart Generation

Anders stellt sich die Situation in Bezug auf die von Christian Scholz genannte Generation Z (2014) dar, jene Kohorte ab den späten 1990er-Jahren bis 2000, die ich Generation Game nenne und die viele Namen trägt, unter anderem Smart Generation oder Generation Smartphone. Christian Scholz und ich sprechen von zwei Facetten, die diese Alterskohorte typisieren: behütetes, umsorgtes Erwachsenwerden führt – wie bei den Trophy Kids der Generation Y – zu Egozentrierung mit all ihren Erscheinungsformen. Der Unterschied zur Generation Z liegt nach Christian Scholz darin, dass die »Zler« frei von Utopien und moralischem Überlegenheitsgestus, frei von Missionarischem seien und sich völlig pragmatisch auf das Hier und Jetzt konzentrieren und erwarten, dass man ihnen ihre (beruflichen) Pflichten exakt erläutert, Regeln vorgibt und andere Leitlinien definiert, sodass sie diese Pflichten erfüllen und ansonsten ihren eigenen Interessen nachgehen können.

Ein sozialisatorisch massiv wirkendes Medium erwähnt Christan Scholz nicht: digital basierte Games in sämtlichen Varianten, einschließlich Pervasive Games mit den Komponenten Alternate und Augmented Reality. Dieses Sozialisationsmedium hat gravierende Auswirkungen auch auf die Frage nach Konfliktfähigkeit, weil nun die Frage gestellt werden muss, mit welchen Games ein Mensch aufwächst – um daraus zu schließen, welche Fertigkeiten er erworben haben könnte. Der Konjunktiv ist nötig, weil bis heute nicht erforscht ist, ob und wenn ja, inwiefern innerhalb welcher Kontexte was a) im Spiel gelernt und b) aus dem Spiel hinaus in die Realität transportiert und dort angewendet wird. Dies gilt unabhängig davon, um welches Genre es sich bei dem Game handelt, ob Entertainment, Serious Games, Gamification-Anwendungen, Pervasive Games.

Die Präsenz von Games und das aktive Umgehen mit ihnen erreicht in jener Alterskohorte um 2000 herum eine vorher nicht gekannte Größenordnung und Breitenwirkung, die bereits im Kleinstkindalter einsetzt (Mahlmann 2014a, S. 3–24; Mahlmann 2014b, S. 60 f.) und edukative Wirkung entfaltet. Neben Games treten zunehmend Roboter und interaktive Programme, die die Gefühlsebene ansprechen und als empathisch wahrgenommen werden. Da sie mit jeder Interaktion lernen, fühlen sich Kinder wie Erwachsene zunehmend »verstanden« und »abgeholt«: emotional computing und emotional economy (Grolle 2015, S. 116–119; Menn 2015, S. 56–62).

Diese Entwicklung wirkt sich unter anderem auf die Frage aus, wie Konflikte behandelt werden. Sherry Turkle legt, wie erwähnt, in ihren sozialpsychologisch ausgerichteten Feldstudien zu Aus- und Einwirkungen von Robo- und Digitaltechnik eindrucksvoll dar, wie sehr sich Techniksozialisierte von der physischen Realität entfremden und eine besondere Harmoniesehnsucht empfinden. Diese mündet in die Furcht, mit Menschen vor allem dann direkt in Kontakt zu treten (und sei es nur via Telefon), mit denen ein Gespräch »zu einem Problem« werden kann oder in dem etwas Konflikthaftes zu besprechen ist. Die Präferenz, Heikles zu behandeln, liegt im Vermeiden, Ausweichen und in schriftlicher Behandlung, bevorzugt kurz, also SMS, WhatsApp, Twitter & Co. Dass dies der Komplexität der meisten Konflikte (gerade am Arbeitsplatz) nicht gerecht wird, liegt auf der Hand.

Die Autoren Gerald Lembke und Ingo Leipner (2015) setzen früher an. Sie beschreiben eindrücklich, was neurowissenschaftliche und psychologische Erkenntnisse in Bezug auf digitale Frühsozialisation zutage fördern. Erkenntnisse in Kleinkind- und Bindungs- sowie in der Sozialisationsforschung legen nahe, dass der (weitgehende) und wachsene Verzicht auf physisch-sensorische Kommunikation und Interaktion die Ausgestaltung sensomotorischer Schaltkreise sowie assoziaitver Felder behindert. Seit Langem ist bekannt, dass Sprache nicht nur Fertigkeiten der Sprachzentren (Broca-Areal und Wernicke-Areal) benötigt, sondern auch Bewegungen, Sehen und Hören, also Sensorisches und Motorisches. Die Autoren referenzieren auf Belege dafür, inwiefern Empathie und Perspektivenwechsel wenig trainiert werden, wenn bereits die Frühsozialisation auf digitale Medien setzt. Es mehren sich die Indizien dafür, dass technikbasierte Frühsozialisation hochgradig korreliert mit einer Vernachlässigung echter Beziehungen und körperlicher Aktivität. Dies geht zulasten kognitiver, intellektueller Leistungen und unter anderem zulasten der Ausbildung eines empathischen und konstruktiv-offenen rationalen Austauschs mit der sozialen Umwelt. In Bezug auf Konfliktkompetenz und -performanz leuchtet angesichts solcher Entwicklung eine rote Lampe auf. Denn es wird immer schwieriger, Konflikte direkt, persönlich, in einem Gespräch direkt, unverblümt, gar spontan zu thematisieren.

Fazit

Die Alterskohorten ab den 1980er-Jahren wachsen in einem psychologischen, pädagogischen und technischen Milieu auf, zu dessen typischen Ausformungen diese Facetten gehören: Selbstbezogenheit und Verwöhntheit, ein Aufwachsen mit wenig Resilienzausbildung; Empfindsamkeit und Emotionalität; Oszillieren um sich selbst, histrionischer Persönlichkeitstypus; Pathos von Wertschätzung, Anerkennung, Feedback; Rhetorik von Sinnsuche und Persönlichkeitsentfaltung, Utilität als Vorzeichen der Lebensführung, die ihrerseits basiert auf Programmen (Apps & Co.) zur Selbstüberwachung, -antreibung, -organisation und -optimierung im Namen der Attraktivität, Gesundheit/Wellness, Leistungsfähigkeit und Competition; ferner Games und Gamification, digital basierteTechnik, Permanent-Kommunikation auf sozialen Plattformen, via Twitter & Co.

Milieudiversität und Konfliktbehandlung

Meistens ist von kultureller Diversität die Rede. Mit ihr wird verbreitet das Internationale, Transnationale in allen speziellen Varianten verstanden. Die Definition läuft meistens entlang von Nationalkritierien: (National-)Sprache und mit ihr verbundene Kernkultur (Tradition, Konvention, Selbstverständnis) in den Linien von Landes-, Nationalgrenzen.

Literaturtipps

Hans-Jürgen Lüsebrink bietet in seinem Buch »Interkulturelle Kommunikation. Interaktion. Fremdwahrnehmung. Kulturtransfer« (2012) einen breit gefächerten Ein- und Überblick über diverse Verständnisweisen des Begriffs »interkulturelle Kommunikation«, indem er den Terminus semantisch ausweitet. Nicht nur das praktische Miteinander von Angehörigen diverser Kulturen (gewöhnlich fokussiert), auch die interpersonale Interaktion und die verschiedensten Manifestionskanäle, -medien, -formen: »mediatisierte« interkulturelle Kommunikation wird ausgebreitet. Er exemplifiziert sie in Film, Fernsehen, Radio, Internet und anderen Medien. Der Autor macht unter anderem mit Begriffsdefinitionen, Konzeptdifferenzen, Forschung und Theorie, Kultur- und Kommunikationsmodellen bekannt, legt sie an verschiedene Gegenstandsbereiche an und fragt implizit nach dem, was Wolfgang Welsch, der Philosoph, (unter anderem) explizit fragt: Unter welchen Vorannahmen und Bedingungen ist Verständigung zwischen Kulturen möglich?

Wolfgang Welsch nähert sich in seinen philosophischen Werken: »Homo Mundanus« (2012a) und »Mensch und Welt« (2012b) philosophiegeschichtlich mit Blick auf biologische und kulturelle Evolution, einschließlich Betrachtungen anthropologischer, sprachphilosophischer Theorien und gelangt zu ungewohnten Antworten auf die Frage nach den Bedingungen der Möglichkeit, unter anderem: gänzlich andere Kulturen verstehen zu können.

Diese letztegenannte Frage lohnt sich, nicht erst auf nationale Parameter anzuwenden, sondern auf Milieuverschiedenheit. Die Alterskohorten unter den Chiffren Generation Y und Z beziehungsweise Game sowie ihre Vorläufer, Babyboomer, Generation X entstammen unterschiedlichen Einflüssen – auch Zeitgeist genannt – mit verschiedener Prägungsqualität. Erst nachdem die digitalen Medien durch massenhafte Nutzung breitenwirksam geworden waren, kann davon gesprochen werden, dass nicht mehr die Menschen Technik und Kultur hervorbringen, sondern dass Technik kanalisiert, was Menschen tun, wie sie leben können. Technik gilt als erste Conditio für Lebensführung – erkennbar an bereits binnennationalen Lebenswelten, deren Vorzeichen sich verändert oder Akzente qualitativ verschoben haben.

Im vorliegenden Buch ist kein Raum für diese dringend benötigte und bis dato unterbelichtete gesellschafts- und bildungspolitisch äußerst brisante Debatte; seine Konzentration gilt der Konfliktbehandlung.

Eine Skizze zur Veränderung des Begriffs und der Rolle von Konfikten

Die turbulente Zeit Ende der 1960er-Jahre (APO, neue soziale Bewegungen, Aufkommen ökosozialer Stimmen, Psychologisierung der Alltagswelt, Konjunktur soziologischer Diskurse, kritische Psychologie und Antipsychiatrie-Bewegung, wirtschaftliche Umbrüche und allgemeine Verunsicherungen, hervorgerufen zum Beispiel durch die Ölkrise oder Arbeitslosigkeit), bahnen vieles von dem, das gegenwärtig als Selbstverständlichkeit oder gar als Naturgesetzlichkeit gilt: Gefühl und Authenzität, Selbstbefragung und Selbstregulation als obligate Verpflichtung auf dem Weg zu einem erfüllten Leben. Das bedeutet: Selbstverwirklichung ist Programm.

Auf Konfliktbehandlung bezogen mündet die Psychologisierung in die Emphase des Gefühls, das seinerseits das Authentische und Spontane repräsentiert, die ihrerseits als erwünscht gelten und in den Gegensatz zu Künstlichem, Ge- und Verstelltem, Masken gestellt werden. Eine wesentliche Konsequenz in Bezug auf Konfliktbehandlung liegt in der Forderung, Gefühle ungeschminkt, unzensiert, unbeherrscht, undomestiziert zum Ausdruck zu bringen, um »Ehrlichkeit« und »Echtheit« und damit Wahrhaftigkeit zu befördern. Diese wiederum gelten als Wert an sich, insofern sie den Glauben daran transportieren, nur das Ungeschminkte sei wertvoll und die menschliche Welt werde eine bessere, wenn das Echte und Wahre, das Gefühlige und von Rationalität Unverstellte in den Blick und zum Zuge komme. Diese ideologische Version von Emotiozentrierung äußert sich in Encounter- und anderen Gruppen, therapeutischen Moden, im Alltagsjargon und wird in Arbeitskontexte übertragen. Konflikt wird nun als eine Chance auf Auseinandersetzung und durch sie betriebene Harmonie und Konvergenz begriffen. Gestritten werden muss – verbal; denn nur in der Kommunikation liege die Möglichkeit, einander emotional näherzukommen und somit Frieden zu stiften (ausführlich Mahlmann 1991 und 2012).

Emotionalisierung steht im Verbund mit dem Fokus auf das Ich (Selbstentfaltung, Individuation, Selbstwerdung et cetera) und – dazu passend – der erkenntnistheoretisch-individualistischen Position des Konstruktivismus (im Schlepptau von Kybernetik, Systemtheorie). Der soziale Konstruktionismus und Relationismus (Gergen 1994, S. 107 ff.; 1994a: Kapitel 1 und 3; Gergen/Gergen 2009; Hosking/Morley 1991, Kapitel 3 bis 5 und 7; Hosking, Dachler, Gergen 1995, Kapitel 5, 9 und 11), den ich ab Seite 262 kurz erläutere, war dem Konstruktivismus ebenso in der Breitenwirkung unterlegen wie der Relationalismus. Alle Faktizität wird, ebenso wie Gefühle, auf das Individuum zurückgeführt – ein Paradigma, das in der digitalen Ära neue Nahrung erhält (Stichwort: Selbstoptimierung). Konflikte sind aus dieser Sicht unausweichlich, da individuelle Ausrichtungen notwendig divergieren können. Konflikte sind zudem nicht konstruiert, sondern werden erfunden, geschaffen: vom Subjekt. Die reale Welt löst sich in Schein auf. Alles ist diskutabel, befragbar, uneindeutig – während gleichzeitig die Unsicherheit wächst. Wenn nichts mehr sicher und eindeutig ist, dann muss immer mehr verhandelt werden. Kommunikation ist alles – ohne sie geht es nicht mehr. Denn Konventionen gelten nicht mehr uneingeschränkt. Damit entfällt auch ihre den Konflikt entlastende und Lösungen befördernde Wirkung. Die Subjekte müssen handeln.

In dieser Gemengelage wird Selbstwirksamkeit in der Bereitschaft und Fertigkeit gesehen, Konflikte »auszuagieren« und das Verbindende zu finden, um gemeinsam weiterzumachen oder darin übereinzukommen, einander aus dem Weg zu gehen. Das konstruktive Momentum liegt darin, dass überhaupt miteinander gerungen wird: In der Aussprache liegt – im psychotherapeutischen Sinn – das Potenzial, den anderen verstehen zu lernen, indem seine Gefühle respektiert und seine Gedanken angehört werden und beides zum Gegenstand eines gemeinsamen Gesprächs wird. In den 1970er-Jahren vollzieht sich die Wende zum konstruktiven Konfliktverständnis: Der Konflikt als Chance.

Diese Auffassung gilt ungefragt bis in die 1990er-Jahre. Indes scheint sie in der gegenwärtigen Alltagspraxis immer weniger beliebt zu sein. Auffällig ist – wie die Untersuchungen etwa von Sherry Turkle nahelegen – die Korrelation reduzierter Bereitschaft und Fähigkeit zu konstruktiver Konfliktbehandlung mit medienvermittelter Alltagskommunikation. Diese entbindet davon, vis-à-vis zu sein, und erleichtert die Abwendung von Konfliktkommunikation als Chance. Die physische Distanz geht einher mit abnehmender Bereitschaft, sich im persönlichen Gespräch mental und empathisch auf den Konfliktpartner einzustellen. Menschen werden einander trotz mehr Kommunikation insofern fremder, als die direkte Auseinandersetzung (s. S. 243 ff.) gefürchtet ist und vermieden wird.

Bereits erwähnt habe ich weitere Parallelphänomäne, die das offene Austragen von Konflikten erschweren und anstrengender machen. Dazu gehören frühkindliche Sozialisierung (unter anderm Leibovici-Mühlberger 2016), psychotherapeutisierte Redeweisen privat und beruflich, Pathos von Inklusion, egozentrierte Utlität, Lebensfreude durch Spiel und Spaß, Furcht vor Harmoniestörung und Konflikt auf der Beziehungsebene, Verlagerung des »eigentlichen« Lebens in technisch-mediale Vermittlungsangebote und in Games, vor allem jene aus dem Bereich der Pervasive Games.

Hinzu kommt die Softwareentwicklung (Apps, Roboter, Chatbots, Smartphones), die dem Menschen suggeriert, emotional oder empathisch Anteil zu nehmen (Grolle 2015, S. 116–119).

Gefühle digital übersetzt

Als Beispiele dienen die US-amerikanische Firma Affectiva oder Emotient aus Kalifornien.

Affectiva analysiert mit seinem Produkt namens Affdex, eine Software, die der Mimik des Betrachters folgt und darauf reagiert. Das Unternehmen strebt an, durch die Auswertung von Millionen von Gesichtsausdrücken sowohl kultur- und geschlechtsspezifische als auch universale Gefühlsausdrücke zu definieren, sodass der Computer die affektive Stimmung oder die gezeigte Emotion lesen und empathisch reagieren kann. Weiterentwicklungen sind im Gang: Projekte zielen darauf, Mikroveränderungen in Gesichtsfarbe, Stimmlage, Sprachmelodie zu erkennen, um die empathische Reaktionsfähigkeit der Software zu perfektionieren. Die Vision der Mitbegründerin von Affectiva, Rana el Kaliouby, formuliert: »Schon in zehn Jahren werden Computersysteme mit emotionaler Intelligenz ausgestattet sein. Dann werden uns kaum mehr daran erinnern können, wie es war, als Computer noch nicht auf jedes Stirnrunzeln reagierten und sagten: ›Oh, das hat dir wohl nicht gefallen, oder?‹« (Grolle 2015, S. 116–119).

Die Konkurrenzfirma Emotient betreibt ebenfalls »Emotion Economy«. Sie verrechnet Mimik, Hautleitfähigkeit, Blutdruck, Pupillengröße, Atem- und Herzfrequenz, Stimmlagen und Muskeltonus. Diese Software haben beispielsweise Forscher der kalifornischen Stanford University verwendet. Sie entwickelten ein Steuergerät für Spielkonsolen, das dank seiner Sensoren registriert, sobald sich ein Spieler langweilt. Da sie gleichzeitig erkennen können, wobei und in welcher Phase oder Situation er dies tut, kann die Software spezifisch intervenieren und Maßnahmen ergreifen, die den Spieler motivieren, weiterzuspielen.

Wissenschaftler am Massachusetts Institute of Technology bei Boston arbeiten mit der Gefühlssensorik im Auto. Sie statten das Lenkrad mit Sensoren aus, die den Disstresslevel des Fahrers messen und bei Überschreiten eines bestimmten Wertes entspannende Musik ertönen lassen, um den Fahrer zu besänftigen.

Die Anthropomorphisierung von Maschinen und die Emotionalisierung der Maschine-Mensch-Kommunikation und -Interaktion fördert auch Professorin Cynthia Breazeal am Massachusetts Institute of Technology (MIT). Am berühmten Roboter R2D2 aus der Filmreihe »Star Wars« habe sie fasziniert, dass er sich um Menschen sorge und »enge persönliche Beziehungen« entwickle (Menn 2015, S. 56). Sie arbeitet im Rahmen von KI (Künstlicher Intelligenz, kognitive und emotionale neuronale Netzwerke) mit dem Droiden Jibo, einem Schreibtischcomputer, der Menschen am Gesicht erkennt und Erledigungen auf Zuruf macht, etwa Kalendereintragungen oder Bestellungen aufgeben. In Büros werden bereits vielfältig virtuelle Assistenten eingesetzt, etwa beim Organisieren von Terminen, Ablehnen von E-Mails, Einblenden von zu einem Vortrag passenden Informationen.

In Hospitälern empfehlen Computer Krebstherapien, spüren Tumore auf, am Finanzmarkt lenken sie Transaktionen – der optionale Raum weitet sich gleichsam täglich. Im Rahmen von Smart Home, Emotional Economy und Künstlicher Intelligenz insgesamt nehmen die informationstechnologischen Systeme den Menschen immer mehr ab – bis hin zum Denken, das zur Dienstleistung gewandelt und von Computern übernommen wird (Menn 2015, S. 56–62).

Kurz und knapp: Die Digitalisierung der Lebensführung mit ihren sogenannten entlastenden Funktionen, die kindliche Frühsozialisierung mit emotional-interagierendem Spielzeugen wie Teddys, die anhand der Reaktionen des Kindes Erkenntnisse über dieses erlangen und – selbstlernend – auf das Kind immer »einfühlsamer« reagieren, ferner die Eroberung von Erwachsenenräumen und Wirtschaftsfeldern durch kognitiv-emotional interagierende Systeme im Rahmen Künstlicher Intelligenz geht Hand in Hand mit dem Verlust geistiger und emotionaler Tätigkeiten und Fertigkeiten des Menschen. Prominente Wissenschaftler wie Stephen Hawking, Internetspezialisten wie Evgeny Morozov und Jaron Lanier, der Philosoph Bick Bostrom oder der Gründer Elon Tusk (Tesla) warnen denn auch vor dem Marionettendasein des Menschen: Die Degeneration des Menschen zum Anhängsel überlegener künstlicher Intelligenz kündigt vom Ende des Menschenzeitalters.

Auch für das souveräne Umgehen mit Konflikten scheint die Dämmerung nahe. Denn bereits gegenwärtig tendieren primär digital und mobil basiert Sozialisierte zur Konfliktvermeidung – jedenfalls dann, wenn persönliches und direktes Interagieren gefragt sind. Wer vermeidet, lernt nicht, was er vermeidet. Einbußen und Mängel in Resilienz und Souveränität sind unausweichliche Folgen (Leibovici-Mühlberger 2016). Unter ihnen leiden besonders jene, die beruflich in konfliktschwangeren Konstellationen arbeiten wie beispielsweise nationalkulturell und/oder generativ gemischte und personell wechselnde Gruppen. Das heißt auch: In einer Zeit, die mehr und qualitativ neuerartige Konflikte gebiert, verdörrt die Fertigkeit, sie konstruktiv (offen, direkt) zu behandeln. – Was tun?

Konfliktscheu vermindern

Konfliktquellen und Konflikte verschwinden nicht dadurch, dass sie übertüncht werden. Auch nicht dadurch, dass sie ignoriert oder mit beschönigenden Worten hübsch gemacht werden. Euphemismen haben ebenso Grenzen wie Harmonie förderndes oder forderndes Reden und Verhalten. Hier hilft das Idiom des reinigenden Gewitters mehr als die Ankündigung einer beständigen Schönwetterphase. Da dies in den Milieus digital Sozialisierter aufgrund der fundamentalen Konsens-, Harmonie- und Affirmationsorientierung eher fern als nah liegt, ist es nützlich, sich einige Typika bewusst zu machen.

Im Folgenden finden Sie einige Anregungen, die dazu beitragen, dass Sie sowohl bezogen auf sich selbst als auch als Experte in der Weiterbildung oder Beratung den Mut, sich Konflikten zu stellen, ebenso vermitteln und wachsen lassen können wie Kompetenz und Performanz, in Konfliktlagen konstruktiv zu kommunizieren und zu interagieren.

Übung: Einladung zum Erkennen von Kontexten ungenügender Konfliktbehandlung

In welchen Kontexten sind Ihnen Phänomene mangelnder Konfliktkommunikation begegnet, in denen offenkundig und daher nachvollziehbar der Umgang mit digitalen Medien eine Rolle gespielt hat?
Gehen Sie gedanklich oder im Dialog sowohl private als auch berufliche Situationen durch. Notieren Sie, warum Sie dem Umgang mit digitalen Medien und Ihren Angeboten der Optimierung und Entlastung (zum Beispiel Apps) in den erinnerten Konfliktsituationen eine maßgebliche Rolle zubilligen.

_____

_____

_____

_____

_____

_____

_____

Stellen Sie Hypothesen auf, die Sie mit einer Kollegin, einem Kollegen, in einer Supervision oder Peerveranstaltung reflektieren.

_____

_____

_____

_____

_____

_____

Überprüfen Sie die Hypothesen und ihre argumentative wie empirische Validierung kritisch in jeder weiteren Lage, in der Sie im Rahmen einer Konfliktbehandlung dem Umgang mit digital-mobilen Geräten und ihren Angeboten (Apps et cetera) einen entscheidenden Stellenwert für Entstehen, Verlauf, Historie und gegenwärtigen Status sowie, schlussendlich, der Behandlungsweise einräumen.

_____

_____

_____

_____

_____

_____

Das bisher Beschriebene und Diskutierte vorausgesetzt, bieten sich einige bis dato weniger verbreitete Denk- und Handlungskonzepte als Sprungbretter an, um insbesondere jenen Personenkreisen und Personen entgegenzukommen, die weniger verbal-intellektuell als visuell, körperlich und affektiv/emotional sozialisiert sind – in deren Heranwachsen die digital-mobilen Medienangebote die primäre und dominante Kultur stellt. Die nachfolgenden Ausführungen sind als Vorschläge zu verstehen, als Annäherungen und erste Schritte, die weiterer Ausarbeitung harren, nicht zuletzt durch die Erfahrungen ihrer Anwendung.

In knapper Form möchte ich folgende Konzepte vorstellen:

- sozialer Konstruktionismus (Gergen/Gergen 2009)
- Embodiment (Lobe 2015) beziehungsweise Embodied Communication (Tschacher/Storch 2014)
- Arbeit mit Sprachbildern, insbesondere Metaphern (Mahlmann 2012)

Innerhalb der skizzierten Ausführungen dominiert der thematische Fokus Konfliktkompetenz und -performanz. Als Frage formuliert: In welcher Weise eignen sich diese Ansätze bevorzugt, um souveräne Konfliktbehandlung im Rahmen der »neueren Realitäten und Sensibilitäten« zu vermitteln, zu lernen und anzuwenden?

Sozialer Konstruktionismus: gemeinsames Herstellen von Tatsachen

Kenneth J. Gergen und Mary Gergen arbeiten seit Jahrzehnten mit einem relationalen Ansatz. Der soziale Konstruktionismus unterscheidet sich von allen Variationen des Konstruktivismus. Das Autorenpaar grenzt seinen Ansatz explizit gegen letztgenannte ab: Konstruktivistische Annäherungen gehen davon aus, der Ursprung von Wirklichkeitserzeugung wurzle im individuellen subjektiven Geist. Diesem individual-kognitiven Gedanken widersprechen sie und unterstreichen, an der Wirklichkeitsgestaltung seien immer alle Beteiligten beteiligt: als Akteure und durch die Interaktion, durch den Prozess, durch die Beziehungen zwischen ihnen und vor allem durch Sprache. Insofern fokussiert der soziale Konstruktionismus das Relationale oder Relative, das Inter, das Zwischen und den Prozess und zeigt auf, dass auch Sprache als soziales Phänomen sui generis Wirklichkeit hervorbringe: nicht der individuelle Geist, sondern die relationale Beziehung und Kommunikation. Wirklichkeit wird, sprachlich und nicht-sprachlich, immer in Beziehungen hergestellt.

Bereits diese Grundidee des gemeinsamen »kollaborativen« Herstellens von Wirklichkeit fällt im digitalbasierten Zeitalter der Vernetzung auf fruchtbare Resonanz. Sie äußert sich in mehreren sozialen Phänomenen. Etwa in der Bewegung des Sharing, des Urban Gardening, des gemeinsamen Werkelns (Makers); ferner im Betonen der Bedeutung der Communities und Harmonie (»gute Beziehung«) sowie in der Rhetorik von Inklusion und Egalisierung. Das Bemühen, kulturelle, mentale, behaviorale Fremdheit zu überwinden durch relativistische Kultursicht und Perspektivwechselversuche manifestiert ein relationales Verhältnis zur Umwelt.

Dieser Beziehungs-, Relationalitätsansatz äußert sich im Rahmen der Frage nach Konfliktverständnis und -behandlungsoptionen in der Praxis in zwei Versionen.

- Erstens fordern Konstruktionisten auf, die Beziehungshaftigkeit als Frage der jeweiligen Beziehungsqualität zu formulieren: Wie stehen wir zueinander? Wie stehst du zu mir? Wie stehe ich zu dir? Pflegen wir eine gute, eine oberfläch-sympathische oder eine tiefe und belastbare Beziehung?

- Zweitens begreifen Konstruktionisten Störungen und Konflikte als relational hergestellte Phänomene. Sie übersetzen sämtliche Konfliktarten, auch Sach-, Verteilungs-, Strukturkonflikte in Kategorien der Beziehung. Diesem Schicksal erliegen selbst Kulturkonflikte. Denn Kultur wird als Praxis zwischen Menschen, als Beziehungspraxis, apostrophiert. Kulturkonflikte werden zu Beziehungskonflikten. Beziehung ist die Hauptkategorie im Konfliktgeschehen.

Das Autorenpaar sieht darin einen Gewinn. Sinngemäß begründen die beiden Autoren dies so: Wenn Menschen akzeptieren, dass das, was ist, stets abhängig ist von dessen relationaler Herstellung, sind sie offen dafür, fremde Perspektiven ein- und ernstzunehmen. Sie akzeptieren dann auch, dass alles anders sein kann, als sie es erwartet, gedacht, gesehen, gefühlt haben. Dieses Verständnis von Kontingenz schließt die Erkenntnis ein, dass jedes Individuum als Mitglied einer speziellen Gemeinschaft spezielle Deutungsfolien erwirbt und nutzt. Auf dieser Basis verfügen Akteure über mehr Chancen, einander gerade im Konfliktfall näherzukommen, zu verstehen, sich miteinander zu arrangieren. Dank der Überzeugung, die eigene Sicht ist nur eine unter vielen möglichen, sowie der Bereitschaft, sich bereits aus diesem Grund für die Sicht des Gegenübers zu interessieren, leben die Akteure eine mentale Offenheit, die auf Nachvollziehkönnen zielt und dazu motiviert, auf diesem Grund gemeinsam Optionen für Frieden zu suchen. Dieser Frieden muss nicht Konsens auf der inhaltlichen Ebene erreichen, sondern kann auf der Metaebene bedeuten, sich damit abzufinden, dass die Parteien keine für alle zufriedenstellende Lösung finden und mit dem Dissens leben wollen. Arrangez-vous als Modus konstruktiven Miteinanders, das Unvereinbarkeit zulässt und Eskalation behindert.

Mary und Kenneth J. Gergen weisen zudem darauf hin, dass Interventionen speziell in systemischer Weise erwünscht sind. Erstens insofern, als jede Äußerung, Interpretation, individuelle Realität immer schon sozial vermittelt ist: durch Sprache, Rituale und andere Praktiken, Symbole, Metaphern und so weiter. Und zweitens insofern, als diese sozial und kulturell vermittelte Wirklichkeit noch einmal in sozial und kulturell hergestellten Kontexten thematisiert wird. Diese beiden Dimensionen der Vermitteltheit stellen den Einzelnen in seiner gesellschaftlich und kulturell geformten und geprägten Identität in den Vordergrund. Zusätzlich bezieht diese Betrachtung ein, dass in der je aktuellen Situation unterschiedliche soziale und kulturelle Identitäten interagieren. Das Feld der Betrachtung expandiert und wird vielfältig – und damit die Option, in konfliktuellen Situationen das Repertoire des Handelns zu erweitern.

Konfliktbehandlung im sozial-konstruktionistischen Paradigma eliminiert das Individualistische und rekurriert unter dem Vorzeichen der Relationalität, der Verbundenheit und des Aufeinanderbezogenseins auf alles Personale: Ich, Selbst, Psyche, Geist, Intellekt, Körper(erleben) sowie auf das Relationale: Kommunikation, Interaktion. Alles ist immer schon sozial vermittelt, hergestellt und damit etwas, das immer erst im Prozess der Beziehung, des Kommunizierens und Interagierens, fabriziert wird und aus diesem Grund elastisch, beweglich, adaptiv ist.

In konfliktuellen Situationen, in denen mit oder ohne Beratung Hilfe gesucht wird, empfehlen die Autoren denn auch therapeutische Konzepte, die nicht an der Person, sondern an Beziehungen ansetzen und allen vertraut sind, die sich mit systemischer Therapie befasst haben. Mary und Kenneth J. Gergen heben die Effektivität folgender Therapien, Interventionen und Medien hervor:

Narrative Therapie: »Das Leben neu erzählen« setzt auf Reframing und damit auf die Bedingungen der Möglichkeit, eine bisherige Deutung durch eine Veränderung der relationalen Parameter (Umwelt, Rahmenbedingungen, Einflüsse) anders zu deuten als bisher. Die Funktion ist, eine neue Wirklichkeit (der Vergangenheit und Gegenwart) zu erzeugen, mit der der Betroffene besser umgehen kann als mit der alten. Wenn beispielsweise eine Kollegin sich von dem Kollegen »als Weibchen« behandelt fühlt, weil er konservativen Benimmregeln folgt wie Tür öffnen, Schweres abnehmen, Blumenstrauß mitbringen, zum Mittagessen einladen, Hilfe anbieten, dann kann sie reframen, indem sie sein Verhalten nicht als Ausdruck von Missachtung, Verniedlichung oder obsoletes Rollenmuster deutet, sondern als Indiz für Freundlichkeit, Respekt, unverfängliche Signale der Sympathie sowie Ausdruck seiner Persönlichkeit als aufmerksamen Menschen allen anderen Menschen gegenüber. Es braucht also keinen ideologiebehafteten Streit, der sich darum dreht, was der eine »meint« und der andere »glaubt« und wer Recht hat.

Kurzzeit- und lösungsorientierte Ansätze und Interventionen nach Steve de Shazer: Beide Ansätze operieren mit Methoden der systemischen Therapie und mit Frageformulierungen aus dem Kreis der zirkulären und skalierenden Fragen, die Klienten dazu motivieren, selbstständig zu reflektieren. Die Berater oder Therapeuten liefern keine Antworten, sondern ermöglichen Klärungen durch das Befragen von Positionen, Bewertungen, Urteile, die Klienten nonverbal zeigen oder verbalisieren. Zirkuläres Fragen folgt der Psychologik des Perspektivenwechsels. Etwa: »Wenn ich Ihren Freund fragen würde, was Ihre Schwester dazu sagt, dass Sie tun, damit ein Konflikt entsteht: Was würde der mir antworten?« Zu den populärsten Fragen gehört die Wunderfrage. Sie fordert dazu auf, sich vorzustellen, was der Fall wäre, wenn das dringendste Problem beziehungsweise ein schwerwiegender Konflikt gelöst wäre: Woran bestimmte Personen dies bemerken würden und was der Klient dafür getan hat, dass es zu der Auflösung kam. Beide Ansätze gehen vom erreichten Ziel aus zurück zu den Schritten, die Konfliktparteien realisieren müssen, um den Konflikt konstruktiv und nachhaltig behandeln zu können.

Sprache als Medium: Sprache ist ein ausgezeichnetes Medium, Konsens zu erzielen, indem die Kontrahenten nicht nur auf den Inhalt achten und fragen, wie die unterschiedlichen bis antagonistischen »Bedeutungsdomänen« (Gergen/Gergen 2009, S. 68) zusammenzubringen sind. Vielmehr sollen sie große Achtsamkeit dem Wie entgegenbringen. Etwa: Wie wird etwas gesagt? Mit welchen Worten? In welcher Gewichtung? Wann wird von wem wie geschwiegen. Als repräsentatives Beispiel führen Mary und Kenneth J. Gergen das »Public Conversations Project« an, in dem die Teilnehmenden üben, wie sie miteinander reden und nicht aneinander vorbei oder gar gegeneinander (Gergen/Gergen 2009, S. 69 f.).

Die skizzierten Ansätze vereint, die Macht sprachlicher Äußerungen auf Denken, Fühlen, Kommunizieren und Agieren/Interagieren zu nutzen. Sei es in Form von sprachlichen Bildern, in der Form spezieller weiterführender Frageformen oder sei es, indem das je persönlich und sozial Konstruierte, Fabrizierte in den Blick gerückt wird. Ziel ist stets, mittels Sprache neue Optionen in Denken, Fühlen, Verhalten zu probieren – auch und gerade im Konfliktfall.

Embodiment: sensorisches, affektives Kommunizieren

Der Forschungsansatz des Embodiments ist – antike Quellen ausgelassen – seit Beginn des 20. Jahrhunderts in Wellen in verschiedenen Disziplinen en vogue. Als prominente Vorläufer lassen sich Jakob Johann Baron von Uexküll und der französische Philosoph Maurice Merlau-Ponty nennen. Thalma Lobel, Psychologin und Professorin an der Universität Tel Aviv, forscht seit gut 30 Jahren zu Verhaltens- und Geschlechterpsychologie. Ihr 2015 erschienenes Buch »Embodiment« behandelt ausführlich Experimente, Feldversuche und Anwendungen, die belegen, dass eine enge, zuweilen direkte Verbindung nachzuweisen ist zwischen sensorischen Einflüssen und Handlungen, Verhalten. Heute nennt man das Verkörperung, von der die Robotik enorm profitiert.

Disziplinen und Anwendungen wie Psychosomatik und -motorik, Phänomenologie, Ausdrucktheorie, Ethnomethodologie, interaktionistische Ansätze in Linguistik und Ästhetik, neuropsychologische und neurophysiologische Forschung kennen den wechselseitigen Einfluss von Leib und Psyche, von sprachlichen und nonverbalen Ausdrücken zu Stimmungen, Affekten, Gefühlen und vice versa. Eindringlich exponiert Thalma Lobel den physisch-interaktionalistischen Ansatz in der Metaphernforschung. Diesen empiristisch-interaktionistischen Entwurf repräsentieren George Lakoff und Mark Johnson. Das Grundlagenwerk zu diesem Ansatz ist das Buch »Metaphors we live by« (2008). Vor allem weisen die Autoren hin auf die Leibverbundenheit und körperliche Bezogenheit von Denken, Fühlen, Bereitschaften, Stimmungslagen, Handeln und stellen die korrelative, zuweilen gar kausale Beeinflussung von sensomotorischen, mentalen, kognitiven, behavioralen Lebensäußerungen (Bewertungen, Urteile, Handlungen) heraus. Lakoff hat sich zudem mit politischen Metaphern, Denkschablonen, -folien und Verhalten(sprogrammen) befasst (2009).

Im deutschsprachigen Raum erlebte der Embodimentansatz ab Ende der 1990er-Jahre und – bereichert um neurobiologische Erkenntnisse – um die Jahrtausendwende neuen Aufschwung. Unabhängig von der theoretischen Durchdrungenheit und der vorzugsweise experimentellen Fundierung hebt der Ansatz das Körperliche in Kommunikation und Interaktion als Conditio sine qua non hervor. Vor allem die Wechselwirkung zwischen sensorischem Erleben und psychischen Bereitschaften und Verhalten wird erforscht.

Sensorisches und Verhaltensbereitschaft

Eine der bekanntesten Versuchsanordnungen ist jene, die zur Erkenntnis führt, dass Menschen, denen man ein warmes Getränk in die Hand gibt, »weicher«, konzilianter, freundlicher wahrgenommen werden als jene, die ein kaltes Getränk in der Hand hielten. Der Ansatz hat gravierende Mängel, wie bereits dieser Versuch zeigt. Es könnte sein, dass die Wirkung maßgeblich von anderen Faktoren abhängt wie zum Beispiel Temperatursympathie, Außentemperatur, Wärme-, Kälteempfinden, Durst.

Kontextfaktoren, so zeigt die lange Reihe der von Thalma Lobel referierten Experimente, werden systematisch vernachlässigt. Das gilt auch für Wirkungsbeziehungen zwischen anderen Kategorien wie beispielsweise Körpergröße/Macht, Schönheit/Urteile, Lichtverhältnisse/moralisches Urteilen und Handeln.

Dennoch kann der Ansatz nützlich sein, wenn es darum geht, Konfliktkompetenz und -performanz in den »neueren Realitäten und Sensibilitäten« zu lehren beziehungsweise zu lernen. Denn das Embodimentkonzept zeigt, wie stark unbewusste Sinnesreize Affekte, Fühlen, Denken, Bereitschaften, Handeln justieren, bahnen und vice versa, und wie einfach es ist, menschliches Tun gezielt zu manipulieren, indem man sensorische Reize in bestimmter Weise präsentiert. Anders als Amos Tversky und Daniel Kahneman und die Mehrheit der Verhaltensökonomen legt das Embodiment den Schwerpunkt auf sensomotorisch-psychische Verflechtung anstatt auf kognitive Prozesse.

Wie dies im Konfliktfall anwendbar ist, deuten Maja Storch und Wolfgang Tschacher in ihrem Buch »Embodied Communication« (2014) an. Die Kernbotschaft (für diesen Ausdruck würden mich die Autoren vermutlich aus dem Seminar rauswerfen; denn Botschaften gibt es ihrem Glauben nach nicht) – die Kernbotschaft lautet sinngemäß:

- Erstens: Sinn und Bedeutung werden relational, von allen Akteueren sui generis hergestellt (das kennen wir bereits); es gibt deshalb keine »fixe Botschaft« (Zitat).

- Zweitens: Gelingende Kommunikation zeigt sich nicht in einem »Verstehen« (Verstehen kann es nicht geben, weil Sinn, Bedeutung, Inhalt immer erst hergestellt werden und sich jeweils neu selbst organisieren).
- Drittens: Gelingende Kommunikation zeigt sich in einem allseits empfundenen »Stimmigkeitsgefühl«, also affektiv. Der Affekt – definiert als körperliche Reaktion, als unbewusstes Gefühl, analog dem Konzept der somatischen Marker von Damasio – entscheidet über Ge- und Misslingen von Kommunikation.

Auf Konflikterleben übertragen, bedeutet der letzte Punkt: Fühlt sich Kollegin A zerrissen und bemüht sich, divergenten Ansprüchen zu genügen, obwohl sie das »eigentlich nicht richtig findet«, dann erlebt sie innere, leiblich spürbare Disharmonie bis Konflikt.

Diese subjektive negative »Affektbilanz« (Storch/Tschacher 2014, S. 33 ff.) ist die Basis aller Arten weiterer Konflikte. Da dem so ist, empfiehlt das Autorenpaar, eine Bilanz (erste Empfehlung) zu erstellen und via »Ideenkorb« (zweite Empfehlung) Assoziationen von anderen Personen zu sammeln, die geeignet sein könnten, den Konflikt innerhalb der Person zu entschärfen. Den Ideenkorb können sie auch für interpersonelle und soziale Konflikte nutzen. Diese Methode veräußerlicht das Brainstormingverfahren: Die Kollegin marschiert zu Personen, denen sie zutraut, etwas Hilfreiches beisteuern zu können. Sie schildert in der Ich-Perspektive oder in der dritten Person den Konflikt und bittet nur um dies: »Notieren Sie mir bitte, wie ich das Problem, den Konflikt lösen könnte, und legen Sie Ihren Vorschlag, Ihre Assoziationen bitte in den Korb.« (In meinem Buch: »Selbsttraining für Führungskräfte« (1998) stelle ich diese Multiplikationsstrategie als ein Verfahren vor, Entscheidungen zu treffen. Sie ist mit diesem Ideenkorbverfahren fast identisch.)

Die dritte Empfehlung läuft entlang der Metaphorik »Pizza«. Das bedeutet: Man soll den Belag der eigenen Pizza untersuchen, bevor man sie dem anderen ins Gesicht werfe, also der Konflikt eskaliert. Die Untersuchung des eigenen Beitrags zum Konflikt sollte spätestens nach einer Eskalation ansetzen. Puzzleteile aus NLP, systemischer Psychologie, humanistischer Psychologie werden kombiniert mit dem Akzent, es gehe primär darum, ein Stimmigkeitsgefühl bei den Konfliktpartnern herzustellen: bei sich selbst und bei Alter Ego.

Der Embodimentansatz könnte den Zugang zu Angehörigen der jüngeren Alterskohorten erleichtern, weil er den Körper in Szene setzt und psycho-physische Wechselwirkung berücksichtigt. Damit ist er anschlussfähig an Tools und Programme, die unter dem Label Selbstoptimierung rangieren, beginnend bei mit Datenwolke und technischen wie sozialen Feedbacksystemen in Verbindung stehenden Fitnessarmbändern bis hin zu psychischen Feedbackvarianten in Bezug auf das seelische Befinden, wie es einer der Pioniere, Moodscope, anbietet. Diese Angebote laufen parallel zu Biofeedbackverfahren, die aus psychotherapeutischen Kontexten angewandt werden. Der Embodimentansatz kann dazu genutzt werden, um noch feiner zu arbeiten: durch Sprache (Wörter), durch Bilder (s. S. 270 ff.), durch die Vielfalt sensorischer Wahrnehmung.

Durch das Bedienen sämtlicher Sinne und die Kombination von Kognitivem und Körpereinsatz könnte es einfacher sein als nur über den Intellekt, Konfliktkompetenz so zu vermitteln und lernen, dass die Chance wächst, Konfrontationen zu wagen. Eine Lehr-Lerneinheit besteht etwa darin, einen Konflikt zu simulieren und in der Simulation dafür zu sorgen, Kontrahenten zu sensibilisieren und zu öffnen, einschließlich der Thematisierung Rückkopplung auf das eigene Empfinden (Affekte, Gefühle, Körperbefinden) und auf das der Konfliktpartner. Didaktisch können Medien gemischt werden. Relevant ist, sicherzustellen, dass die Lernenden »Realität simulieren«, also ähnlich wie in Games ist die Grenze zwischen medialer und direkter »analoger« Wirklichkeit aufgehoben. Denn dies ist eine entscheidende Bedingung, um zu ermöglichen, für den Alltag Fertigkeiten zu erwerben.

Sprachbilder, insbesondere Metaphern und Analogien, nehmen nicht nur im Embodimentansatz einen prominenten Stellenwert ein, sondern in sämtlichen Varianten imaginativer Verfahren. Da Visualisierungen, seien es digital vermittelte oder innere Bilder, mit der Massenverbreitung des Internets eine dominante Rolle in der Sozialisation einnehmen, eignen sie sich in ausgezeichneter Weise dazu, in Konfliktsituationen genutzt zu werden.

Sprachbilder: den Sog von Metaphern nutzen

Da ich in meinem Buch » Sprachbilder: Metaphern & Co.« (2010) und etlichen Artikeln (s. Literaturverzeichnis) ausführlich auf Sprachbilder und Metapherntheorien, Wechselwirkungen von Sprache, Kognition, Körper und Umwelt sowie auf das professionelle Arbeiten mit Metaphern eingegangen bin und dort anhand von Fallvignetten zeige, wie Metaphern eingesetzt werden können, um Veränderungen auszulösen, beschränke ich die folgenden Anmerkungen auf ein Minimum und fokussiere die Konfliktthematik.

Zunächst lade ich Sie ein, auf Ihre bereits vorhandenen Notizen zurückzugreifen oder ganz neu zu überlegen und sich auf die Übung »Konfliktmetaphern« einzulassen.

Übung: Konfliktmetaphern, Teil 1

Notieren Sie bitte, welche Bilder, Szenen, Collagen Sie spontan vor Ihrem inneren Auge sehen, wenn Sie an »Konflikt« denken. Wenn Sie mögen, beschreiben Sie bitte zudem metaphorisch, welche Affekte und Gefühle ihren Körper durchlaufen.
Beispiel: Der Konflikt in der Metapher »Sturm« wird begleitet von entwurzelnden Bäumen, peitschenden Wellen von Flüssen und Seen (visuell), dem Jaulen der orkanartigen Windböen (auditiv), Hitzeaufwallungen (physiologisch: Affekt) und spürbares Unwohlsein (affektiv-emotional).

_____

_____

_____

_____

_____

_____

_____

In Coachings und Gruppen, in denen ich um Assoziationen, Szenerien und Metaphern im Hinblick auf das Thema Konflikt bitte, bieten Teilnehmende häufig folgende Metaphern und Analogien an:

- Konflikt ist Kampf – es gibt Sieger und Verlierer, Rivalen, Gegener gehen aufeinander los, durchaus in zerstörerischer Absicht.
- Konflikt ist Wettstreit – das wird meist als sportliche Konkurrenz gemeint, sozusagen Rivalismus mit einem Lächeln, weil der Wettstreit zwar Verlierer und Sieger erzeugt, aber keinen Schaden anrichten soll.
- Konflikt ist Bewegung – als richtungs- und wertneutrale Dynamik umspannt diese Analogie alle beziehungsweise wertneutrale Zuschreibungen: alles ist möglich und von vornherein weder gut noch schlecht.
- Konflikt ist Blitz, Donner und Regen – hier steht das reinigende Gewitter im Fokus, das der Sonne wieder Platz machen und den Himmel blau färben soll.
- Konflikt ist Gift – das Geschehen wird gesehen als Krankheit oder Tod bringendes, massiv destruktives und damit Vernichtung einkalkulierendes Mittel.
- Konflikt ist Hammerschlag oder Bombenwurf – eine Handlung, die desaströs wirkt und Kollateralschäden in Kauf nimmt.
- Konflikt ist Retter – Hilfe naht in einer aussichtslos scheinenden Lage, kommt daher als Veränderungsimpuls oder Intervention, als Ermöglicher von als unmöglich Gedachtem oder Gefühltem, als Chance für Verbesserung.

Übung: Konfliktmetaphern, Teil 2

Notieren Sie Äußerungsformen, verbale und behaviorale, die mit der jeweilen Metapher nach Ihrem Verständnis einhergehen. Gewiss können Sie dabei auf einen Fundus an Erfahrungen zurückgreifen. Geben Sie auch hier Ihrer Spontaneität eine Chance und notieren Sie, was Ihnen jeweils als Erstes einfällt.

_____

_____

_____

_____

Die genannten Methapern, die Konflikt als zerstörerische Kraft, als Gegner-schaft und Kampf darstellen, in denen Sieg oder Niederlage thematisiert sind – um einige Beispiele zu nennen – gehen häufig einher mit Wendungen wie diesen:

- Ich muss den Rückzug antreten.
- Wir reiben uns mal wieder in Verteilungskämpfen auf.
- Ich wehre mich gegen Angriffe durch Rückzug oder aggressive Verteidi-gung – je nachdem, wie ich meine Chancen auf Erfolg einschätze.
- Wir wollen die andere Abteilung mit unserer Attacke überraschen und schicken deshalb unsere Indianer jetzt schon los.
- Ich vermeide Konflikte, weil sie meistens unnötig sind und nur Unheil stiften und die Hölle auf Erden bedeuten können.

Metaphern, die den Konflikt eher affektiv neutral zeichnen (Bewegung) oder in seiner positiven Funktion sehen (Retter), deuten Stellungnahmen wie die-se an:

- In Konfliktgesprächen ist es wichtig, erst einmal die Perspektive des an-deren einzunehmen. Das ermöglicht, die Motive und Anliegen des ande-ren zumindest etwas besser zu verstehen. Dazu ist es nötig, sich einzu-fühlen und Argumente, Gründe auszutauschen.
- Ich finde es unsinnig, dass wir uns in Konflikten aufreiben. Besser wäre es, wenn wir uns mehr darum bemühen, Konflikte als Chance zu sehen: dafür, dass bisher nicht geäußerte Interessen zur Sprache kommen und wir die Möglichkeit erarbeiten, eine gute Lösung für alle zu finden.
- Manchmal ist es ganz gut, nicht auf jeden Konflikt aufzuspringen, son-dern ihn einfach zu ignorieren. Das hat für mich mit Souveränität zu tun: nicht wie eine Mimose durch die Welt gehen, sondern anerkennen, dass jeder einmal etwas sagt oder tut, das einem selbst nicht gefällt und über das man hinwegsieht. Man muss nicht jedes Mal einen Bohei daraus machen!

In unserem Kulturkreis findet die Metapher des reinigenden Gewitters auch heute noch viel Zuspruch, und zwar sowohl bei jenen, die mit Konflikt eher eine kämpferische und/oder ablehnende Haltung verbinden, als auch bei je-nen, die Konflikt mit Chance, Öffnung, Verbesserung assoziieren. Interessant ist, zu schauen, was die Metapher anbietet, um Attitüden beider Pole zu bedienen.

Übung: Die Metapher »Konflikt als Blitz, Donner und Regen – als reinigendes Gewitter«

Einladung an Sie, werte Leserin, werter Leser: Welche Implikationen der Metapher sind für jene Personen akzeptabel und attraktiv, die einen Konflikt als reinigendes Gewitter denken und empfinden?

_____

_____

_____

_____

_____

_____

_____

Hier ein Ausschnitt aus dem Pool der Antworten aus Coachings und Workshops:

- Konflikt als reinigendes Gewitter lässt mir Spielraum für die Abwägung, ob das Gewitter ein reinigendes werden könnte.
- Je nach Einschätzung, ob reinigend oder nicht, erlaubt mir die Metapher, den Konflikt unbeachtet oder schlicht auslaufen zu lassen; ihn zu entdramatisieren und an die Leute zu appellieren, sich wie mündige und kluge Menschen selbstdiszipliniert zu verhalten, oder eben zu schauen, wie ein Aus- und Ansprechen des Konflikts in konstruktiver Weise möglich wäre.
- Das Reinigende am Gewitter habe ich selbst schon öfter erfahren – die Metapher lenkt meinen Blick auf diese positiven Erfahrungen.
- Die Metapher von Donner, Blitz und Regen lässt mich zwar einerseits das Unangenehme erfahren, denn ich sehe mich ängstlich eine Straße mit

einer Baumallee entlang hasten, um zwar pudelnass, aber unbeschadet nach Hause zu gelangen. Andererseits freue ich mich auf das Danach: Ich rieche die Frische und Reinheit der Luft, die über die nassen Wiesen weht und genieße den Duft des frischen Rasens. Dieses Sowohl-als-Auch ist es, das meine Abwehr gegen Konflikte mildert.

- Ich sehe, wie ein großes Dachfenster sich öffnet, wenn ein Konflikt manifest gemacht und offen besprochen wird. Zwar regnet es ein wenig ins Zimmer, aber die Nässe trocknet schnell, sobald die Sonne hineinscheint. Ich sehe, wie die Helligkeit im Raum zunimmt und allmählich alles klarer und sichtbar wird.

- Ich gebe offen zu, dass mir kurze, wenn auch heftige Konflikte lieber sind als langatmiges Diskutieren und Klären. Mich stört es selten, dass es Verlierer und Gewinner gibt, auch wenn ich mal verliere. Ich habe einfach oft keine Lust oder keinen Drive dazu, Konflikte auszutragen, weil es langwierig und anstrengend ist. Allerdings muss ich auch konzedieren, dass die Ergebnisse nachhaltiger sind, wenn sie aus einem konstruktiven Dialog hervorgehen. Das Offenlegen aller Karten und Abklopfen von Interessen dauert zwar. Aber der Lohn besteht dann darin, dass langfristig Ruhe ist, weil alle hinter der Lösung stehen. Insofern bevorzuge ich Gewitter.

In knappen Strichen nun die Begründung dafür, warum das Arbeiten mit Metaphern im Konfliktfall ausgesprochen zielführend sein kann in einem Umfeld, das Bildhaftes (statisch, bewegt) präferiert. Da die Angehörigen der Generationen Y und Z/Game dazugehören, scheint mir eine harmonische Anschlussfähigkeit gegeben.

Wechselwirkung zwischen Sprache, Kognition und Körper: Zunächst ein knapper Einblick in die Wechselwirkungen zwischen Sprache, Kognition und Körper. Wie das Zusammenspiel funktioniert, ist noch nicht endgültig geklärt. Konsensfähig ist die Erkenntnis, dass Sprache und kognitive Leistungen eng verwoben sind. Sprache scheint maßgeblich den Modus zu prägen, wie Menschen Wirklichkeit konstruieren und sie verstehen; wie sie Gedanken, Bilder, akustische und andere sensorische Wahrnehmungen ordnen, wie und was sie assoziieren und denken können.

Vorzugsweise mittels Sprache errichten Menschen eine innere Welt, in der sie Ideen, Erfahrungen und Erinnerungen speichern und abrufen können. Sprache ermöglicht ein reflexives Verhältnis zu sich selbst, indem sie als Verzögerung wirkt: Sobald Menschen sprechen, prüfen sie Impulse, ordnen Vorstellungen, Annahmen, Einschätzungen und schieben eine Handlung auf. Sprache ist zudem unverzichtbar, um komplexe Sachverhalte im Detail verstehen zu können.

Worte und Gedanken beziehungsweise Sprechen und Denken sind wesensverschieden. Menschen können kognitive Operationen ohne Wortsprache vollziehen. Neurowissenschaftler können belegen, dass ein erheblicher Teil unseres Wissens außerhalb der sprachlich relevanten Hirnareale angesiedelt und gespeichert ist (zum Beispiel somatische Marker, Basalganglien). Es gibt kognitive Störungen, bei denen höhere Denkfähigkeiten ausgeschaltet, sprachliche Fähigkeiten dennoch vorhanden sind. Sprache und Kognition werden nicht von denselben neuronalen Verbindungen gesteuert. Es gibt Menschen mit Sprachausfall, deren höhere kognitive Fähigkeiten erhalten bleiben. Sie können kreativ kombinieren und zwischen Konkretem und Abstraktem wechseln.

Wenn Menschen sprechen, sind zudem motorische Areale aktiv. An Bewegungen sind nicht nur Gebiete der Großhirnrinde beteiligt, sondern weitere Strukturen, insbesondere das Kleinhirn und die Ganglien sowie das limbische System, einer Struktur, die unsere Wahrnehmungen und unser Denken emotional einfärbt. Sprachhandlungen(!) sind über das ganze Gehirn, wenn nicht sogar über den gesamten Körper verteilt. Denken Sie etwa an vom Gehirn gesteuerte Muskelbewegungen und die physiologischen Prozesse, die Bewegungen steuern. Oder daran, dass selbst der Darm, das sogenannte zweite Gehirn, Befindlichkeiten des Menschen maßgeblich mitlenkt. Seine Verbindungen zum Kopfgehirn sind, so heißt es, viermal so stark wie umgekehrt.

Im Gehirn wirken neuronale Verknüpfungen unterschiedlicher Areale zusammen. Sie sind über das gesamte Organ, mithin über den ganzen Körper distribuiert. Kommunikation und Interaktion von Neuronen und deren Verbänden umfassen den gesamten Leib.

In der erfahrungsbasierten interaktionistischen Metapherntheorie von Lakoff und Johnson (die auch dem Embodimentansatz zugrunde liegt) kommt der Körperwahrnehmung ein Primärstatus zu. Nach ihr ist eine Bedingung für die Möglichkeit, metaphorisch zu sprechen, das Erleben des eigenen Körpers. Die Autoren erklären damit, wie es dazu kommt, dass der hauptsächliche Anteil unserer Metaphorik auf ihre Herkunft »Körper« und damit auf jene Dimensionen zurückzuführen ist, die mit Körpererleben unhintergehbar verflochten sind.

Neben den bekannten fünf Sinnen aktivieren Menschen auch den der Leibwahrnehmung: den Gleichgewichtssinn. Zusammen mit chemischen und physiologischen Prozessen, Muskelbewegungen schaffen sie die Voraussetzung dafür, dass Menschen sich als ein ganzes Ich komponieren und eine Einheitserfahrung machen können. Durch Rückkopplungsprozesse von Innen- und Außenwelt lernt nicht nur das Gehirn, sondern der ganze Mensch. Das Gehirn und das gesamte System Mensch sind operational geschlossen, aber informationell offen. Dass wir unseren Körper benötigen, um uns als ganzen Menschen zu fühlen, belegen Experimente, in denen die Feedbackschleife nicht funktioniert. Etwa in Fällen, in denen sich Menschen in einem dunklen, von Außenreizen abgeschotteten Wassertank in Salzwasser legen. Sie sprechen davon, Erlebnisse der Entgrenzung zu haben und sich körperlos zu fühlen. Dass selbst im Rahmen künstlicher Intelligenz, neuronaler Netzwerke und deren Inkorporierung in Roboter dieser Aspekt der Körperlichkeit integriert wird, zeigt die Robotik. Sie experimentiert mit zunehmendem Erfolg, seit sie die Körperlichkeit in die Rückkopplungsschleifen in die Software einbaut.

Die Begründung, gerade heutzutage und zukünftig aufgrund der Rückkehr der Herrschaft von Bildern auf die Arbeit mit Bildern zu setzen, wird genährt, wenn die Verbindung von mentalen und körperlichen Bildern bewusst wird.

Mentales Training: Zunächst wurde mentales Training im Spitzen- und Leistungssport angewandt. Seit einigen Jahren erfreut es sich zunehmender Anwendung in beraterischen und therapeutischen Settings und zeigt seine produktive Kraft auch in Konfliktsituationen.

Mentaltraining und Hypnotherapie als spezielle Ausformungen mentaler Vorstellungsarbeit wird typischerweise angewandt, wenn es um Veränderungen der Einstellung und/oder des Verhaltens geht. Als wirksamste Strategie erweist sich eine Kombination aus Visualisierung, Imagination und Körperorganisation. Beim Visualisieren sehen wir etwas vor unserem geistigen Auge, sind Schöpfer und Betrachter zugleich. Beim Imaginieren begeben wir uns hinein in eine Szenerie, aktivieren alle fünf Sinne und erleben das Imaginierte, als sei es real. Zudem operieren wir mit mentalen Modellen, um sensorisch nicht Darstellbares zu erfassen. Je intensiver wir dabei unseren

Körper einbeziehen, desto unmittelbarer wirken die Bilder, Szenen, Abläufe und die in ihnen transportierten Veränderungsabsichten. Insofern können Metaphern als trojanische Pferde für Veränderung und Konfliktbehandlung fungieren.

Imagination und kontemplative Verfahren: Imaginative Techniken und Meditation sowie Körperverfahren wie beispielsweise Biofeedback werden heutzutage häufig technisch unterstützt durch Apps aus den Bereichen Health Care, Wellness oder Fitness sowie digital-sozial unterstützt durch Feedback aus Communities sozialer Plattformen. Sie sind Instrumente, die auch oder gerade für technikaffine Selbstoptimierer besonders attraktiv sind. Weiterbildner, Berater und Mediatoren können diese Techniken (Gadgets, Programme, Alternate und Augmented-Reality-Tools, Social Communities) nutzen und damit an die erfahrene und vertraute Lebenswelt der ab 1980 Geborenen anknüpfen.

Hinzu kommt, dass es Anzeichen für einen Trend gibt, der Menschen zurück in ihr Inneres und in die Natur schickt. Yoga, Meditation und andere kontemplative Verfahren einerseits und andererseits das Tätigsein in der Natur (Sport, Gardening) erfreuen sich zunehmender Beliebtheit. Als eine Facette der Work-Life-Balance werden sie genutzt, um sowohl innerlich zur Ruhe zu kommen, das subjektiv Wesentliche zu erkennen und Lebenswertes zu tun als auch, um belastungsfähiger zu werden und Gelassenheit zu entwickeln. Von diesen Schritten hin zu mehr Souveränität und Resilienz profitieren auch Konfliktkompetenz und -performanz. Die Übungen erhöhen die Wahrscheinlichkeit, die Bedeutung eines Anlasses zu bewerten und zu entscheiden, ob es sich um einen Konflikt(grund) handelt, den weiterzuverfolgen lohnt.

Wie eingangs angemerkt, unterstützen Souveränität und Humor eine Gelassenheit, der rasche Empörung, Beleidigtseingefühle und andere Idiosynchrasien fremd sind. Insofern reduzieren sie das Konfliktpotenzial erheblich. Davon ist das intrapersonelle Erleben primär betroffen, das logisch auch interpersonelle Konflikte verringert. Zudem assistieren imaginative Techniken mit ihren Folgewirkungen, Gelassenheit, Souveränität und Humor zu gewinnen, dabei, frühzeitig und mit Distanz (Überblick) nach Möglichkeiten Ausschau zu halten, alle Beteiligten, eventuell auch Betroffene, zu einer gemeinsamen Klärung zusammenzubringen und eine tragfähige Lösung zu erarbeiten.

Beispiel für Metaphernarbeit mit einem intrapersonellen Konflikt

Ein Klient (groß, stattlich, jungenhaft wirkend, Ende 40) hängt eher im Sessel, als dass er in dem großen Schwungsessel sitzt. Er erscheint mir wie ein Häufchen Elend (so meine Metapher für seine Ausstrahlung). Gleich einem beständig fließenden Wasserfall ergießt er sich in fast monoton-kraftarmer Stimmlage, die dennoch die Ausrufezeichen hörbar macht (als sprachliche Signale für die Bedeutung: Ich habe wirklich genug! Es reicht!). So sagt er: »Ich bin es leid. Mein Leben lang habe ich dafür gekämpft, im Dschungel zu überleben. Habe gelernt, getan und gemacht. Bin hingefallen, wieder aufgestanden, habe mich durchgesetzt, war mal Sieger, mal Verlierer. Jetzt zähle ich zu den Topmanagern, habe Frau und Sohn wunderbar versorgt – und fühle mich total fertig.« Er schüttelt ungläubig den Kopf.

Dann sagt er: »Die Hölle, sagt Satre, das sind die anderen. Recht hat er! Die machen das Leben zum Dschungel, in dem es nur Kampf gibt. Der Preis ist mir zu hoch geworden – ich habe keine Lust mehr zu kämpfen.« Und fügt nach einer kleinen Pause in pubertär-revoltierender Tonlage hinzu: »Jetzt möchte ich mal verwöhnt werden. Jawohl!«

In der gemeinsamen Arbeit transformierte der Klient allmählich seine Lebensmetapher. Leben als »Kampf im Dschungel« wurde zur Metapher »Leben auf der Farm«. Die Farm oder der Bauernhof als Lebensmetapher ermöglichten es ihm unter anderem, das Denken und Sprechen, Fühlen und Handeln in Begriffen von Sieg und Niederlage, Über- und Unterlegenheit, Stärke und Schwäche zu ersetzen durch Begriffe der Kooperation: Zusammenarbeiten, wechselseitiges Unterstützen, sich als Teil der Gemeinschaft einbringen, Gleichwertigkeit aller Mitglieder, ausgehandelte Hierarchien. Mit dem Wandel der Metapher erlaubte er sich auch emotional anderes als vorher: War es ihm durch seine »Kämpfernatur« verboten, Gefühle des Mitleids, Bedauerns und zärtlicher Anteilnahme zu zeigen, gestattet das Leben als Farm und auf der Farm genau dies, lädt geradezu dazu ein. »Denn«, so der Klient »je offener auch ich meine Gefühle zeige, desto besser können andere mich verstehen und auf mich eingehen – und das kommt dann zurück, sodass das gemeinsame Verstehen und Einanderkennen verbessert wird. Und dann lebt es sich leichter, als wenn jeder erst kilometerlange Umwege machen muss, um zu kapieren, was im anderen vorgeht.«

Von der Prinzessin zur Bergführerin

Als weiteres Beispiel dient ein Ausschnitt aus der Bearbeitung eines sozialen Konflikts. Der erste Schritt widmet sich der Leiterin der kleinen Gruppe von drei Frauen: Martina, Leiterin der Abteilung, arbeitete seit knapp einem Jahr mit Janine und Johanna zusammen. Die drei Frauen waren im Alter von Anfang 30 (Martina) und 27 (Janine und Johanna). Der Konflikt zwischen den drei Frauen zog sich bereits einige Wochen hin. Um aus den Mustern herauszukommen und die Eskalation zu stoppen, konsultierte Martina die Beraterin. Martinas Wunsch war, zunächst für sich zu klären, worin ihr Anteil an der Eskalation liegen könnte, um dann mit den beiden Mitarbeiterinnen und der Beraterin zusammen den Konflikt aufzuarbeiten und lösen.

Martina klagte unter anderem: »Janine und Johanna widersprechen mir andauernd. Sie müssten die beiden mal hören! Von Respekt keine Spur. Es ist wie in einem Kampf um den schönsten Mann: Jede von uns will die andere übertrumpfen und Königin sein. Ja, auch ich lasse mich provozieren. Das ist schlecht, aber kein Wunder bei den Provokationen. Inzwischen bin ich es leid, wie in einem Debattiereclub jede anstehende Entscheidung mit den beiden zu diskutieren. Ich gebe jetzt einfach Anweisungen. Schließlich bin ich für die Ergebnisse verantwortlich. – Ich verstehe einfach nicht, was die beiden so aggressiv macht! Wollen die mich ausbooten?« Ausgiebig schilderte sie, wie »unglaublich rücksichtslos«, »richtig zickig« und »arrogant« die beiden sich ihr gegenüber verhielten.

Eine Sequenz des Coachings drehte sich um ihr Selbstbild in der professionellen Rolle als Leiterin. Als gebildete Person formulierte sie in wohlgesetzten Worten, wie sie ihre Rolle verstehe und ausübe beziehungsweise ausüben würde, wenn die beiden Mitarbeiterinnen nicht so renitent wären und endlich »das blöde Königinspiel« beenden würden. In diesem Kontext wagte ich eine provokative Intervention: »Wenn mich eine fremde Person fragen würde, woran sie Sie erkennen könnte, dann würde ich antworten: Halte Ausschau nach einer attraktiven Frau Ende 20/Anfang 30, die erhobenen Hauptes herumläuft und eine Gestik und Mimik zur Schau stellt wie eine Prinzessin auf der Erbse oder die Königin-Stiefmutter von Schneewittchen.« (Erweiterung der Metaphorik um Analogie und Allegorie)

Nach anfänglicher Empörung tasteten wir uns vor zu einer Selbstbeschreibung, die unter anderem ihren Anteil an der Konfliktgenese und -entwicklung herausschälte. Dies war das Sprungbrett für die Entwicklung einer Rollenmetapher und dem dazu passenden Verhalten (sie wählte »Bergführerin«) und zur gemeinsamen Konfliktbehandlung mit den Mitarbeiterinnen.

Mit dieser neuen Metapher konnte sie ihre exponentielle Position und Verantwortung und damit ihr Selbstkonzept als Führerin harmonisieren mit einem Teammodell, das ihr ermöglichte, ihre Professionalität mit der faktischen und unausweichlichen Abhängigkeit von Zuarbeiten ihrer Mitarbeiterinnen zu verbinden. Das schloss ein, die Beiträge der Mitarbeiterinnen auch dann als berechtigt anzuerkennen, wenn sie zu den ihren in Opposition standen.

Mit Metaphern (auch mit Symbolen) zu arbeiten, hat unter anderem den Vorteil, durch den imaginativ-intuitiven Zugang rasch die Anliegen der Betroffenen zu erfassen, um von dort aus weiter voranzuschreiten.

Herausforderungen für Weiterbildner

- Weiterbildner und Konfliktberater im Kontext der »neueren Realitäten«
- Emotional-intelligentes Spielzeug
- Games und Gamification – ein knapper Überblick
- Emoticons und Psychotools

↗ 05

Weiterbildner und Konfliktberater im Kontext der »neueren Realitäten«

Solange Menschen noch Konflikte mit sich selbst als Menschen und mit anderen Menschen haben, ist es nötig, dass sie in der Lage sind, Konflikte konstruktiv zu handhaben. Sei es als Betroffene, sei es in der Rolle des Vermittlers, Schlichters, Moderators oder Mediators. Für diese Gruppen ist es zielführend, zumindest die Hauptparadigmen zu kennen, die erklären, wie Konflikte zustande kommen, eskalieren oder sterben, und welche Optionen nutzbar sind, um in der Behandlung möglichst alle Seiten zufriedenzustellen beziehungsweise einen Modus Vivendi zu finden, der allseits tragfähig ist.

Für Weiterbildner im weitesten Sinn kommt hinzu, dass sie einen Überblick über Tools und Gadgets, über Präferenzen auch im Kommunikationsmodus haben sollten, die den Alltag des Privat- und Berufslebens ihrer Adressaten oder Zielgruppen bestimmen. Diese Kenntnis liefert die Informationen darüber, woran sie in der Arbeit mit der Klientel anknüpfen können, inhaltlich-thematisch, didaktisch-methodisch und theoretisch-reflexiv.

Besondere Herausforderungen an Weiterbildner stellen Parameter der »neueren Realitäten und Sensibiltäten« (s. S. 237 ff.). Einige Bereiche und Entwicklungen möchte ich hervorheben:

- in der Phase der Frühestsozialisation: emotional-intelligentes Spielzeug
- in der anschließenden weiteren, das gesamte Leben prägenden Sozialisation und Kulturisation: Games, Gamification sowie
- Bildmedien, Emoticons, Tools zur Selbstüberwachung, -motivation und -optimierung

Emotional-intelligentes Spielzeug

Spielzeug für die Kleinsten enthält nicht nur immer mehr Elektronik, die – wie Drohnen, Webcamera und dergleichen – Daten für Überwachung liefern, jederzeitige Kontrolle ermöglichen und von Eltern als sehr hilfreich bewertet werden. Spielzeuge wie Puppen, Teddys, ebenso Spiele, sind mit selbstlernenden Programmen ausgestattet und fähig, sowohl kognitiv als auch affektiv beziehungsweise emotional auf die Kinder einzugehen (ausführlicher nachzulesen zum Beispiel bei Boie 2015, S. 23; Menn 2015, S. 116–119; Grolle 2015, S. 56–62). Die Interaktion schließt zunehmend die emotionale Seite und damit das Beziehungserleben ein. Die Software sieht in der Regel keinerlei Aggressivität vor, sondern etwa der Roboter in Teddyform ist so programmiert, dass er einfühlsam, geduldig, gar humorvoll und verständnisvoll das aufnimmt, was vom Kind geäußert wird. Feedbackschleifen sorgen dafür, dass er immer mehr lernt (Fakten, Sachebene) und lernt, wie er sich auf das Kind sprachlich und prosodisch einstellen muss (Beziehungsebene).

Ein wesentlicher Teil pädagogischen Einflusses wird mit solchen und ähnlichen Programmen an Programmierer und Informatiker sowie an die Interaktion von Roboter und Kind abgegeben. Diese Hybrid-Interaktion nährt Selbstwertgefühl, Selbstsicherheit und Selbstkontrolle oder eben nicht. Auf der Metaebene lernen Kinder unter anderem etwas, das es ihnen schwermachen wird, als souveräner Konfliktpartner zu wirken: »Der andere ist nur für mich da. Er bleibt immer geduldig und bemüht sich darum, meine Sympathie zu gewinnen. Er ist mir nie nachhaltig böse. Auf ihn kann ich mich verlassen.«

Auf der Strecke bleibt vieles, das Kinder dann nicht lernen. Unter anderem lernen sie nicht, dass andere Wesen nicht dazu da sind, ihnen zu dienen und ihnen zu gefallen. Sie lernen auch nicht, was zu Unstimmigkeit bis Streit führen kann und wie Konflikte zu behandeln sind, in denen alle Beteiligten gehört, verstanden und die Motive, Interessen und Anliegen berücksichtigt werden müssen.

Zwar steht die Emotional Economy noch am Anfang. Indizien weisen jedoch darauf hin, dass mit Siebenmeilenstiefeln die Maschine-Mensch-Kommunikation in etwa zehn Jahren so verfeinert sein wird, dass selbst der Therapeut für »leichte Befindlichkeitsstörungen« durch einen Roboter ersetzt werden kann. Ob Menschen dies zulassen werden, ist noch beeinflussbar – unter anderem im Bereich des Umgehens mit Konflikten, weil dies eine emotional und auch kognitiv besonders herausfordernde und belastende Erfahrung ist.

Diese Herausforderung sollten Weiterbildner im Blick behalten. Denn daraus ergeben sich auch Aufgaben, wie die jetzt heranwachsende Generation mit Konfliktuellem und akuten Konflikten umzugehen neigt. Zwei Momente scheinen besonders bedeutsam: Die in wachsendem Maße maschinell-menschliche Interaktion auch in der emotionalen Dimension (Stichwort: Chatbots, therapeutische Webangebote wie www.net-step.de, Avatare, emotional oder affective computing) sowie damit einhergehende Minderung, in menschlichen Kontexten gefordert zu sein, einschließlich der direkten Konfrontation mit Spannungen und Streitanlässen. Nicht nur, dass in der Weiterbildung eventuell eine Art Nachhilfeunterricht ansteht, sondern es gilt auch, digital oder computerbasiert vermittelte Optionen einzubinden in die Art und Weise, Konfliktkompetenz und -performanz zu lehren.

Games und Gamification – ein knapper Überblick

Wie dargestellt, können digital basierte Games stationär und mobil gespielt werden. Die Nutzung der mobilen Variante steigt in allen Bevölkerungsgruppen rasant, wie die Absätze der Spieleindustrie und die im Folgenden genannten Untersuchungen sowie die Verwendung im pädagogischen Raum eindrucksvoll belegen.

Spielsozialisierte Personen entwickeln Fertigkeiten, die für die Spielewelt optimal sind, indes in der physischen Realität weniger effektiv oder hochdefizitär sind. Zu den Fertigkeiten gehören temporeiches Reagieren, Trainieren von Kopf-Sensorik-Hand-Zusammenspiel, Sensibilisierung für am Rand des Blickfelds wahrnehmbare Bewegungen, Konzentration auf spannende Inhalte, das Sich-Einlassen auf besondere Herausforderungen im Rahmen abenteuerlicher Geschichten, die Ausdauer und Ehrgeiz anfeuern und das Eintauchen in die virtuelle Welt befördern (Ab-, Eintauchen, Immersion). Zu nennen sind indes auch im- und explizite Fertigkeiten, die weniger vermittelt werden: Erkennen von Grenzen des Resets, also des Korrigierens eines Fehlers oder des Neubeginnens bei Versagen; das Bewusstsein dafür, das Verstehen impliziert, sich einem anderen Menschen geduldig und empathisch zu widmen; das Sich-Arrangieren mit etwa eigenen Gefühlsstrudeln in einer konflikthaften Situation, in der eine unmittelbare und mit realen Folgen belegte Reaktion gefordert ist.

Verallgemeinert kann man sagen: Das Lernpensum schließt ein, dass Menschen das Agieren in physischer Realität vom Agieren in virtueller Realität unterscheiden können. Denn die beiden Realitäten gehorchen – zumindest noch – unterschiedlichen Gesetzen. In der physischen Realität wird Resilienz trainiert, was im Gaming weitestgehend entfällt, da jeder Spieler jederzeit neu beginnen oder sich ein Level erkaufen kann.

»Wer in den Strudel virtueller Welten eintaucht, bekommt ein Gehirn, das zwar für ein virtuelles Leben optimal angepasst ist, mit dem man sich aber im realen Leben nicht mehr zurechtfindet«(Bergmann/Hüther 2010, S. 13).

Strukturierung, Aufbau und Funktionen unseres Gehirns hängen maßgeblich davon ab, wie wir es benutzen und welche Erfahrungen wir machen. Gerade in der multimedialen Welt spielen Gefühle von Lust und Unlust, das Bedürfnis nach unmittelbarem, idealerweise affirmativem Feedback und ständige Kontaktnahme eine motivierende beziehungsweise demotivierende Rolle. Das gilt besonders für Heranwachsende. Das kindliche/jugendliche Gehirn lernt, wenn es sich in virtuellen Welten bewegt, vorzugsweise dies: Grenzenlosigkeit, Ortlosigkeit und Zeitlosigkeit als Entbindung von Grenzen, Ort und Zeit: »Hier und Jetzt und Überall und Jederzeit« (Bergmann/Hüther 2010, S. 27), zumal der Kontakt per Chat, Online-, Tele-, Voicemail mit anderen Menschen, die über den Erdball verstreut sind, permanent gefunden und aufrechterhalten werden kann.

Spieler entgrenzen und entfremden sich von der physischen Realität auch dadurch, dass sie sich mit dem virtuellen Geschehen verbinden und daher an Distanz verlieren. Das wird von Spieldesignern angestrebt und »Immersion« genannt. Games ziehen den Spieler »in ihre besonderen Bild- und Klangpotenzen hinein, absorbieren seine Aufmerksamkeit, lösen sein Zeitgefühl auf, relativieren sein Raumgefühl, verwischen Distanzen.« Sie nähren die Illusion und vermitteln das Gefühl: »Ich bin überall, und alles ist ganz nah«, und jede Aktion ist revidierbar. Die geordnete vertraute Struktur der physischen Welt verblasst (Bergmann/Hüther 2010, S. 29).

Diese und weitere Prinzipien der Realwelt verblassen oder lösen sich gar völlig auf (Immersion, Ausweitung des Magic Circle). Dennoch bleiben die Anforderungen in der physischen Welt. Folglich leben digital Sozialisierte (noch) gleichsam in zwei Welten, deren Regeln und Normen zum Teil unvereinbar, also per definitionem konfliktär sind wie insbesondere Geschichtlichkeit: Geschehen und Handlungen in der physischen Welt sind einmalig, einzigartig, nicht zurückzuholen, zu löschen oder zu wiederholen. Das alles aber funktioniert in der Digitalwelt. In der Realwelt hat jede Aktion und Reaktion etwa in einem Konflikt unauslöschbare Folgen – in der Digitalwelt nicht zwangsläufig, weil es immer einer Resetoption gibt. Konfliktkompetenz und Resilienz, die das Lernen aus schwierigen Situationen einschließt, ist digital-virtuell weniger möglich als in der Realwelt.

Die für den realen Alltag untypischen Erfahrungen werden als »Derealisierung« bezeichnet (Bergmann/Hüther 2010, S. 52). Und sie ist – gemessen am Medienkonsum – als dauerhafte Erfahrung ernst zu nehmen. Insofern lassen diese Erfahrungen neuronale Verbindungen und Fertigkeiten entstehen, die optimal für die Computerwelt, aber für die Realwelt weniger geeignet sind.

Literaturtipps

Wer dazu ausführlicher und dennoch leicht verdaulich lesen möchte, greife zunächst zu folgenden Büchern:

- Wolfgang Bergmann und Gerald Hüther widmen sich in ihrem Buch »Computersüchtig?« (2010, S. 447 ff.) unter anderem der Frage, inwiefern übermäßige Internet- und Gamingaktivität sowohl zu Suchtverhalten führt als auch die Betroffenen in der physischen Welt lebensuntüchtig macht.
- Manfred Spitzers fachliche Kompetenz, kombiniert mit aufrüttelnder Polemik, verleiht in »Digitale Demenz« einen tieferen Eindruck, welche neurophysiologischen und -psychologischen Folgen übermäßiger Netzkonsum in all seinen Varianten unweigerlich zeigt (2012, S. 185 ff.).
- Gerald Lembke und Ingo Leipner zeigen in »Die Lüge der Digitalen Bildung« eben dies für die frühkindliche Entwicklung auf und begründen, inwiefern früher Internetgebrauch dem Ausbilden sowohl intellektueller Leistungen als auch der Resilienz schadet beziehungsweise beides massiv behindert (2015, S. 69 ff. und 105 ff.).
- Der von Maren Metz und Fabienne Theis herausgegebene Reader »Digitale Lernwelt – Serious Games« (2011) vereinigt kritische und affirmative Gaming-Beiträge und führt den ambitionierten Leser nicht nur in die heterogene Welt des Gamings ein, sondern liefert auch Material für konstruktiv-kontroverse Diskussionen, die für Weiterbildner zu kennen ein Obligo darstellt.

Von reinen Unterhaltungsspielen werden gamifizierte Anwendungen unterschieden und von diesen wiederum ausdrückliche Lernspiele (Serious Games). Gamification meint, dass »Spielemechaniken« in spielfremde Kontexte hineingetragen werden. Beispielsweise werden alltägliche Verrichtungen und Aufgaben spielerisch dargeboten und mit spielpsychologischen Designelementen versehen, um zu ermöglichen, bei der Verrichtung »Spaß« zu haben und – in den Serious-Game-Varianten – spielerisch alltagserforderliche Tätigkeiten zu erlernen.

Alle Arten von Games werden heute in pädagogischen Bildungsräumen, in Unternehmen und anderen Organisationen wie zum Beispiel in Krankenhäusern eingesetzt, sei es zur Personalgewinnung und anderen Maßnahmen der Personalbesetzungspraxis, zum Ausbilden von Fertigkeiten, zur Motivation und Selbstdarstellung.

Um das Ausmaß der psychologischen Einwirkung zu ermessen, hier ein kurzer Einblick in die Vielfalt gespielter Games:

Varianten von Reality Games

Zurzeit sind Mixed Reality Games en vogue. Allen Varianten von Reality Games, insbesondere Alternate und Augmented Reality Games, ist gemeinsam, dass die Bedeutung von Zügen, Handlungen, Dramaturgie sowie die Geschichte spielend konstruiert wird, indem Reality Games die Umgebung der Spieler durch virtuelle und reale Objekte sowie durch Zusatzinformationen verändern und damit die kognitive, soziale, räumliche, zeitliche Wahrnehmung der Spielenden erweitern. In diese Aktivitäten ist auch der Körper eingebunden, da sich die Akteure real bewegen, etwa beim Geocaching und anderen Spielarten, in denen transmedial agiert und interagiert wird. Das wird bei Pervasive Games besonders deutlich. Zu ihnen werden die Augmented Reality Games gezählt, ebenso die Alternate Reality Games. Pervasive Games bieten Spielformen als Hin und Her zwischen realer und fiktionaler Welt, deren Extensität sich nach der technischen Ausrüstung richtet.

Ein explizites Ziel von Pervasive Games ist, fiktive und reale Welt für den Gamer ununterscheidbar zu machen, also bis zur Unkenntlichkeit verschmelzen zu lassen. Dieses Einswerden wird als Immersion beschrieben und findet innerhalb eines in sich geschlossenen Systems von Kommunikation, Interaktion, Handlungen statt: dem Spielkontext mit seinem Magic Circle. Die Leitidee für Game-Designer und -Entwickler lautet TINAG: This is not a game-Ästhetik (Szulborski 2005). Der Ästhetikbegriff wird hier kulturphilosophisch und gestaltpsychologisch korrekt gebraucht: sinnlich wahrnehmbar. Die Sinne, einschließlich Körperempfinden, sind es, die die Differenz löschen und den Geist täuschen sollen. Pervasive Games treten an, virtuelle und physisch-reale Lebenswelt zu vereinigen und das gesamte Leben zu einem Spiel(feld) zu machen, wie es etwa Roman Rackwitz, Gründer und CEO von Engaginglab) propagiert (Roman Rackwitz http://www.huffingtonpost.de/roman-rackwitz/post_spiel_mensch_b_4244905.html). Anders formuliert: »Das reale Leben wird zur Spielform« (Kritzenberger 2011, S. 87 ff.). Interaktionsbeziehungen gibt es mit Spielcharakteren (Avatar) und eingenommenen Rollen sowie mit Personen aus der physischen Realität (die – oft unwissentlich – zu Mitspielern werden). Narrative Elemente der Geschichte werden transmedial über verschiedene Medienkanäle und in virtuelle wie reale Welt so verteilt, dass Sieler im Spielverlauf die distribuierten Komponenten der Handlung entdecken und deuten müssen, um sukzessiv die kohärente Geschichte zu verstehen. Dabei wechseln sie zwischen den Realitäten. Spielfeld oder -raum und Magic Circle expandieren, die imperiale Wirkung von Games nimmt genauso zu wie die erwähnte Ununterscheidbarkeit – und damit das Risiko, dass Immersion und Flow in ein mentales Locked-In münden.

Games und Gamification im frühpädagogischen Umfeld

Dass bereits Kleinstkinder auf dem Schoß einer erwachsenen Person sitzen und mit dem Tablet zum Touchen ermuntert werden, können Zugfahrer ebenso beobachten wie Shopper in Geschäften, in denen es Kinderspielecken gibt, die meistens mit Geräten mit einem Touchscreen ausgestattet sind. Auf YouTube erfreut sich eine Sequenz wachsender Beliebtheit, in der ein Baby gezeigt wird, das vergeblich versucht, einer Zeitungseite durch Touchen eine Veränderung des Bildes abzugewinnen.

»Gamer werden immer jünger: [...] und 92 Prozent der Zweijährigen (spielen) bereits mit den Handy oder Tablets ihrer Eltern«, so Spieleentwicklerin Jane McGonigal, die seit mehr als zehn Jahren zu Spielen forscht, in ihrem Buch »Game Change« (2013). Es ist unerheblich, ob die Zahlen exakt sind oder nicht. Sie indizieren – ebenso wie Untersuchungen in der Bundesrepublik –, wie verbreitet Gaming ist. Auch in Bildungsinstitutionen nimmt der Anteil an Gaming und Gamification rasant zu. Das zeigt beispielsweise das Handbuch »Digitale Spiele im Klassenzimmer. Ein Handbuch für Pädagogen« (2009, auch: http://lernwolke.de/2009/10/29/digitale-spiele-im-klassenzimmer/). Oder die DIVSI U25 Studie, die über Gaming und Kinder im Alter von neun bis 13 bemerkt: »Internetnutzung wird mit zunehmendem Alter zum integralen Bestandteil des Alltags« (DIVSI 2014).

Die erste Konfrontation mit Games erfolgt bereits im Kleinstkindalter, wie das Spielangebot für die ganz Kleinen demonstriert, häufig sogar kostenlos, zum Beispiel die Websites www.5stargames.de/Spiele/Kids, www.kostenlose-kinder-spiele.com, www.spiele-umsonst.de/Spiele, www.blinde-kuh.de, Lernspiele: www.softonic.de.

Das einstige pädagogische Naserümpfen über digitalbasierte Spielsozialisation gehört der Vergangenheit an, wie auch das Medienkulturzentrum Dresden e. V. zeigt, Veranstalter des Multiamediapreises für Kinder und Jugendliche, gefördert durch die Europäische Kommission und durch andere Initiativen (zum Beispiel www.Mb21.de, www.medienkulturzentrum.de). Das Kinder- und Jugendfilmzentrum (www.kjf.de) widmet sich dem Lernen von Kindern mit dem Anspruch eines ganzheitlichen Ansatzes. Im Vordergrund stehen motorische, sensomotorische, ästhetische und psychologische Lernerfahrungen. Erstere beziehen sich auf den Umgang mit Joystick, Navigation via Maus, Touchscreen, Medienwechsel. Sensomotorische, ästhetische Zugänge fokussieren Wahrnehmungsprozesse, besonders Blickwechseltempi und breite Aufmerksamkeitskegel. Psychologische Aspekte sind auf Kommunikationsprozesse gerichtet, denen zufolge sich die Betroffenen »verbunden« und »angenommen« fühlen. Allerdings: Wie in den Feldstudien der öfter zitierten Sherry Turkle zeigt sich auch hier, dass von Kindern menschlich-persönliche Nähe als unangenehm empfunden wird, weil von ihnen in der direkten Kommunikation direkte Reaktion erwartet wird.

In diesem Kontext sei eine Notiz erwähnt, die in der Frankfurter Allgemeinen Sonntagszeitung vom 24.08.2014 nachzulesen ist, ohne Autor und unter dem Titel »Nomophobie«: »Jugendliche verbringen heutzutage einen Großteil ihrer Zeit vor elektronischen Bildschirmen. Dadurch leidet offenbar ihre Fähigkeit, die Gefühle ihrer Mitmenschen einzuschätzen. Das ist das Ergebnis einer Studie der University of California an Sechstklässlern, von denen die Hälfte eine Woche lang in ein Camp geschickt wurde, wo der Gebrauch von Smartphones und ähnlichen Geräten strikt verboten war. Schon nach dieser relativ kurzen Zeit waren sie wesentlich besser imstande, Fotos zu bewerten, die glückliche, traurige, ärgerliche oder ängstliche Gesichter zeigten. ›Das lernt man am Bildschirm längst nicht so gut wie von Angesicht zu Angesicht‹, schreibt die Psychologin Yalda Uhls in der Zeitschrift Computers in Human Behavior.«

Fazit

Zweierlei ist festzuhalten: Erstens fällt es Bildschirm- und Gamesozialisierten schwerer, im direkten zwischenmenschlichen Kontakt sich sicher oder »emotional kompetent« zu bewegen und wohlzufühlen. Zweitens fällt es ihnen schwerer, Gefühle bei anderen zu erkennen. Beides ist unverzichtbar, wenn man in konfliktuellen Situationen souverän und konstruktiv agieren möchte. Das Defizit direkt menschlicher Interaktion kann vielleicht durch solche Gamficationanwendungen entschärft werden, die den Perspektivenwechsel und Empathie trainieren, wie zum Beispiel »The SKILLS« nennen. Dennoch bleibt ein Gap.

Emoticons und Psychotools

In diesen Zusammenhang gehört ein weiteres Bildmedium: Emoticons. Emoticons oder Emoji genießen in digital vermittelten Nachrichten wie SMS, Twitter, E-Mails einen hohen Ausdruckswert (zum Beispiel Adorján 2015, S. 45). Die Vielfalt der Symbole ersetzt verbale Sprache teilweise oder gar völlig (Nachrichten ohne Worte, nur mit Emoticons), und da sie in der Regel emotionale Konnotationen repräsentieren, schlägt die inflationäre Nutzung auf die Fertigkeit, Gefühle in verbale Sprache zu übersetzen, negativ zurück. Ein Bild mag mehr sagen als tausend Worte. Genau darin liegt indes auch eine Unschärfe, hinter der man sich verstecken kann oder sich der Mühe entzieht, die es braucht, wenn man emotionale Befindlichkeit oder das Zwischen in der Kommunikation, die Gemeintseinebene, verbalisieren muss.

Der Bezug zum Thema Konflikt liegt nahe: Nicht nur heiße Konflikte, auch sogenannte kalte, also jene, in denen Gefühlslagen nicht transparent gemacht oder ausgelebt werden, sind – wie eingangs dargelegt – affektiv, impulsiv, emotional unterlegt. Da jedenfalls in der westlichen Kultur gilt, Gefühle im Namen von Ehrlichkeit, Echtheit und Wirkmacht zu äußern und sie in die Auseinandersetzung einzubeziehen, um sie in der Behandlung und Lösung zu berücksichtigen, deutet die rasant wachsende Nutzung von Emoticons als Verbalsprachersatz ein Defizit an, das es erschwert, konstruktiv zu streiten.

Berater, Weiterbildner, Therapeuten werden daher zunehmend gefordert sein, diese Sprachlosigkeit oder den Ausdrucksmangel im Rahmen von Konfliktkommunikation aufzufangen oder zu beheben – jedenfalls solange, wie Konflikte noch zwischen Menschen entstehen und gelöst werden müssen. Die Möglichkeiten sind breit gesät, und selbstverständlich gibt es bereits Übungen, die exakt dazu dienen, eigene und Gefühle anderer zu erkennen und verbal zu beschreiben. Ein neueres Momentum liegt darin, dass Weiterbildner Rückübersetzungen anbieten sollten, etwa von Texten mit Emoticons in Verbalsprache. Oder das Beschreiben von erlebten Gefühlen in Games, ob als Schauspieler in einem echten Rollenspiel oder als Avatar. Im Umfeld von Serious Games finden Weiterbildner reichlich Material, das sich dazu eignet.

Ähnliches trifft auf Tools zu, die von immer mehr Menschen genutzt werden, um psychophysische Selbstkontrolle via Messung, Feedback durch Apps und die Social Community zu optimieren. Einer der Pioniere, die Psyche und Physis verbinden, ist Moodscope. Die Architektur ist immer gleich, lediglich der kommunikative Raum (Social-Community-Feedback), die Anzahl der Datenquellen, die Distribution und Auswertung der Daten, die in die Cloud gesandt werden, fallen unterschiedlich tief aus. Der Nutzer überwacht sich mit Unterstützung von Devices, Biofeedbackverfahren und Kopplung mit anderen Nutzern der Dienste. Die Idee ist, via technischer Rückkopplung, sozialer Kontrolle, Wettbewerb, sozialem Vergleich (Gamification-Elemente) eigene Vorhaben zu realisieren. Dem Nutzer wird dabei immer mehr Selbstverantwortung und Selbstsorge, eigenständige Entscheidung und deviante Verhaltensmöglichkeit abgenommen.

Das Verschwinden des Selbst durch wachsende Kollektivierung und die Delegation der eigentlich dem Subjekt obliegenden »Selbstsorge« (Foucault 2007) an Technik und andere Personen geht unweigerlich einher mit einem Verlust: Es fehlen Gelegenheiten, um Resilienz und Souveränität auszubilden – und damit unverzichtbare Fertigkeiten, Konflikte auszuhalten beziehungsweise konstruktiv auszutragen.

In diesem Umfeld sind Weiterbildner nicht nur als Vermittler von Kenntnissen und als Übungsleiter gefragt, sondern – psychologisch bis psychotherapeutisch – als Personen, die eine Haltung beziehungsweise eine Bereitschaft erzeugen helfen: die Haltung, dergemäß es für einen selbst wie für andere hilfreich ist, Fertigkeiten auszubilden, um in einer Mensch-zu-Mensch-Interaktion konfliktschwangere Themen direkt zu besprechen.

Auch für diese Aufgabe können Weiterbildner an Usancen der Zielgruppen anschließen, indem sie Tools und deren Leistungen als Sprungbrett oder Brücke nutzen, um ein Bewusstsein und Erleben zur Geburt zu verhelfen, die ein Mehr personaler Autonomie und ein Weniger an Abhängigkeit von Externa (Menschen, Tools) als einen Wert aufscheinen lassen. Gleichzeitig können Übungsformate erfahren lassen, wie diese Gewinne andere Erfahrungen im Gefolge haben, insbesondere mehr Selbstwirksamkeit und Fertigkeiten, in heiklen und konfliktuellen Situationen souverän zu agieren. Parallel nimmt persönliche Resilienz zu. Insgesamt erweitern sich die Optionen, ein eher selbst- als fremdbestimmtes Leben zu führen. Und dies knüpft an eine zumindest rhetorisch häufig ausgesprochene Ambition der jüngeren Menschen an.

Anhang

- Literaturverzeichnis

↗ 06

Literaturverzeichnis

Adorjàn, Johanna: Gelächter im Dunkeln. In: Frankfurter Allgemeine Sonntagszeitung, 21.06.2015, S. 45

Ash, Mitchell/Geuter, Ulfried (Hrsg.): Geschichte der deutschen Psychologie im 20. Jahrhundert. Ein Überblick. Westdeutscher Verlag, Wiesbaden 1985

Ash, Mitchell: Die experimentelle Psychologie an den deutschsprachigen Universitäten von der Wilhelminischen Zeit bis zum Nationalsozialismus. In: Ash/Geuter a.a.O. S. 45–82

Abbinger, Roland: Psychologie des Problemlösens. WBG, Darmstadt 1997

Bauer, Korinna/Hesse, Friedrich W.: Von Kopf zu Kopf. In: Gehirn & Geist 2006, S. 34–39

Bergmann, Wolfgang/Hüther, Gerald: Computersüchtig? Beltz, Weinheim und Basel, 3. Auflage 2010

Baumann, Marie: Curling-Eltern machen Karriere. Sie wischen vor ihren Kindern her, bis diese rasch und rücksichtslos zum Erfolg gleiten. In: Frankfurter Allgemeine Sonntagszeitung 21.12.1014, S. 20

Berkel, Karl: Konflikttraining. Sauer, Heidelberg, 4. Auflage 1990

Bernau, Patrick: Ein Schubs in die richtige Richtung. In: Frankfurter Allgemeine Sonntagszeitung, 02.05.2010, S. 17

Berne, Eric: Spiele der Erwachsenen. Rowohlt, Reinbek 1990

Bieber, Friedemann/Laszlo, Katharina: Was hilft der kluge Kopf in der viel klügeren Welt? In : Frankfurter Allgemeine Zeitung 17.06.2015, S. N4

Boie, Johannes: Ich will eure Stimme hören. In: Süddeutsche Zeitung, 18.04.2015, S. 23

Blötz, Ulrich (Hrsg.): Planspiele und Serious Games in der beruflichen Bildung: Auswahl, Konzepte, Lernarrangements, Erfahrungen. Aktueller Katalog für Planspiele und Serious Games. BIBB Bundesinstitut für Berufsbildung, Bonn 2015

Bremmer, Jan/Roodenburg, Herman (Hrsg.): Kulturgeschichte des Humors. Von der Antike bis heute. WBG, Darmstadt 1999

Cameron-Bandler, Leslie/Gordon, David/Lebeau, Michael: Musterlösungen. Junfermann, Paderborn 1992

Creighton, James: Schlag nicht die Türe zu! Konflikte anhalten lernen. Rowohlt, Reinbek 1998

Digitale Spiele im Klassenzimmer. Ein Handbuch für Pädagogen. (Herausgeber European Schoolnet, EUN Partnership AISBL Rue de Trèves 61, 1040 Brüssel, Belgien. Autor: Dr. Patrick Felicia, 2009; auch: http://lernwolke.de/2009/10/29/digitale-spiele-im-klassenzimmer/)

Dilts, Robert B.: Die Veränderung von Glaubenssystemen. Junfermann, Paderborn 1993

DIVSI 2015 Deutsches Institut für Vertrauen und Sicherheit im Internet: https://www.divsi.de/publikationen/studien/divsi-u25-studie-kinder-jugendliche-und-junge-erwachsene-in-der-digitalen-welt/

Dörner, Dietrich: Die Logik des Misslingens. Strategisches Denken in komplexen Situationen. Rowohlt, Reinbek, 9. Auflage 2010

Edding, Cornelia/Schattenhofer, Karl (Hrsg.): Handbuch Alles über Gruppen. Theorie, Anwendung, Praxis. Beltz, Weinheim und Basel, 2. Auflage 2015

Eggers, David: The Circle. Knopf & Knopf, McSweeney's books, San Francisco 2013

Ellis, Albert/Grieger, Russel (Hrsg.): Praxis der rational-emotiven Therapie. Reprint. Beltz, Weinheim und Basel 1995

Felsch, Philipp: Der lange Sommer der Theorie. Geschichte einer Revolte 1960–1990. C.H. Beck, München 2015

Fisher, Roger/Brown, Scott: Gute Beziehungen: Die Kunst der Konfliktvermeidung, Konfliktlösung und Kooperation. Campus, Frankfurt am Main 1989

Fisher, Roger/Ury, William/Patton, Bruce: Das Harvard-Konzept. Sachgerecht verhandeln – erfolgreich verhandeln. Campus, Frankfurt am Main, 21. Auflage 2000

Fisher, Lorenz/Wiswede, Günter: Grundlagen der Sozialpsychologie. Oldenbourg, Wissenschaftsverlag, 3. Auflage 2009

Fitzek, Herbert/Salber, Wilhelm: Gestaltpsychologie. Geschichte und Praxis. WBG, Darmstadt 1996

Foucault, Michel: Ästhetik der Existenz. Schriften zur Lebenskunst. Suhrkamp, Frankfurt am Main 2007

Frank, Arno: Meute mit Meinung. Über die Schwarm-Dummheit. Kein & Aber, Zürich, Berlin 2013

Freud, Anna: Das Ich und die Abwehrmechanismen. Fischer, München 2012

Game Change. PDH, Frankfurt am Main 2013

Gebhardt, Birgit: Algorithmen statt Wissensarbeiter? Das Sonntagsgespräch 15.02.2015, http://www.buchmarkt.de/content/61427-das-sonntagsgespraech.htm

Gerber, Martin/Gruner, Heinz: Flow Teams – Selbstorganisation in Arbeitsgruppen. In: Die Orientierung 108, 1999

Gergen, Kenneth J./Gergen Mary: Einführung in den sozialen Konstruktionismus. Carl Auer, Heidelberg 2009

Gergen, Kenneth J.: Towards Transformation in Social Knwoledge. SAGE Publiations, LondonThousend Oks, New Delhi, 2. Auflage 1994

Gergen, Kenneth. J./Hosking, Dian-Marie/Dachler, Peter H.: Management and Organization: Relational Alternatives to Indvidualism. Avebury, Aldershot, Engand 1995

Gergen, Kenneth J.: Realities and Relationships. Harvard Univ Press, u.a. Cambridge 1994a

Gillies, Constantin: Auffällig. Unauffällig. Gen Y. In: managerSeminare, Heft 206, Mai 2015, S. 71–72

Giersberg, Georg: Risikoscheue Jugend. In: Frankfurter Allgemeine Zeitung 02.07.2014

Glasl, Friedrich: Konfliktmanagement. Ein Handbuch für Führungskräfte, Beraterinnen und Berater. Haupt, Freies Geistesleben, Bern, Stuttgart, 7. Auflage 1997

Glasl, Friedrich: Konfliktfähigkeit statt Streitlust. Am Goetheanum, Dornach 1998

Glasl, Friedrich: Selbsthilfe in Konflikten. Konzepte, Übungen, Praktische Methoden. Haupt, Freies Geistesleben, Stuttgart, Bern 1998a

Gomez, P./Ruegg-Stürm J.: Teamfähigkeit aus systemischer Sicht. Zur Bedeutung und den organisatorischen Herausforderungen von Teamarbeit. In: Klimecki, R./Remer A. (Hrsg.): Personal als Strategie. Luchterhand, Neuwied 1997, S. 136–157

Grolle, Johann: Runzeln, Blitzen, Zucken. In: Der Spiegel 19/2015, S. 116–119

Grossarth, Jan/Löhr, Julia/Pennekamp, Johannes: Die neue Romantik der Jugend. Im Sturm und Drang auf den Beamtensessel. In: Frankfurter Allgemeine Zeitung 05.07.2014, S. 19

Gordon, Thomas: Managerkonferenz. Heyne, München, 3. Auflage 2005

Han, Byung-Chul: Transparenzgesellschaft. Mattes & Seitz, Berlin 2012

Horney, Karen: Unsere inneren Konflikte: Neurosen in unserer Zeit. Entstehung, Entwicklung, Lösung. Klotz Magdeburg, Magdeburg 2007

Hosking, Dian-Marie/Morle, Ian E.: A Social Psychology of Organizing. Harvester Wheatsheaf, u.a. New York 1991

Hütten, Christoph/Pellens, Bernhard/Rowoldt, Maximilian: Ersetzt Big Data auch die Führungskräfte? In: Frankfurter Allgemeine Zeitung 27.04.2015, S. 16

Huffington Post: http://www.huffingtonpost.de/2014/04/15/generation-y-debatte_n_5151212.html

Kahneman, Daniel: Schnelles Denken, langsames Denken. Pantheon, München, 19. Auflage 2014

Kempf, Wilhelm/Frindte, Wolfgang/Sommer, Gert/Spreiter, Michael (Hrsg.): Gewaltfreie Konfliktlösungen. Asanger, Heidelberg 1993

Keßler, Bernd H./Hoellen, Burkhard: Rational-emotive Therapie in der Klinischen Praxis. Beltz, Weinheim und Basel 1982

Klöckner, Jürgen: Debatte: Generation Y, reißt euch endlich zusammen! Huffington Post, 15/04/2014, http://www.huffingtonpost.de/2014/04/15/generation-y-debatte_n_5151212.html

König, Eckard/Volmer, Gerda: Handbuch Systemische Organisationsberatung. Beltz, Weinheim und Basel, 2. Auflage 2014

Kraus, Josef: Helikopter Eltern. Rowohlt, Reinbek 2013

Kriz, Jürgen: Grundkonzepte der Psychotherapie. Beltz, Weinheim und Basel, 7. Auflage 2014

Kriz, Jürgen: Selbstorganisation als Grundlage lernender Organisationen. In: Wieselhuber & Partner, Handbuch lernende Organisation: Unternehmens- und Mitarbeiterpotentiale erfolgreich erschließen. Gabler, Wiesbaden 1997, S. 187–195

Kritzenberger, Huberta: Reality Games als didaktische Szenarien für immersive Lernprozesse. In: Metz, Maren/Theis, Fabienne (Hrsg.): Digitale Lernwelt – Serious Games. 2011, S. 85–96

Lakoff, George/Johnson, Mark: Metaphors we live by. Deutsch: Leben in Metaphern. Konstruktionen und Gebrauch von Sprachbildern. Carl Auer, Heidelberg, 6. Auflage 2008

Lakoff, George/Wehling, Elisabeth: Auf leisen Sohlen ins Gehirn. Politische Sprache und ihre heimliche Macht. Carl Auer, Heidelberg 2009

Lembke, Gerald/Leipner, Ingo: Die Lüge der Digitalen Bildung. Warum unsere Kinder das Lernen verlernen. Redline, München 2015

Leibovici-Mühlberger, Martina: Wenn die Tyrannenkinder erwachsen werden. Warum wir nicht auf die nächste Generation zählen können. edition a, Wien 2016

Liessmann, Konrad Paul: Geisterstunde. Die Praxis der Unbildung. Eine Streitschrift. Zsolnay, Wien 2014

Lobel, Thalma: Du denkst nicht mit dem Kopf allein. Vom geheimen Eigenleben unserer Sinne. Campus, Frankfurt am Main 2015

Lüsebrink, Hans-Jürgen: Interkulturelle Kommunikation. Interaktion. Fremdwahrnehmung. Kulturtransfer. J. B. Metzler, Stuttgart, 3. Auflage 2012

Mahlmann, Regina: Psychologisierung des Alltagsbewusstseins. Opladen, Westdeutscher Verlag 1991.

Mahlmann, Regina: Selbsttraining für Führungskräfte. Ein Leitfaden zur Analyse der eigenen Führungspersönlichkeit und eine Anleitung zum »persönlichen Change Management«. Beltz, Weinheim und Basel 1998

Mahlmann, Regina: Was verstehst du unter Liebe? Ideale und Konflikte von der Frühromantik bis heute. WBG und Primus, Darmstadt 2003

Mahlmann, Regina: Sprachbilder: Metaphern & Co. Einsatz von sprachlichen Bildern in Beratung, Training, Coaching. Beltz, Weinheim und Basel 2010

Mahlmann, Regina: Metaphern in der Führungspraxis. In: Der Arbeitsmethodiker. Zeitschrift für erfolgreiche Lebens- und Arbeitsgestaltung. Heft 1. 2009, S. 3 f.

Mahlmann, Regina: Heilen mit Metaphern. In: Freie Psychotherapie Oktober 2010, S. 13–15

Mahlmann, Regina: Arbeiten mit Metaphern. Teil 1. In: Freie Psychotherapie, 03, 2014, S. 24–27

Mahlmann, Regina: Arbeiten mit Metaphern, Teil 2, In: Freie Psychotherapie, 04, 2014, S. 28–32

Mahlmann, Regina: Bildliche Beratung. Metaphern im Coaching. In: managerSeminare Knowhow-Heft 147, Juni 2010, S. 24–27

Mahlmann, Regina: Metaphern und ihre Wirkkraft. In: DGSL-Magazin, Ausgabe 2011, S. 13–14

Mahlmann, Regina: Unternehmen in der Psychofalle. Business Village, Göttingen 2012

Mahlmann, Regina: Serious Games als Lernmedium in der Ausbildung – Chancen und Grenzen. In: Ausbilder-Handbuch166. Erg.-Lfg. – Februar 2015,

S. 3–24. Und in: Personal Ausbilden, hrsg. von Dietl, Stefan F./Schmidt, Hermann/Weiß, Reinhold/Wittwer, Wolfgang, April 2015, Deutscher Wirtschaftsdienst, Aktualisierungslieferung 98, 8A/23, 20 Seiten

Mahlmann, Regina: Werden Unternehmen zu Spielgruppen? In: P.T. Magazin, H5, 2014b, S. 60 f. In: www.kompetenznetz-mittelstand.de

Mahlmann, Regina: Leadership – Quo Vadis? In P.T Magazin für Wirtschaft und Gesellschaft, Jg. 11, Ausgabe 3, 2015, S. 16–17

Markowitsch, Hans-Joachim: Dem Gedächtnis auf der Spur. WBG, Darmstadt 2002

Markowitsch, Hans-Joachim/Welzer, Harald: Das autobiographische Gedächtnis. Klett Cotta, Stuttgart 2005

Matthes, Peter: Die Psychologiekritik der Studentenbewegung. In: Ash/Geuter a.a.O.

Matthes, Peter: Psychologie im westlichen Nachkriegsdeutschland. In: Ash/Geuter a.a.O.

Mattys, Kerstin: Komm, spiel mit mir! In: Lead digital, Nr. 17, 20.08.2014, S. 17–21 www.lead-digital.de)

Menn, Andreas: Genies vom Fließband. In: WirtschaftsWoche 05.01.2015, S. 56–62

Metz, Maren/Theis Fabienne (Hrsg.): Digitale Lernwelt – Serious Games. Einsatz in der beruflichen Weiterbildung. W Bertelsmann, Bielefeld 2011

Mugerauer, Roland: Kompetenzen als Bildung? Die neuere Kompetenzorientierung im Deutschen Schulwesen – eine skeptische Stellungnahme. Tectum, Marburg 2012

Murphy, Clarke; Interview in der Frankfurter Allgemeine Sonntagszeitung, 07.12.2014, S. 25

Neuberger, Oswald: Mikropolitik und Moral in Organisationen: Herausforderung der Ordnung. UTB, 2. Auflage 2006

Nevis, Edwin C.: Organisationsberatung. Ein Gestalttherapeutischer Ansatz. Edition Humanistische Psychologie im Internationalen Institut für Humanistische Psychologie, Agentur Himmels, Heinsberg 1988

Oldekop, Astrid: Generation all inclusive. In: Wirtschaftswoche 01.12.2014, S. 82–85

Pickartz, Elke: Down to Earth. In: WirtschaftsWoche, Nr. 39, 26.09.2011, S. 50–53

Rackwitz, Roman: http://www.huffingtonpost.de/roman-rackwitz/post_spiel_mensch_b_4244905.html

Reiter, Hanspeter: Bei Anruf schlagfertig, souverän und kompetent. Beltz, Weinheim und Basel 2003

Riemann, Fritz: Grundformen der Angst. Reinhardt, München 2013

Robertson, Brian J.: Holacracy. Ein revolutionäres Management-System für eine volatile Welt. Vahlen, München 2016

Schleiffer, Roland: Das System der Abweichungen. Eine systemtheoretische Neubegründung der Psychopathologie. Carl Auer, Heidelberg 2012

Schmidt, Wolfgang: Zum Harvard-Konzept. In: Trainingaktuell Juni 2014, S. 22 f.

Schnaas, Dieter: Gütiger Himmel! Nudging. In: Wirtschaftswoche Nr. 13, 23.03.2015, S. 38–39

Scheibel, Gerhard: Konflikte verstehen und lösen: Handbuch für Betroffene und Berater; Brendow, Moers 1996

Schnellenbach, Jan: Ausgestupst. In: Frankfurter Allgemeine Sonntagszeitung, 08.04.2012, S. 32

Scholz, Christian: Generation Z. Wie sie tickt, was sie verändert und warum sie uns alle ansteckt. Wiley, Weinheim 2014

Scholz, Christian: Sind Millennials doch gar nicht so anders? In: managerSeminare, Januar 2015, S. 9

Schwuchow, Karlheinz: Wer braucht schon einen Trainer? In: managerSeminare, Heft 208, Juli 2015, S. 48–51

Schulz von Thun, F.: Miteinander reden 3. Rowohlt, Reinbek 1998

Simon, Fitz. B.: Einführung in die Systemtheorie des Konflikts. Carl Auer, Heidelberg 2010

Spitzer, Manfred: Digitale Demenz. Droemer, München 2012

Stewart, Ian/Joines, Vann: Die Transaktionsanalyse. Herder, Freiburg, Basel, Wien 1990

Straub, Jürgen/Kempf, Wilhelm/Werbik, Hans (Hrsg.): Psychologie. Eine Einführung. Grundlagen, Methoden, Perspektiven. dtv, München, 2. Auflage 1998

Storch, Maja/Tschacher, Wolfgang: Embodied Communication. Huber, Bern 2014

Szulborski, D.: This is not a game. A Guide to Alternate Reality Games. Fiction Publishing 2005

Taleb, Nassim Nicholas: Antifragilität. Anleitung für eine bessere Welt, die wir nicht verstehen. Knaus, Aalen 2013

Thaler, Richard H./Cass R. Sunstein: Nudge. Wie man kluge Entscheidungen anstößt. Econ, Berlin 2009

Thomann, Christoph: Klärungshilfe 1 und 2. Rowohlt, Reinbek 2011 und 2004

Tuckman, Bruce W.: Developmental sequences in small groups. In: Psychological Bulletin, 63/1965, S. 348–399

Tverskey, Amos/Kahneman, Daniel: Prospect theory: An Analysis of Decion under Risk. In: Econmetrica, Bd 47, No 2, S. 263–291

Tversky, Amos/Kahneman, Daniel: Advances in prospect theory: cumulative representation of uncertainty. In: Kahneman, D. /Tversky, A. (Hrsg.): Choices, values and frames. Cambridge University Press, Cambridge 2000, S. 44–66.

Turkle, Sherry: Verloren unter 1000 Freunden. Wie wir in der digitalen Welt seelisch verkümmern. Riemann, München 2012

Ury, William L./Brett, Jeanne M./Goldberg, Stephan B.: Konfliktmanagement. Wirksame Strategien für den sachgerechten Interessenausgleich. Campus, Frankfurt am Main 1991

Volk, Hartmut: Das Geheimnis der Souveränität. 04.06.2009: http://www.elektroniknet.de/karriere/arbeitswelt/artikel/21903/ Interview mit dem Züricher Entwicklungspsychologen Professor Dr. Jürg Frick

Watzlawik, Paul: Anleitung zum Unglücklichsein. Piper, München, 15. Auflage 2009

Weber Christian: Die Ära der Roboter. In: Süddeutsche Zeitung 21.07.2012, S. 20

Weckmüller, Heiko: Exzellenz im Personalmanagement. Haufe, Freiburg 2013

Welsch, Wolfgang: Homo Mundanus. Jenseits der anthropischen Denkform der Moderne. Velbrück Wissenschaft, Weilerswist 2012a

Welsch, Wolfgang: Mensch und Welt. Eine evolutionäre Perspektive. Beck, München 2012b

Welter-Enderlin, Rosemarie: Resilienz und Krisenkompetenz. Carl Auer, Heidelberg 2010

Welter-Enderlin, Rosemarie/Hildenbrand, Bruno (Hrsg.): Resilienz – Gedeihen trotz widriger Umstände. Carl Auer, Heidelberg 2006

Will, Franz: Teamkonflikte erkennen und lösen. Zwischen Emotionen und Sachzwängen. Beltz, Weinheim und Basel 2012

Witte, Erich H.: Lehrbuch der Sozialpsychologie. Beltz, Weinheim und Basel, 2. Auflage 1994

www.wortbedeutung.info/Souveränität

Young Digital Planet SA, www.ydp.eu

BELTZ WEITERBILDUNG

Charlotte Friedli / Cornelia Schinzilarz
75 Bildkarten Konfliktmanagement
2015, 75 Karten mit 32-seitigem Booklet
in hochwertiger Klappkassette
€ 49,95 D / sFr 60,00
ISBN 978-3-407-36573-6

Um Konflikte konstruktiv zu managen, eignen sich Bilder
hervorragend. Die Motive der Bildkarten zum Konfliktmanagement sind so ausgewählt, dass sie immer auch auf die
vorhandenen Gestaltungsmöglichkeiten und Kompetenzen
hinweisen. Diese 75 Bildkarten unterstützen Sie bei einem
variantenreichen und spielerischen Konfliktmanagement.
Von Profis entwickelt und getestet!
Methoden-Booklet mit vielen Tipps für den erfolgreichen
Einsatz:
- Hintergründe und Situationen, in denen die Bildkarten
  einsetzbar sind
- Übungen, Spiele und Reflexionsfragen zum direkten
  Einsatz der Karten

Charlotte Friedli / Cornelia Schinzilarz
Mit Fragen Konflikte managen
2016, 116 Fragekarten
mit 16-seitigem Booklet
€ 29,95 D / sFr 36,00
ISBN 978-3-407-36591-0

Die Fragekarten regen zum Perspektivenwechsel an. Mithilfe überraschender Fragen wird eine schwierige Situation
plötzlich als gestaltbar erfahren. Der Konflikt wird so nachhaltig als Chance genutzt.
Drei unterschiedliche Fragetypen kommen zum Einsatz:
- Die philosophischen Fragen dienen der Klärung der Situation im Kontext der Verhältnisse.
- Die psychologischen Fragen helfen, die Ich-Identität und
  die professionellen Beziehungen zu stärken.
- Die Triggerfragen überraschen und eröffnen andere
  Perspektiven.

www.beltz.de